国家林业和草原局普通高等教育"十三五"规划教材

高等院校水土保持与荒漠化防治专业

水土保持规划学

（第2版）

吴发启　王　健　主编

中国林业出版社

内容简介

全书共分11章。绪论阐述了水土保持规划学的研究对象、内容、特点、基本原理、形成与发展和在国民经济建设中的地位;第1章和第2章分别概述了水土保持区划和水土保持规划的基本内容和程序;第3~8章较为系统地介绍了水土保持综合调查、土地利用规划、水土保持措施规划、水土保持规划制图、水土保持综合效益分析与计算和流域综合治理评价等内容;第9章依据全国水土保持区划,选取代表三级区、参数分区基本情况、防治途径与技术体系;第10章介绍了新技术——GIS在水土保持中的应用。

本教材除作为本科教学之用外,还可以作为环境生态类和森林资源类有关专业本科教学用书,也可作为从事水土保持与荒漠化防治、土地利用、国土整治、环境保护等领域从事科学研究、教学、管理和生产实践人员的参考用书。

图书在版编目(CIP)数据

水土保持规划学/吴发启,王健主编. —2版. —北京:中国林业出版社,2020.12
国家林业和草原局普通高等教育"十三五"规划教材　高等院校水土保持与荒漠化防治专业教材
ISBN 978-7-5219-0946-3

Ⅰ. 水…　Ⅱ. ①吴…②王…　Ⅲ. 水土保持-规划-高等学校-教材　Ⅳ. S157

中国版本图书馆 CIP 数据核字(2020)第 259247 号

中国林业出版社教育分社

策划编辑 肖基浒		**责任编辑** 肖基浒　洪　蓉	
电　话 (010)83143555		**传　真** (010)83143516	

出版发行　中国林业出版社(100009　北京市西城区德内大街刘海胡同 7 号)
　　　　　　E-mail:jiaocaipublic@163.com　电话:(010)83223120
　　　　　　网址:http://www.forestry.gov.cn/lycb.html
经　销　新华书店
印　刷　河北京平诚乾印刷有限公司
版　次　2009 年 8 月第 1 版
　　　　　2020 年 12 月第 2 版
印　次　2020 年 12 月第 1 次印刷
开　本　850mm×1168mm　1/16
印　张　19
字　数　451 千字
定　价　58.00 元

《水土保持规划学》(第2版)
编写人员

主　　编　　吴发启　王　健

副 主 编　　刘增文　张光灿　郑子成　张青峰

编写人员　(以姓氏笔画为序)

马　璠(南昌工程学院)

王　健(西北农林科技大学)

史东梅(西南大学)

吕　刚(辽宁工程技术大学)

吕月玲(西北农林科技大学)

刘增文(西北农林科技大学)

许　丽(内蒙古农业大学)

李雄飞(陕西省水土保持生态环境监测中心)

杨海龙(北京林业大学)

吴发启(西北农林科技大学)

何淑勤(四川农业大学)

张光灿(山东农业大学)

张青峰(西北农林科技大学)

张楚天(西北农林科技大学)

陈晓燕(西南大学)

范昊明(沈阳农业大学)

林青涛(山西农业大学)

郑子成(四川农业大学)

段喜明(山西农业大学)

高　鹏(山东农业大学)

戴全厚(贵州大学)

《水土保持规划学》(第1版)
编写人员

主　　编　　吴发启　　高甲荣

副 主 编　　刘增文　　张光灿　　王曰鑫　　吴祥云

编写人员　　(以姓氏笔画为序)

王曰鑫　　吕　刚　　吕月玲　　刘增文　　许　丽

李凯荣　　杨海龙　　吴发启　　吴祥云　　张光灿

张青峰　　陈晓燕　　范昊明　　郑子成　　段喜明

高　鹏　　高甲荣　　戴全厚

主　　审　　刘秉正

"十年磨一剑"。1999 年西北农林科技大学发行使用了《水土保持规划》自编教材，2002 年由西安地图出版社正式出版。经国家环境生态类教学指导委员会推荐，2009 年由中国林业出版社出版了《水土保持规划学》教材，并被列入普通高等教育"十一五"国家级规划教材。该教材出版发行以来，备受各界同仁们的青睐。在使用、实践、研讨互为一体的过程中，许多同行专家不断呼吁应尽快在原国家级规划教材框架的基础上，结合最新的科技成果进行修订再版，以满足国家"五位一体"的战略及"山水林田湖草"综合治理实施对专门人才培养的需求。2016 年，《水土保持规划学》(第 2 版) 被遴选列入了国家林业局普通高等教育"十三五"规划教材。

该教材在修订过程中，基本保留了《水土保持规划学》(第 1 版)架构和各章的基本结构。对教材的部分内容进行了重新调整，除将国家最新的水土保持区划和国家级重点水土流失防治区划分纳入其中；删减了原第 9 章小流域水土保持规划与设计，替换为八个分区介绍，每个分区选择了具有代表性的三级区，分别阐述了防治途径和技术体系。除此之外，对部分内容进行了必要的修改补充和完善。

为了使教材更能反映水土保持规划领域的进展和研究前沿，在《水土保持规划学》(第 1 版)教材编写委员的基础上，经充分征求意见，组成了新的《水土保持规划学》(第 2 版)教材编写委员会。新的教材编写委员会除保留了原参编单位外，还增加了西南大学、南昌工程学院、陕西省水土保持生态环境监测中心等单位。

《水土保持规划学》(第 2 版)教材由西北农林科技大学吴发启教授、王健教授任主编，山东农业大学张光灿教授、四川农业大学郑子成教授和西北农林科技大学的刘增文、张青峰教授任副主编。参编单位有：西北农林科技大学、北京林业大学、山西农业大学、西南大学、贵州大学、沈阳农业大学、四川农业大学、山东农业大学、内蒙古农业大学、辽宁工程技术大学、南昌工程学院、陕西省水土保持生态环境监测中心等。

各章节的修编人员及分工为：绪论由吴发启、王健编写；第 1 章由张青峰、王健、吴发启、吕刚编写；第 2 章由刘增文编写；第 3 章由王健、张光灿、高鹏编写；第 4 章由史东梅、郑子成、许丽、刘增文编写；第 5 章由王健、段喜明、林青涛、吕月玲编写；第 6 章由张青峰、李雄飞、吴发启、张楚天编写；第 7 章由郑子成、何淑勤、陈晓燕、戴全厚编写；第 8 章由戴全厚、杨海龙、吴发启编写；第 9 章由王健、吴发启、马璠编写；第 10 章由范昊明、张青峰编写。全书由吴发启、王健统稿定稿。

本教材为水土保持与荒漠化防治专业专业课程教材，也可作为高等农林院校环境生态类其他相关专业的参考教材，还可供生产、科研和管理部门的有关人员作为参考用书。

值此《水土保持规划学》(第 2 版)付梓之际，特别感谢在本教材第一版编写中付出艰辛劳动的所有同行。中国林业出版社编辑也为本书的再版付出了辛勤的劳动，西北农林科技大学的研究生陈琳、王珏等在资料收集、图表加工等方面给予了诸多帮助。在此，对上述同志表示诚挚的谢意。

在教材编写过程中，引用了大量科技成果、论文、专著和相关教材，因篇幅所限未能一一在参考文献中列出，谨向文献的作者们致以深切的歉意。限于我们的知识水平和实践经验，缺点、遗漏甚至谬误在所难免，恳请各位读者提出批评，以期今后将教材内容不断完善。

编　者

2021 年 1 月

第1版前言

　　水土资源是人类生存和发展的基本条件，也是社会经济发展的基础。近年来，随着世界人口的快速增长和经济的迅速发展，水土保持已成为国际社会普遍关注的重要问题之一。尤其是当前在国家西部大开发和高度重视生态环境建设的大背景下，我国政府对水土保持的投资力度逐年加大，迄今已开展了许多诸如小流域综合治理工程、黄土高原综合治理等工程。水土保持规划在形成和发展中不断汲取水土保持学、生态学、系统科学、土地资源学、经济学等学科的理论与方法，为综合解决区域水土流失与经济发展的关系、改善区域环境以及实现人类可持续发展的目标提供了新的方法和途径。水土保持是一项系统工程，只有从系统学的角度事先对保护的对象做出科学、合理的规划，才能使水土保持工作有条不紊地进行，才能真正收到实效和取得显著成果。

　　本书是教育部"高等教育面向 21 世纪教学内容和课程体系改革计划"的研究成果，是经过教育部环境生态类教学指导委员会推荐，于 2006 年被列入普通高等教育"十一五"国家级规划教材。本书的基本特色体现在：①内容丰富。本书在全国水土保持规划纲要的框架内，探讨了迄今主要水土保持规划的技术问题和方法，符合国家水土保持事业发展的需要。②实用性强。本书是由西北农林科技大学和北京林业大学共同组织的由10 所高校多名具有丰富教学和实践经验教师共同编写的教材，许多实例来自编者所从事具体水土保持规划项目的研究成果。③方法新颖。本书重视当前水土保持规划中新思想、新理念、新方法、新技术的应用，在书中通过典型案例介绍了水土保持规划的编制方法和程序。④结构紧凑。全书共分为 11 章，在介绍水土保持区划、水土保持规划总论的基础上，依次探讨了水土流失综合调查、土地利用规划、水土保持措施规划、水土保持规划制图、水土保持措施综合效益分析与估算、水土流失综合治理评价以及小流域水土保持规划与设计、GIS 技术在水土保持规划中的应用，在逻辑上更符合水土保持规划的理论框架体系。

　　本书由西北农林科技大学吴发启、北京林业大学高甲荣任主编，西北农林科技大学刘增文、山东农业大学张光灿、山西农业大学王曰鑫、辽宁工程技术大学吴祥云任副主编。全书是在"高等学校水土保持与荒漠化防治专业教材编写指导委员会"指导下，由西北农林科技大学、北京林业大学、山东农业大学、山西农业大学、辽宁工程技术大学、贵州大学、四川农业大学、沈阳农业大学、内蒙古农业大学和西南大学共同努力下完成的。各章编写分工为：绪论由吴发启编写；第 1 章由吴祥云、吕刚、吴发启、张青峰编写；第 2 章由刘增文编写；第 3 章由张光灿、高鹏、王曰鑫编写；第 4 章由郑子龙、许丽、刘增文编写；第5章由王曰鑫、段喜明、李凯荣、吕月玲编写；第6章由张青峰、吴发启编写；第7章由高甲荣、陈晓燕、戴全厚编写；第8章由戴全厚、杨海龙、吴发启编写；第9章由吴发启编写；第10章由范昊明、张青峰编写。全书由吴发启、高甲荣、刘增文统稿。

本书不仅可作为高等学校水土保持与荒漠化防治、环境科学等专业的本科生和研究生教材或参考书，也可供广大农学、林学、资源环境与城乡规划管理等专业的工作者参考阅读。同时可以作为从事水土保持与荒漠化防治、林业生态工程、生态环境建设等工作的科研教学人员、规划设计人员、工程技术人员以及行政管理人员的参考资料。

在本书的编写过程中，始终得到"高等学校水土保持与荒漠化防治专业教材编写指导委员会"的大力支持和指导，同时得到西北农林科技大学教务处、北京林业大学教务处领导的热情支持和关心，西北农林科技大学刘秉正教授在百忙之中对书稿进行了审查并提出宝贵的修改意见，中国林业出版社为本书的出版付出了艰辛的劳动，编者在此一并表示衷心的感谢。此外，在本书的编写过程中，还参考和引用了大量相关书籍和文献资料，在此对各位作者一并表示真诚的谢意。

水土保持规划的一些理念和做法在我国已有较长的历史，但作为一门学科来进行研究和应用还是现代的事情。尤其是在世界各国政府日益重视生态安全和环境保护的今天，水土保持规划的研究成果不断涌现，进一步促进了学科的发展和完善。尽管在编写过程中，编者力图做到教材体系的新颖性与实用性相结合，但由于水土保持规划涉及面广，在水土保持规划领域目前国内外尚未形成比较完整的系统理论和方法，加之编者的知识面和业务水平有限，难免会出现疏漏、不足和错误之处，敬请读者及同仁批评赐教，以便使这本教材在国家水土保持事业发展中能不断完善和进步。

吴发启　高甲荣

2009 年 6 月

目　录

第 0 章

绪　论

【本章提要】本章简要地介绍了水土保持规划的研究对象、内容、特点、基本原理和形成与发展等问题，为进一步深入学习服务。

0.1　水土保持规划学的研究对象和内容

0.1.1　研究对象

《中国农业百科全书·水利卷》(下册)将水土保持规划定义为"为了防治水土流失，做好国土整治，合理利用并保护水土及生物资源，促进农林牧业生产力的发展，根据水土保持原理、生态平衡及经济规律，制定的水土保持综合治理开发的总体部署和实施安排"。因此，水土保持规划的研究对象应为地球表面发生水土流失的广大地区。

水土流失或土壤侵蚀主要有水力侵蚀、风力侵蚀、重力侵蚀、冻融侵蚀、冰川侵蚀、混合侵蚀和生物侵蚀等形式，这些形式遍及世界各地，其危害涉及各个部门，已成为世界性的灾害之一。我国是世界上水土流失最严重的国家之一。2018 年全国土壤侵蚀总面积达 $273.69×10^4 km^2$，其中轻度以上水蚀面积 $115.90×10^4 km^2$，占土壤侵蚀总面积的 42.05%；风蚀面积 $158.60×10^4 km^2$，占土壤侵蚀总面积的 57.95%。因此，制定水土保持规划，防治水土流失，恢复良好生态环境已成为我国当前及今后一定时期的主要任务之一。

0.1.2　研究内容

从水土保持规划的根本任务和当前科学技术发展的现状来看，水土保持规划的基本研究内容可归纳为以下几个方面：

(1) 研究生产发展方向，确定农、林、牧用地比例，改广种薄收为少种高产多收，改单一农业经营为农林牧副业全面发展，促进农村经济健康运行。

(2) 研究水土保持治理途径，确定水土保持措施的布局位置，使工程措施、生物措施和农业技术措施以及治坡与治沟紧密结合，达到集中连片、连续治理、互相促进。

(3) 研究规划中的科学依据，确定主要技术经济指标。

(4) 研究通过实施水土流失综合治理而产生的蓄水保土、生态、经济和社会等效益问题。

(5) 研究新理论、新技术在规划中的应用。

0.2 水土保持规划的特点

水土保持规划是"水土保持与荒漠化防治专业"的专业课之一，它是联系专业基础课理论教学与生产应用的主要纽带。因此，该课程具有以下两个方面的特点：

(1)高度的综合性

水土保持规划内容庞杂，涉及知识面广泛，与地学、土壤学、农学、生物学、水利学科和数学等有密切的联系，这就要求在学好各门基础课、专业基础课知识的基础上，结合生产实践的要求，进行高度概括与综合，达到理论联系实际之目的。

(2)鲜明的实用性

水土保持规划又是一门基础应用学科，其技术特征非常明显。因此，在课程学习中一定要加强动手能力的培养，通过课堂讲授和实践教学，使理论与实践达到完善的统一。

0.3 水土保持规划的基本原理

水土保持规划涉及的内容很多，但就水土流失治理措施的配置依据和治理后要实现的发展目标来看，其基本原理主要为土壤侵蚀原理、流域生态经济系统平衡原理、系统理论和可持续发展理论。

0.3.1 土壤侵蚀原理

土壤侵蚀原理，也可称为水土流失规律或水土流失特征。它是通过对土壤及其母质和其他地面组成物，在水力、风力、冻融、重力等外营力作用下的破坏、剥蚀、搬运和沉积过程的研究，得出水土流失的强弱程度、时空分布规律等，为水土保持规划提供理论依据。

0.3.2 流域生态经济系统平衡原理

流域生态经济系统的平衡，是保持生态平衡条件下的经济平衡，是生态平衡与经济平衡的有机结合、相互渗透的矛盾统一体，是在"自然选择"与"人工选择"的进化过程中，实现生态目标与经济目标相统一的平衡状态。

0.3.2.1 基本特性

流域生态经济平衡是客观存在的，具体表现在流域生态经济系统的结构平衡、机制平衡和功能平衡3个方面。在生态经济系统运行、变化过程中，其结构不断发生变化，为实现流域综合治理的生态经济目标，需要选择优化的生态经济结构模式，并经常保持这种结构的平衡，这是经济、社会发展的客观需要。流域生态经济系统具有自组织的能力，为保证系统的正常运行和进化，必须经常维护生态经济机制的平衡。流域生态经济系统只有维护其物质循环、能量流动、信息传递、价值增值等各种平衡功能，才能促使生态经济系统的进化，实现生态经济的良性循环。流域生态经济平衡是相对的，是以经济、生态发展为目标的、有条件的、不断运行、变化和发展中的动态平衡。生态经济平衡的动态性，表现为系统外部和内部都是动态的，流域生态经济系统处于由一种平衡状态向另一种平衡状态永不休止的变化之中，当生态经济系统处于平衡状态时，系统内部的能流、物流、信息流等也处于不停地运行变化之中。生态经济平衡的客观性和相对性，反映了生态经济系统运行、变化的客观规律，人们可以通过认识这一规律，调节和控制生态经济系统的演替、进化过程，让流域生态经济系统沿着人们所需要的目标运行和发展。

0.3.2.2　平衡模式

由于流域所处的地理位置、自然环境、社会经济等方面的差异，使不同类型的流域生态经济系统或同类系统在不同时序上呈现出不同的流域生态经济平衡状态。根据生态目标和经济目标的不同组合，可归纳为3种典型的生态经济平衡模式。

(1) 稳定的生态经济平衡模式

在这种平衡状态下，系统自我调节力因抵偿外部不当的干预力而减弱，但能够勉强维持系统原有的结构和功能，生态系统和经济系统都处于保持原有水平和规模的再生产运行，在运动中不出现非正常的异变。

(2) 自控的生态经济平衡模式

在这种平衡状态下，由于各种内外因素的激发使生态经济系统出现各种异变时，系统可凭借自身的自我调节机制，迅速恢复生态经济系统的稳定状态，保证生态经济系统的正常运行和生态经济功能的正常发挥，保持原来的生态经济平衡状态。

(3) 优化的生态经济平衡模式

在这种平衡状态下，系统中各要素以及结构与功能之间都处于融洽协调的关系中，生态经济系统在自控、稳定的同时，不断完善和进化。生态系统与经济系统同步协调发展，并进行良性循环。

0.3.3　系统理论

水土保持是包括生态、经济和社会等要素的大系统，在系统内部，生态、经济、社会各子系统有着一定的结构、层次和功能。因此，在水土保持规划过程中要将系统论的思想和方法贯穿于其中，在应用系统论时遵循的基本原则如下：

(1) 系统性

系统性的核心思想是系统的整体观念，也就是有机整体性原则，即系统中的各要素不是作为孤立事物，而是作为一个整体出现和发挥作用的。水土保持规划通过协调预防、治理和综合监管各方面来实现水土资源的合理保护与利用，综合考量水土保持工作的各个方面，遵从全面和全局的观点，从区域水土保持的整体效果来构思总体方略。

(2) 动态性

动态性是系统能够自动调节自身的组织、活动的特性。当系统内部达到良性循环时，系统就具有自动调节的能力。水土保持规划必须遵循水土流失、经济社会发展过程的阶段性，在规划中找到发展、保护、利用和开发的平衡点。随着经济社会发展和转型，人口劳动力、城镇化建设、资源开发、基础设施建设等形势的变化，给水土保持带来了新挑战、新问题、新机遇，人民生活不断改善、生态意识日益增强对水土保持提出了新要求，这些都需要在规划中进行协调，使规划布局、任务安排满足经济社会发展和水土流失防治的要求。

（3）协调性

协调性是指在特定的阶段内，使系统对象和各组成要素处于相互和谐的状态，并按照有序状态运转。水土保持规划既要着重水土流失防治，发挥水土保持整体功能，又要统筹兼顾国家与流域、流域与区域、城市与农村、建设与保护、重点区域与一般区域之间的关系，形成以规划为依据、政府引导、部门合作、全社会共同治理水土流失的局面。水土保持规划还需要考虑需求的协调性，水土保持具有改善农业生产条件和推动农村发展、改善生态系统与维护生态安全、促进江河治理与减轻山洪灾害、保障饮用水安全与改善人居环境等各方面的需求，规划中要统筹协调各区域各方面的不同需求，推动区域协调健康发展。

水土保持规划中，生态、经济、社会等要素构成一个有机整体，生态、经济和社会三个子系统间相互联系、相互影响，经济发展和社会进步必须以生态环境为基础，而生态环境的建设和保护又必须以经济发展和社会进步为保障。

0.3.4 可持续发展理论

生存和发展是人类社会永恒的主题，二者辩证统一即为可持续发展。可持续发展是在瑞典斯德哥尔摩召开的联合国人类环境会议（1972 年）中提出的。其目标是社会持续发展，其基础是经济增长，必要条件是资源的供给和环境的保护。要实现经济，社会可持续发展，必须克服传统的只重视资源开采，忽视环境保护，简单盲目地扩大再生产观念，经济、资源、环境协调发展是实现可持续发展的重要前提。可持续发展包含了两个基本要点：一是强调在人与自然和谐共处的基础上追求健康且富有生产成果的权利，而不应当在耗竭资源、破坏生态和污染环境的基础上追求这种发展权利的实现；二是强调当代人与后代人创造发展与消费的机会是平等的，当代人不能一味地、片面地和自私地为了追求今世的发展与消费，而剥夺后代人本应享有的同等发展和消费的机会。可持续发展理论是当代处理发展与环境关系的科学理论，它更突出发展与环境的相互关系及其动态变化。可持续发展理论是对综合系统时空行为的规范，从水土保持规划上看，规划理念要从过去为农业发展服务转移到可持续发展的理念上来；而且在规划过程中，在区域的性质分异和等级划分中，不仅要看结构与功能的分异，而且要从更深层次上分析其动态变化趋势。

0.4 水土保持规划的形成与发展

与其他学科一样，水土保持规划也是伴随着生产实践和社会发展的需求而诞生和发展起来的。

0.4.1 中国水土保持规划的形成

历史时期，我国水土保持规划仅仅是着眼于灾害的治理和相应的工作经验和方法的总结。从西周到晚清，有文字记载的 3 000 多年中，随着农业生产的发展，逐步提出了合理利用土地的要求，并逐步采用了蓄水保土、保护山林、缓坡平整土地，在塬坡和丘陵坡修筑梯田，在沟底建坝拦泥淤地等，一些缺水地区，还创造了水窖、涝池等小型工程拦蓄措施。

商代(公元前 16—前 11 世纪)区田法已被采用，在西汉时代(公元前 206—公元 23年)我国山区已出现梯田雏形，战国魏文侯二十五年(前 421 年)曾引漳灌邺，秦代位于渭北富平县赵老峪就修建了引洪漫地的工程措施。明万历年间在山西已有坝地。西汉元封六年(前 105 年)以后，苜蓿种植从长安到塞北，逐渐传遍黄土高原。到南北朝，开始将苜蓿引入作物轮作，以改良土壤。植被的保护和营造也有许多著名论断，如"禁山泽"等法令，"地性生草(指农作物及牧草)，山性生木"等。在治理方略方面，明嘉靖二十二年(1543 年)周用就提出了在田间修沟洫以治水的"沟洫治黄"论。明朝万历年间(1573—1620 年)水利专家徐贞明提出"治水先治源"，主张治理黄河上游，采用"散水"措施。清乾隆八年(1743 年)，胡定提出在黄河中上游支流沟壑中筑坝淤地，拦截泥沙，不使泥沙入黄的"汰沙澄源"的主张。

1933—1935 年，水利专家李仪祉查勘黄河后，认为黄河河患之根源在于中上游的洪水与泥沙，治黄应上、中、下游并重，提出了一套保持水土的技术要点：荒山荒坡造林种草，防止冲刷；坡耕地修阶田，开沟洫，截留田间雨水；沟中修坝堰、谷坊，在溪沟中截留雨水，制止沟壑发展，变荒沟为良田。1946 年，张含英率黄河治本研究团赴黄河上中游进行考察后，认为"黄河下游水害的症结在于泥沙，在于黄河上中游的水土流失"。治理黄河须就全河立论，并提出黄土高原保持水土、控制泥沙的一整套治理措施，包括"对流域以内土地之善用(农作、草原、森林三者，按地形与土壤划分使用)，农作法之改良(采用等高种、轮种等法)，地形之改变(采用新式阶田之法)及沟壑之控制。"

中华人民共和国的成立，带来了水土保持事业发展的春天，也大大促进了水土保持规划的发展。1955 年，全国人民代表大会通过《关于根治黄河水害和开发黄河水利综合规划的决议》，将黄土高原的水土保持纳入国民经济计划，作为黄河治理的重要组成部分。1955—1958 年，中国科学院成立了黄河中游水土保持考察队，对黄河中游水土流失地区进行了综合调查，总结了群众水土保持理论，编制了《黄河中游黄土高原自然、农业、经济和水土保持土地综合利用规划》。1963 年，国务院作出黄河中游水土保持工作的决定，先后两次召开河口镇到龙门区间 42 个水土流失重点县会议，制定了重点地区规划。1980 年水利部在山西省吉县召开了 13 个省(自治区、直辖市)的小流域治理工作会议，交流了流域治理的经验，正式提出了"水土保持小流域治理"，并制定了《水土保持小流域治理办法》，促进了小流域水土保持规划的发展。1990 年 11 月，国务院同意实施《黄河流域黄土高原地区水土保持专项治理规划》。1992 年，水利部将《黄河流域水土保持规划》和《黄河流域多沙粗沙区治理规划》纳入《全国水土保持规划纲要》体系，促进了水土保持规划内容体系的形成。

1998 年，依据《中华人民共和国水土保持法实施条例》，水利部印发《关于开展全国水土流失重点防治区划分及公告工作的通知》，部署了水土流失重点防治区，即"三区"（包括水土流失重点预防保护区、重点监督区和重点治理区）划分工作，并制定了统一的划分参考标准。此次划分采取由地方到中央的组织方式，到 2000 年，全国 31 个省（自治区、直辖市）均划定了水土流失重点防治区并由省级人民政府进行了公告。从 1999 年开始，水利部根据国务院批准实施的《全国水土保持规划纲要》《全国生态环境建设规划》，以及全国第二次土壤侵蚀遥感普查成果、省级水土流失重点防治区划分成果、全国植被盖度图、流域边界和行政边界图，按适当集中连片的原则开展了国家级水土流失重点防治区划分工作。2006 年，经国务院批准，水利部对国家级水土流失重点防治区进行了公告，最终划定国家级水土流失重点防治区 42 个，面积 $222×10^4 km^2$，占国土总面积的 23.1%，其中水土流失面积 $95.48×10^4 km^2$，占全国水土流失总面积的 26.8%。至此，由国家级、省级和县级三级构成的水土流失重点防治区体系基本形成，成为开展各类水土保持规划，确定水土保持总体布局和建设投入方向的重要依据。2011 年 5 月，水利部会同国家发展和改革委员会、财政部、国土资源部、环境保护部、农业部、国家林业局等部门，正式启动了全国水土保持规划编制工作。按照全国水土保持规划任务书批复要求，2012 年 6 月，全国水土保持规划编制工作领导小组办公室印发《关于开展国家级水土流失重点预防区和重点治理区复核划分工作的通知》，就国家级水土流失重点防治区复核划分工作的组织方式和进度安排进行了布置。2013 年，水利部水利水电规划设计总院会同各流域机构，根据全国第一次水利普查水土保持数据，对《国家级水土流失重点防治区复核划分技术导则（试行）》进行了修改，调整了相关指标，根据调整后的指标对各流域机构划分初步成果进行了复核，形成了国家级两区复核划分成果，经审查修订后纳入全国水土保持规划最终成果报告。这些规章制度的实施，对水土保持规划具有重要的意义。

0.4.2　国外水土保持规划的现状

国外水土保持规划的研究也是丰富多彩，下面仅举一些研究成果就可窥视其发展态势。

苏联在 1953 年出版了《苏联的土壤保持》一书，随后《农地土壤侵蚀及其防治》《苏联土壤侵蚀区划》《土壤保持措施体系区划》《中部黑土成区的土壤侵蚀、干旱及其防治》等相继问世，以及"山地土壤保持""土壤保持措施设计的经济地理方法""保土农业"和"山地土壤保持综合治理设计的经验"，等等，都大大完善了水土保持规划内容。

1884 年，奥地利制定了世界上第一部《荒溪治理法》，总结出一套综合的防治荒溪流域水土流失的森林—工程措施体系。1980 年挪威出版了《雪崩防治手册》。经过百年的实践，在欧洲得出的山洪、泥石防治体系、森林—工程措施体系有力地指导了山区灾害的防治。这一体系包括了森林生物措施（主要在集水区）、工程措施（坡面工程、沟道工程、排洪工程）、土地利用方向调整措施（禁止坡地农业、过度放牧、退牧还林）、法律性措施（荒溪分类、危险区划分、防止滥伐森林及控制林区修路、开矿等）。

美国从 19 世纪 50 年代后期农民开始用工程措施防治坡耕地的流失危害。1944 年通过的《公共法案》中，规定了对美国 11 个流域进行防洪、侵蚀及泥沙控制规划。美国水土保持的工作主要是由下属于农业部的土壤保持局来主持完成。该局的主要任务有：①水土保持(作物地、草地牧场、林地、水资源、鱼类、野生动物等保护)；②自然资源调查；③乡镇资源普查的保护与开发。

0.5 水土保持规划在国民经济建设中的地位

水土流失综合治理是保证国民经济健康发展的必要条件之一，而水土保持规划直接关系着山区、丘陵区及风沙区水土资源合理开发利用、江河湖泊的利用与整治以及区域生态环境、经济社会可持续发展等大问题。因此，在国民经济建设中有着特殊的地位。

具体来讲，水土保持规划可使水土流失治理和水土保持工作按照客观自然规律规划和社会经济规律运行，避免盲目性，达到多快好省的目的。因此，水土保持在国民经济建设中具有节约消耗和创造价值的作用。

思 考 题

1. 什么是水土保持规划？它有何特点？
2. 水土保持规划的理论基础是什么？
3. 简述我国水土保持规划的形成。
4. 水土保持规划在国民经济建设中有何地位与作用？

第1章

水土保持区划

【**本章提要**】本章主要介绍了水土保持区划的理论基础、任务、原则和依据指标；水土保持区划的内容、方法和步骤；水土保持区划的界线、命名与单元等级划分；水土保持区划的成果要求、报告编写和成果验收标准与水土保持区划方案等内容。

1.1　水土保持区划的基础理论

1.1.1　水土保持区划概述

水土保持区划是在综合分析区域水土流失发生、发展、演化过程以及地域分异规律的基础上，根据区划的原则依据和有关指标，按照区内相似性和区际间的差异性把土壤侵蚀区划分为各具特色的区块，以阐明水土流失综合特征，指出不同区域农业生产和水土保持综合治理方向、途径和原则，并直接服务于土地利用规划和水土保持规划。

根据区划的任务水土保持区划可分成两类：一是在大面积(省、地区、县或大、中流域)水土保持总体规划中进行。水土保持区划作为水土保持规划一个必不可少的重要步骤和组成部分，其任务是根据各规划范围内各地不同的自然条件、自然资源、社会经济情况、水土流失特点，划分不同类型区，并对各区分别采取不同的生产发展方向(或土地利用方向)和防治措施布局；二是水土保持区划作为水土保持规划的前期工作，即在开展规划之前，先期独立地进行水土保持区划，根据区划的成果，再选定其中某些类型区，分期分批地进行水土保持规划，以水土保持区划中所阐明的自然条件、自然资源、社会经济情况、水土流失特点为依据，研究确定其生产发展方向与防治措施布局。

水土保持分区是在综合调查的基础上，根据水土流失的类型、强度和主要治理方向，确定规划范围内的水土保持重点预防保护区和重点治理区，提出不同的防治对策和主要措施，并论述各区的位置、范围、面积、水土流失现状等。

水土保持分区包括以下主要方面：

(1)重点预防保护区

重点预防保护区主要指目前水土流失较轻，林草覆盖度较大，但存在潜在水土流失危险的区域。可参照以下标准：

①土壤侵蚀强度属轻度以下[侵蚀模数在 2 500t/(km² · a)以下]，主要为平原地区、

植被较好的林区及水库蓄水线周边。

②植被覆盖在40%以上。

③土壤侵蚀潜在危险度在轻险型以下。

对大面积的森林、草原和连片已治理的成果，列为重点预防保护区，制定、实施防止破坏林草植被的规划和管护措施。

重点保护区分为国家、省、县三级。跨省（自治区、直辖市）且天然林区和草原面积超过66 667hm^{2}的列为国家级；跨县（市）且天然林区和草原面积大于6 667hm^{2}的列为省级；县域境内万亩以上或集中治理50km^{2}以上的为县级，规划应根据涉及的范围划分相应的重点防护区。各级重点防护区设置相应职能机构，与各部门加强联系，搞好协调，发动群众，制定规划，开展预防保护工作。

重点保护区应对防护的内容、面积进行详细调查，对主要树种、森林覆盖率、林草覆盖率等指标进行普查并填表登记。

（2）重点治理区

对原生水土流失严重、对国民经济与河流生态环境、水资源利用有较大影响的区域列为重点治理区。可参照以下标准：

①已列入和计划列入国家及地方重点治理的规划范围内和区域。

②大江、大河、大湖中上游。

③土壤侵蚀强度属中度以上［侵蚀模数在2 500t/（km^2·a）以上］。

对规划区既定的预防保护区、监督区和治理区（三区）的基本情况分别加以叙述并突出各自的特点。预防保护区重点叙述预防保护的内容是综合治理的成果还是大面积的森林、草原植被，森林、草原植被着重叙述植被的分布、组成、覆盖等状况，综合治理的成果应叙述各项治理措施的面积、质量、竣工年限以及投入状况等；重点监督区应叙述区内预防监督的内容，资源开发、基本建设处数和规模以及可能增加水土流失量等，对超过一定规模的开发建设项目应单独调查；重点治理区应叙述重点治理的范围、区内的水土流失类型、强度和分布等。

水土保持区划属于部门区划，又是综合农业区划的重要组成部分。它们的共同特点是以"生态经济系统"为主要研究对象。所谓生态经济系统就是由生态系统和经济系统相互交织而形成的复合系统。可见，要做好区划工作，既要分析水土流失形成的自然条件，也要重视人类破坏自然、改造自然和利用自然的能力。因此，地理环境的地域分异规律和人为社会环境特征是水土保持区划的基本理论依据。

1.1.2 地域分异规律

地域分异是指自然地理环境各组成部分及整个自然综合体沿地理坐标确定的方向，从高级单位分化成低级单位的现象。因此，地理环境各组成部分及整个自然综合体分异的客观规律称为地域分异规律。从自然地理现象的综合特征和形成原因来看，地域分异规律包括了地带性规律、非地带性规律和垂直带性规律3种基本形式；从分异范围、规模(尺度)大小讲,它又可划分为全球性的、大陆及大洋、区域的和地方性的地域分异规律四级系统,从而奠定了自然区划等级系统的基础。

地理环境之所以能够形成规律性分布的现象,主要是由地球的内力(或内能)和外力——太阳能,以及在它们的共同作用下形成的其他因素(也称派生因素)所引起的。通常将地球的内力称为非地带因素,而太阳能的作用称为地带性因素。

1.1.2.1　全球地域分异规律

地带性分异因素按纬度分布的不均和非地带性分异因素引起的海陆分布是造成全球性地域分异规律的基本原因。主要表现为以下 2 个方面。

(1)海陆对比性

地球表面的四大洋和六大陆地是地理环境的基本分异,它不仅表现海与大陆的强烈对比,构成两种明显不同的生态环境,还通过海陆间的相互影响,造成次一级的地域分异。

(2)热力分带性

由于地球的形状和太阳入射角变化的关系,造成了太阳辐射能量在高纬、中纬和低纬的分布不同,这种辐射随纬度不同而发生的热力分带性具有全球规模,是一种全球性的地域分异规律。不论在大陆还是在海洋,这种热力分带性都有明显的表现,它决定着气温、气压、湿度、降水、风向等要素在地表呈带状分布。

1.1.2.2　大陆地域分异规律

在大陆和大洋内部各有自己的地域分异规律。由于目前水土保持的研究只限于大陆,故这里仅讨论大陆地域分异规律。

(1)纬度地带性规律

纬度地带性规律是指自然地理环境组成成分及自然地理综合体大致按纬线方向延伸而按纬度方向有规律的变化。它是地带性分异因素——太阳能按纬度呈带状分布所引起的温度、降水、蒸发、气候、风化和成土过程、植被等呈带状分布的结果。在地理学上常说的地带性就是指纬度地带性。

从土壤侵蚀的角度出发,全球可分为冰雪气候带、湿润气候带和干旱气候带,因此就形成了冰雪气候侵蚀带、湿润气候侵蚀带和干旱气候侵蚀带 3 个基本侵蚀带。

(2)非纬度地带性规律

非纬度地带性规律是指自然地理环境各组成成分和整个自然综合体从沿海向内陆按经度方向发生有规律的更替。从海岸到大陆内部,气候状况、植物群落及土壤类型等都有规律的变化。在大陆东岸、西岸和内部各有自己独特的组合或地带谱。这种现象主要是非地带性分异因素——海陆环境、大地构造——地势及古地理条件等造成的。

1.1.2.3　区域性地域分异规律

地带性地域分异因素和非地带性地域分异因素相互作用的结果,在大陆内部形成了

3 种区域性的地域分异。

（1）地带段性

地带段性是地带性分异规律受海陆分布的影响及大地构造——地貌规律的作用在大陆东岸、西岸和内部的区域性表现。这样的段性自然地带都不能横跨整个大陆，而仅成为自然地带的一段，因而它不是整个大陆的地域分异而是大陆内部的区域性的地域分异。地带段性在温带纬度上的表现最为典型，在大陆边缘和大陆内部也有不同的表现。

（2）地区性（大地构造——地貌规律性）

地区性是由海陆分布带来的非纬度地带性与大地构造——地势单元同热量带的相互作用形成的大陆内部、大陆东岸内部、大陆西岸内部的区域性的分布规律。

（3）垂直带性

垂直带性是指自然地理综合性和它的组成成分大致沿等高线方向延伸，而随山势高度发生带状更替的规律。构造隆起和山地地势是形成垂直带的根本前提；山地气候条件（水势及其对比关系）随高度发生的垂直变化是形成垂直带的直接原因。垂直带性既受地带性因素的影响，又受非地带性因素的影响，但它既不同于地带性规律，又不同于非地带性规律，是地带性因素与非地带性因素相互作用的区域性的地域分异规律。这种带性只有在山地达到一定高度以后才可能出现，例如，温带海拔一般大于800m，热带海拔一般为 1 000m 以上。

1.1.2.4 地方性分异规律

地方性分异规律是在自然地带内部，在地方地形和地面组成物质以及地方气候的影响下，自然环境组成成分及自然综合体的局部分异规律。它表现为三大特点：①系列性：是指由于地方地形的影响，自然环境各组成成分及单元自然综合体，按确定方向从高到低或由低到高有规律地依次更替的现象。②微域性：由于受小地形和成土母质的影响，在小范围内最简单的自然地理单元既重复出现又相互更替或呈斑点状相间分布的现象，称为微域性。微域性在半湿润或半干旱地区，在没有切割的平原地形中表现最为明显。③坡向的分异作用：坡向对局部地域分异有重要影响。这种影响不仅涉及小气候，也涉及水文状况、植被及土壤状况。

黄土高原沟谷深切、地形破碎，造成了土壤侵蚀方式组合的垂直分异规律。黄土丘陵沟壑区从分水岭到谷底依次可划分为梁峁侵蚀带、黄土充填古代沟谷侵蚀带和现代沟谷侵蚀带；而黄土高原沟壑区则为塬面细沟、浅沟剥蚀带，谷坡切沟冲沟切割带和沟床干沟切蚀侧蚀带。在此基础上，又可分出次一级的亚带。

上述可见，地域分异规律由于其作用范围不同而分为不同的等级，这些等级正是地带性因素、非地带性因素、派生因素以及地方性因素共同作用的结果。而这些因素之间又存在着密切的联系，如图 1-1 所示。因此，只有在充分掌握数据资料的基础上，才能进行区划。

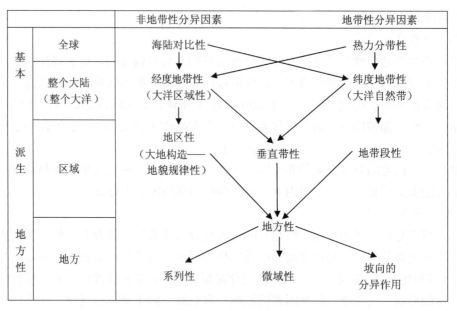

图 1-1　地域分异规律相互关系

1.1.3　人为环境特征

人类是地理环境的重要组成部分，当今地球上不受人类影响的地方几乎是不存在的。按人类影响的程度，地理环境大体可以分为三类。①强烈改变的地理环境，包括遭受人类自发影响而发生重大破坏的地理环境和按照社会利益合理改变的地理环境。前者往往是不可逆的，对社会来说是有害的；后者则是人们向往的，是将来应该加强研究的课题。②轻微改变的地理环境，这是人类粗放地经济利用的结果。但是，基本的自然联系并没有受到破坏，而且已发生的变化具有可逆的性质。③相对未变的或原始的地理环境，属极地、高山等未受人类直接影响或经济利用的地理环境，但即使这一类，人类的影响仍然是存在的。同时，地理环境是开放系统，人类作用的许多后果不可能局限于某个特定的范围内。它们通过大气循环、水流、有机体的迁移获得更广泛的活动半径，从而最终扩散到整个地表。通过数量上的不断积累，就可以使看起来是局部的人为影响，逐步扩大，形成为重大的不可逆的全球效应。

从目前情况看，水土保持主要研究强烈改变的地理环境和轻微改变的地理环境中自然和人类共同作用下的水土流失、水土保持、水土保持区划以及水土保持规划等内容。

1.1.4　区划与类型研究的差别和关系

一般的区划划分出来的区域系统等级包含着"具体的"从属关系，也就是说一个区划方案中可划分一定数目的一级区，每个一级区又可划分为一定数目的二级区。区划既是区域的逐级划分，也是区域逐级合并。划分是指自上而下的区划，合并则为自下而上的区划。每个具体的区划单位都要求是一个完整的连续地理单位，不能存在独立于区外而又从属于该区的单位。这就要求在进行区划时，除了考虑区内形态的一致性外，还必须分析区域的共轭性。

类型划分也是地理环境研究的一种方法。它是将地理环境划分为各种不同的等级类型，每一种类型在环境中的分布可以是分离的，彼此隔开的，即有着不同的具体分布区。

区划和类型两种研究存在着一定的差别和联系，如图1-2所示。

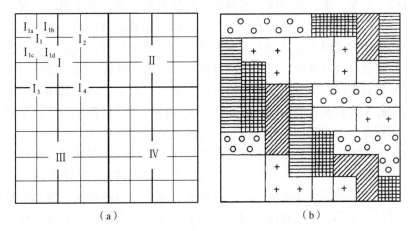

（a）　　　　　　　　　　　　（b）

图1-2　区划和类型两种研究的差别图式

（a）区划图

Ⅰ、Ⅱ、Ⅲ、Ⅳ. 一级区；Ⅰ$_1$、Ⅰ$_2$、Ⅰ$_3$、Ⅰ$_4$. 二级区；

Ⅰ$_{1a}$、Ⅰ$_{1b}$、Ⅰ$_{1c}$、Ⅰ$_{1d}$. 三级区

——：一级区界；——：二级区界；——：三级区界

（b）类型图

▦ Ⅰ：Ⅰ$_1$：Ⅰ$_{1a}$；　▤ Ⅰ$_{1b}$；　▨ Ⅰ$_2$；

▢ Ⅱ$_1$：Ⅱ$_{1a}$；　⊞ Ⅱ$_2$：Ⅱ$_{2a}$；　⊙ Ⅱ$_{2b}$

从图1-2中可以看出：①类型单位是分类的抽象概括，是某种对象的逐级概括，自然环境的地域类型单位只存在于其分布区中；而区划单位，不管任何等级都是具体的，它们都作为具体区域单位而存在着。②类型单位作为具体对象的逐级抽象概括，所指的是其属性的逐级概括，因此越高级的单位，其共同属性越少；区划单位是具体区域单位的逐级合并，不存在属性的抽象概括问题，因此，越是高级的单位其所包含的低级单位越多，便成为越复杂的区域。③区划单位的每一个具体单位都具有空间的连续完整性，即区域共轭性，类型单位则表现为一些分离的分布区。每一个类型单位常常在区域上具有一定的分布规律，可以利用低级单位的分布规律，作为自下而上进行区划的根据。④每一级区划单位都可以进行类型研究。

1.2　水土保持区划技术流程

1.2.1　水土保持区划的原则

水土保持区划是一种综合部门区划，是以土壤侵蚀区划为基础，结合经济社会发展情况而进行的。首先，水土保持区划不但涉及自然资源情况和水土流失情况的调查，还涉及经济社会状况调查和农、林、水、国土等其他行业相关情况的调查等。其次，水土保持区划还必须在大量调查的基础上，掌握区域水土流失情况，气象、水文、地貌、土壤等自然条件状况，人口现状、国民生产总值、农民人均纯收入等经济社会情况。同时还要协调好各相关部门、地方政府部门的关系。最后，水土保持区划还须采用一套严密的科学方法和有关高新技术的应用。因此，水土保持区划具有涉及面广、基础工作量大和科学性强的特点。故在区划中必须按照一定区划原则进行。

简单地讲，水土保持区划就是水土流失客体间的相似性和差异性，而相似性和差异性通常是组成互为对立的一组事件。在自然界，水土流失特征、土地利用方式和保持水土的措施体系等在某种范围和等级之中，不可能有完全相似的现象，也不会有绝对差异的现象，相似和差异都是相比较而言。事实上，在相似中孕育着差异，在差异中亦包含着相似。以数量表达而言，如果假定两种事物完全相似的概率为 1，此时二者绝对差异的概率为 0，但自然界各种地域空间在相似性的比较上，一般其概率均介于 0~1 之间，而且相似性的概率数值越大，则其差异性就越小，反之亦然，二者之和恒等于 1。水土保持区划要求所划定的区域空间内部的相似性应最大，差异性应最小；而区域与区域之间比较时，则要求其间的差异性最大，相似性最小。考虑到水土保持的特点和区划的一般性原则，水土保持区划应遵循以下原则：

①同一类型区内，各地的自然条件、自然资源、社会经济情况、水土流失特点应有明显的相似性；不同类型区之间，其自然条件、自然资源、社会经济情况、水土流失特点应有明显的差异性。其相似性和差异性都应有定量的指标反映。

②同一类型区内各地的生产发展方向（或土地利用方向）与防治措施布局应基本一致；不同类型区之间的生产发展方向与防治措施布局应有明显的差异。

③作为划分不同类型区的主要依据，是影响水土流失和生产发展的主导因素，不同情况下，主导因素应有侧重。

在自然条件中，对水土流失和生产发展起主导作用的因素主要是地形、降雨、土壤（地面组成物质）、植被等。在地形因素中，应明确划分山区、丘陵与平原（地面坡度组成不同）；在降雨因素中，应明确划分多雨区与少雨区；在地面组成物质因素中，应明确划分土类、岩石、沙地；在植被因素中，应明确划分林区、草原与无植被山丘。

在自然资源中，对水土流失和生产发展起主导作用的因素主要是土地资源、水资源、生物（特别是植物）资源、光热资源和矿藏资源。应明确划分这五项资源的丰富区与贫乏区。

在社会经济情况中，对水土流失和生产发展起主导作用的因素主要是人口密度、人均土地、人均农地、土地利用现状、农村各业生产和群众生活水平。

④在坚持上述分区原则的基础上，应适当照顾行政区划的完整性，同时每一类型必须集中连片，不应有"飞地"或"插花地"。

1.2.2 水土保持区划的依据指标

1.2.2.1 水土保持区划指标选取

根据水土保持区划的特点，在全国水土保持区划中，遵循的原则可概括为：区内相似性与区间差异性原则，主导因素原则，水土保持主导功能原则，区域连续性和行政边界完整性原则。必须十分重视分区指标的选择，指标设置的好坏直接关系到区划的成败。因此，在指标的选择上应遵循以下原则：一是指标与水土保持联系紧密，且全面；二是选择的指标应当可以量化，方便以后分析计算；三是要求所选指标应该比较稳定、变幅小，以便水土保持区划在相当长的时间内指导规划；四是指标之间要求独立性强，指标之间的相互影响要小，保证区划的准确性。

1.2.2.2 水土保持区划的依据指标

（1）地貌特征

水土保持区划依据地貌特征通常分为地形形态数量指标和沟壑密度，见表1-1和表1-2。

表1-1 地貌类型区划分指标

m

阶梯	地貌类型区	海拔高度	相对高差
极高原面 4 000m 以上	极高山区	>6 000	>1 500
	高山区	5 500~6 000	1 000~1 500
	中山区	5 000~5 500	500~1 000
	低山区	4 500~5 000	200~500
	丘陵区（山前台地）	<4 500	<200
	盆地区（谷地）	可低于4 000	可成负地形
	极高原区	4 000	<50
高原面 1 000~4 000m	高山区	>2 500	>1 000
	中山区	2 000~2 500	500~1 000
	低山区	1 500~2 000	200~500
	丘陵区（山前台地）	<1 500	<200
	盆地区（谷地）	可低于1 000	可成负地形
	高原区	1 000	<50
平原面 0~1 000m	中山区	>1 000	>500
	低山区	500~1 000	200~400
	丘陵区（山前台地）	<500	<200
	洼地（沼泽）	可低于海平面	可成负地形
	平原区	<200	<50

注：根据需要，各地还可对表中所列地貌类型进一步划分。例如，丘陵区还可分为高丘（相对高差 100~200m）；中丘（相对高差 50~100m）；低丘（相对高差<50m）。

表 1-2　不同水力侵蚀类型强度分级参考指标

密　级	面　蚀		沟　蚀		重力侵蚀
	坡　度 (坡耕地)(°)	植被(林地、草地) 覆盖度(%)	沟壑密度 (km/km²)	沟蚀面积占总面积 的百分数(%)	滑坡、崩塌、泻溜 面积占坡面面积的 百分数(%)
Ⅰ 微度侵蚀 (无明显侵蚀)	<3	90 以上			
Ⅱ 轻度侵蚀	3～5	70～90	<1	<10	<10
Ⅲ 中度侵蚀	5～8	50～70	1～2	10～15	10～25
Ⅳ 强度侵蚀	8～15	30～50	2～3	15～20	25～35
Ⅴ 极强度侵蚀	15～25	10～30	3～5	20～30	35～50
Ⅵ 剧烈侵蚀	>25	<10	>5	>30	>50

(2) 土壤侵蚀类型

土壤侵蚀类型见表 1-3。

表 1-3　土壤侵蚀类型

侵蚀类型	侵蚀形式
水力侵蚀	面状侵蚀：溅蚀、片蚀、鳞片状面蚀、细沟侵蚀
	沟状侵蚀：浅沟侵蚀、切沟侵蚀、冲沟侵蚀、河沟侵蚀
	淋溶侵蚀
	山洪侵蚀
风力侵蚀	沙化、沙积
重力侵蚀	崩塌、崩岗、滑坡、泻溜
泥石流侵蚀	
冻融侵蚀	

(3) 侵蚀强度

土壤侵蚀强度分级见表 1-4。

表 1-4　水力侵蚀强度分级指标

级　别	侵蚀模数 [t/(km²·a)]	土壤年平均流失厚度 (mm)
Ⅰ 微度侵蚀 (无明显侵蚀)	<200，500，1 000	<0.16，0.4，0.8
Ⅱ 轻度侵蚀	(200，500，1 000)～2 500	(0.16，0.4，0.8)～2
Ⅲ 中度侵蚀	2 500～5 000	2～4
Ⅳ 强度侵蚀	5 000～8 000	4～6
Ⅴ 极强度侵蚀	8 000～15 000	6～12
Ⅵ 剧烈侵蚀	>15 000	>12

注：由于各流域的成土自然条件的差异，可按实际情况确定土壤允许流失量的大小。从 200t/(km²·a)、500t/(km²·a)、1 000t/(km²·a)起算，但允许值不得小于 200t/(km²·a)或超过 1 000t/(km²·a)。

另外，在区划依据指标的选择上还应考虑农业生产发展方向、水土保持治理方向和治理措施。

1.2.3 水土保持区划的界线与命名

全国水土保持区划采用三级分区体系，一级区以地势、水热和多年平均降水为主导指标，以干燥度为辅助指标，进行一级区划；二级区以特征优势地貌类型和若干次要地貌类型的组合及海拔、水土流失类型及强度、植被类型作为主导指标，以土壤类型、水热和多年平均降水量为辅助指标，进行二级区划；三级区特征指标根据二级区区域特点选择确定，以地貌特征指标、社会经济发展状况特征指标、土地利用结构特征指标和土壤侵蚀强度作为主导指标，以水热和多年平均降水量为辅助指标，进行三级区划。

全国水土保持区划一级区采用"大尺度区位或自然地理单元+优势地面组成物质或岩性"的方式命名；二级区采用"区域地理位置+优势地貌类型"的方式命名；三级区采用"地理位置+地貌类型+水土保持主导功能"的方式命名。

通常情况下，区划的界线是一条逐渐变化、宽窄不一的过渡带。这种过渡带具有相对性和"模糊"的特征，不可能出现突然跃迁的现象。解决这一问题的方法是：首先应该从分异的主导因素去找；其次是仔细研究各个要素变化和发展过程的特点，从而发现各要素的先后关系；第三是研究各要素的相互渗透。尽管如此，界线的确定还是具有一定的经验性，这也是水土保持区划的新任务。

水土保持分区的命名一般应体现以下内容：

①表明地理位置、地貌、岩性、植被特征。

②表明土壤侵蚀情况。

③表明水土保持治理方向和治理措施。

1.2.4 水土保持区划的单元等级

不同的区划级别，其区划依据概不相同。目前我国的水土保持区划分为四级。一、二级为国家级，三级为省级，四级为县级。一、二级区划单元主要是根据地域分异规律、大的地貌类型及侵蚀营力进行划分，三级主要是根据岩性、中小地貌和水土流失特征划分，四级则是根据组成自然环境的各个要素的不同组合的综合特征来划分。

一般来说，区划的等级系统不能太简单，但也不能太细。分区过于简单，不能充分体现地域差异，而分区过细，则使用起来比较困难，不易掌握。因此，区划只能是较大范围内地域分异的大体轮廓。

1.2.5 水土保持区划的主要内容

水土保持区划包括以下主要内容：

①各个类型区的界限、范围、面积、行政区划。

②各类型区的自然条件。着重说明以下因素：

地形：宏观上说明各区的山地、丘陵、高原、平原、盆地等不同地貌；微观上说明地面坡度组成、沟壑密度等定量指标。

降水：说明各区的年均降水量、汛期降水量、降水的年际分布与季节分布、暴雨情况、干旱缺雨情况等。

地面组成物质：说明各区的土类、岩石、沙地的分布，农业土壤的主要物理化学性质等。

植被：说明各区的林地、草地分布情况，植被覆盖度，主要树种、草种。

其他农业气象：温度、霜期、风力、霜冻、冰雹等自然灾害。

③各类型区的自然资源。着重说明以下因素：

土地资源：各区的农地、林地、草地、荒地等各类土地的总量、人均量、土地质量、生产能力。

水资源：各区的地面水、地下水总量、人均量，耕地平均量。

生物资源：各区能提供用材、果品、药用、编织、淀粉、调料、观赏等用途的植物和有开发价值的动物。

光热资源：各区的日照数、辐射热量、≥10℃的积温。

矿藏资源：各区的煤、铁、铜、铝、石油、天然气等矿藏资源的分布、数量和开采情况。

④各类型区的社会经济情况。着重说明以下因素：

- 各区人口、劳力、人均土地、人均农地。
- 各区土地利用现状、存在问题。
- 各区农村各业生产情况、经验和问题。
- 各区群众生活水平、人均粮食、人均收入、人畜饮水和燃料、饲料、肥料供需情况。

⑤各类型区的水土流失特点

- 各区水土流失主要方式、侵蚀强度、分布情况。
- 各区水土流失造成的危害，包括对当地农村生产、群众生活的危害和对下游水库及河道的淤积，造成洪涝灾害等危害。
- 各区水土流失成因，包括自然因素和人为因素。

⑥各类型区的生产发展方向与防治措施布局

- 各区的生产发展方向，具体表现为土地利用方案，提出各区农、林、牧、副、渔业用地和其他用地的位置和面积比例。
- 各区的防治措施布局，根据各类土地上不同的水土流失方式与强度，有针对性地提出主要防治措施及其配置特点，并简述其依据。

1.2.6　水土保持区划的步骤与方法

1.2.6.1　水土保持区划的程序

水土保持区划一般按以下程序进行：

①准备工作；

②水土保持综合调查；

③收集有关专业的区划成果；

④典型区域详查；

⑤区划；

⑥区划成果的整理（报告、图、表）。

1.2.6.2 水土保持区划的方法

（1）常规区划方法

具体方法步骤如下：

①组织队伍，试点培训 根据区划需要与省、地、县主管水土保持业务部门的技术力量和专业情况，按专业特长抽调人员，分工分组，组成区划队伍。然后举办培训班，集中学习，并选择试点现场训练，弄清区划依据、步骤、成果要求，同时研究拟定或讨论修改上级区划草图，做好区划细则、工作计划、调查提纲、统计表格、工作底图、区划经费、交通工具、查勘仪器和办公用品等准备工作。

②搜集资料，实地调查 按区划要求，除需要水土保持业务部门和科研单位承担所在地区有关专题内容外，还要到有关部门搜集现有成果资料，进行归类整编，如有不足，再进行实地调查。

③资料分析，专题研究 对搜集到的各种图表文字资料，要进行认真的分析研究，从中找出区划需要的依据或指标。对一些关键性的疑难问题，组织专题讨论。

④综合归纳，提出成果 集中力量对各组分析的资料和专题讨论成果进行综合归纳，研究确定各级区划的主要指标、范围、界限，然后绘制区划图表，编写说明书，提出区划全部成果。

⑤征求意见，报批定案。

（2）数值区划方法

常用的数值区划方法如下：

①主成分分析 主成分分析属因子分析的一种类型，是把一些具有错综复杂关系的变量归结为数量较少的几个综合变量（主成分）的一种多元统计分析方法。

②聚类分析 又称群分析。它是根据"物以类聚"的道理，研究对样品或指标进行分类问题的一种多元统计分析方法。

③灰色系统理论、模糊数学及数量化理论与数值区划方法 水土流失类型分区结果，可以指导水土保持重点预防保护区、重点监督区和重点治理区的划分。

1.2.7 水土保持区划的成果要求和报告编写

1.2.7.1 成果要求

水土保持区划的成果是在工作准备、现场调查和室内分析的基础上形成的。它应包括：

（1）文字报告

文字报告包括综合报告、专题报告、典型报告等。

（2）附表

①基本情况表。

②水土保持区划简况表。

③水土保持措施累计完成情况表。

④水土保持区划分区范围。

（3）附图

①地貌类型图。

②水土保持区划图。

1.2.7.2　报告编写

（1）自然条件

地理位置、地质地貌、水文气象、土壤、植被、主要河流特征和现状。

（2）社会经济情况

①乡、村、户数、总人数，农业人口，农业劳动力，家畜等。

②土地利用类型　包括农耕地、林地、牧地、荒地、非生产用地面积及占总土地面积的比例，耕垦指数等。

③农、林、牧、副业生产结构及产值，人均产值，人均收入等。

④土地资源利用状况，土地利用评价，开发途径及水土保持治理措施。

⑤生活条件，人畜饮水、粮食、燃料、饲草余缺等情况。

（3）水土流失情况

①水土流失面积及分布，水土流失面积占总土地面积的百分比。

②土壤侵蚀的类型、数量及占总水土流失面积的比例。

③水土流失程度，径流模数、径流总量、侵蚀模数、侵蚀总量。

④水土流失成因及评价。

（4）水土保持工作情况

①成绩与经验。

成绩：水土保持各种措施的种类、发展情况及治理面积和治理程度，采取措施后，经济、社会、蓄水保土及生态效益情况。

经验：单项措施经验、综合措施经验；科研与技术改革经验；小流域综合治理及户包治理经验。

②组织领导情况。

③存在问题。

（5）水土保持分区

①分区原则　主要依据及指标，分区情况及命名。

②分区论述　包括分区范围、自然条件、社会经济情况、水土流失情况、治理和生

产情况、生产发展方向、治理方向、主要治理措施、治理途径及当地发展生产的突破口。

1.2.8 水土保持区划成果的验收标准

①应基本摸清区划地区与水土保持有关的自然及经济条件，并作出符合实际的初步评分。

②应对区划范围的水土流失及治理的地域差异性有基本认识，划分出水土保持区。

③应对治理当地水土流失关键措施和治理方向，提出切实可行的建议。

1.3 国家级水土流失重点防治区划分

2015 年，国务院批复《全国水土保持规划（2015—2030 年）》，共划定国家级水土流失重点防治区 40 个，其中国家级水土流失重点预防区 23 个，涉及 460 个县级行政区，县域面积 334.4×10⁴km²，重点预防面积 43.92×10⁴km²，详见表 1-5；国家级水土流失重点治理区 17 个，涉及 631 个县级行政区，县域面积 163.6×10⁴km²，重点治理面积 49.44×10⁴km²，详见表 1-6。

表 1-5　国家级水土流失重点预防区　　　　　　　km²

重点预防区名称	行政区范围	县域总面积	重点预防面积
大小兴安岭国家级水土流失重点预防区	内蒙古和黑龙江 2 省（自治区）28 个县级行政区	256 910	31 482
呼伦贝尔国家级水土流失重点预防区	内蒙古自治区 7 个县级行政区	90 387	25 247
长白山国家级水土流失重点预防区	黑龙江、吉林、辽宁 3 省 21 个县级行政区	85 435	25 764
燕山国家级水土流失重点预防区	北京、河北、天津、内蒙古 4 省（自治区、直辖市）27 个县级行政区	85 537	17 505
祁连山—黑河国家级水土流失重点预防区	甘肃、青海、内蒙古 3 省（自治区）11 个县级行政区	197 608	8 056
子午岭—六盘山国家级水土流失重点预防区	陕西、甘肃、宁夏 3 省（自治区）26 个县级行政区	42 468	8 298
阴山北麓国家级水土流失重点预防区	内蒙古自治区 6 个县级行政区	146 159	25 792
桐柏山大别山国家级水土流失重点预防区	安徽、河南、湖北 3 省 25 个县级行政区	53 052	8 001
三江源国家级水土流失重点预防区	青海、甘肃 2 省 22 个县级行政区	404 060	64 088
雅鲁藏布江中下游国家级水土流失重点预防区	西藏自治区 18 个县级行政区	101 308	10 405
金沙江岷江上游及三江并流国家级水土流失重点预防区	四川、云南、西藏 3 省（自治区）42 个县级行政区	299 196	99 028

（续）

重点预防区名称	行政区范围	县域总面积	重点预防面积
丹江口库区及上游国家级水土流失重点预防区	湖北、陕西、重庆、河南4省（直辖市）43个县级行政区	115 071	29 363
嘉陵江上游国家级水土流失重点预防区	陕西、甘肃、四川3省20个县级行政区	61 106	7 395
武陵山国家级水土流失重点预防区	重庆、湖北、湖南3省（直辖市）19个县级行政区	50 724	5 402
新安江国家级水土流失重点预防区	安徽、浙江2省10个县级行政区	17 181	4 606
湘资沅上游国家级水土流失重点预防区	广西、贵州、湖南3省（自治区）33个县级行政区	68 517	8 592
东江上中游国家级水土流失重点预防区	广东、江西2省12个县级行政区	29 211	7 680
海南岛中部山区国家级水土流失重点预防区	海南省4个县级行政区	7 113	2 760
黄泛平原风沙国家级水土流失重点预防区	河北、河南、山东3省34个县级行政区	38 503	3 281
阿尔金山国家级水土流失重点预防区	新疆维吾尔自治区2个县级行政区	336 625	2 605
塔里木河国家级水土流失重点预防区	新疆维吾尔自治区18个县级行政区	382 289	12 114
天山北坡国家级水土流失重点预防区	新疆维吾尔自治区25个县级行政区	387 103	29 077
阿勒泰山国家级水土流失重点预防区	新疆维吾尔自治区7个县级行政区	88 474	2 670
国家级重点预防区合计	460个县级行政区	3 344 038	439 209

表1-6 国家级水土流失重点治理区复核划分成果 km²

重点治理区名称	行政区范围	县域总面积	重点治理面积
东北漫川漫岗国家级水土流失重点治理区	黑龙江、吉林、辽宁3省69个县级行政区	190 683	47 297
大兴安岭东麓国家级水土流失重点治理区	黑龙江、内蒙古2省（自治区）14个县级行政区	120 558	33 203
西辽河大凌河中上游国家级水土流失重点治理区	内蒙古、辽宁2省（自治区）28个县级行政区	129 358	47 736
永定河上游国家级水土流失重点治理区	河北山西、内蒙古3省（自治区）31个县级行政区	50 049	15 873
太行山国家级水土流失重点治理区	北京、河南、河北、山西4省（直辖市）48个县级行政区	68 413	25 640
黄河多沙粗沙国家级水土流失重点治理区	甘肃、宁夏、内蒙古、山西、陕西5省（自治区）70个县级行政区	226 426	95 597
甘青宁黄土丘陵国家级水土流失重点治理区	甘肃、青海、宁夏3省（自治区）48个县级行政区	95 370	33 025
伏牛山中条山国家级水土流失重点治理区	河南、山西2省26个县级行政区	36 478	11 374
沂蒙山泰山国家级水土流失重点治理区	山东省24个县级行政区	35 818	9 955

（续）

重点治理区名称	行政区范围	县域总面积	重点治理面积
西南诸河高山峡谷国家级水土流失重点治理区	云南省28个县级行政区	89 843	20 391
金沙江下游国家级水土流失重点治理区	四川、云南2省38个县级行政区	89 347	25 513
嘉陵江及沱江中下游国家级水土流失重点治理区	四川省30个县级行政区	57 723	20 664
三峡库区国家级水土流失重点治理区	湖北、重庆2省(直辖市)18个县级行政区	51 514	17 689
湘资沅中游国家级水土流失重点治理区	湖南省26个县级行政区	43 197	7 586
乌江赤水河上中游国家级水土流失重点治理区	云南、贵州、四川、重庆4省(直辖市)32个县级行政区	81 619	25 486
滇黔桂岩溶石漠化国家级水土流失重点治理区	贵州、广西2省(自治区)57个县级行政区	155 773	42 488
粤闽赣红壤国家级水土流失重点治理区	江西、福建、广东3省44个县级行政区	114 289	14 864
国家级重点治理区合计	631个县级行政区	1 636 455	494 379

1.4　全国水土保持区划

全国水土保持区划采用三级分区体系。一级区为总体格局区,用于确定全国水土保持工作战略部署与水土流失防治,反映水土资源保护、开发和合理利用的总体格局,体现水土流失的自然条件(地势构造和水热条件)及水土流失成因的区内相对一致性和区间最大差异性;二级区为区域协调区,用于确定区域水土保持布局,协调跨流域、跨省区的重大区域性规划目标、任务及重点,反映区域特征优势地貌特征、水土流失特点、植被覆盖分布特征等的区内相对一致性和区间最大差异性;三级区为基本功能区,用于确定水土流失防治途径及技术体系,作为重点项目布局与规划的基础,反映区域水土流失及其防治需求的区内相对一致性和区间的最大差异性。

依据三级分区体系,我国的气候、地貌、水土流失特点以及人类活动规律等特征,从自然条件、水土流失、土地利用和社会经济等影响因素和要素中,选定各级划分指标。在收集已有相关区划及分区成果和第一次全国水利普查水土保持情况普查成果的基础上,在定性分析的基础上,运用相关统计分析方法,以县级行政区为分区单元,适当考虑流域的边界和省界、历史传统沿革,借鉴相关区划成果,形成水土保持区划成果。将我国划分为8个一级区、41个二级区、117个三级区,总体情况见表1-7。

表1-7 全国水土保持区划基本情况表

一级区名称 (区域面积×10⁴km²)	占区域总面积比例(%)	水土流失面积(×10⁴km²)	占水土流失总面积比例(%)	二级区名称	三级区名称	涉及省级行政区	涉及县级行政区个数	土地总面积(×10⁴km²)
东北黑土区 109	11.5	25.3	8.6	大小兴安岭山地区	大兴安岭山地水源涵养生态维护区	黑龙江、内蒙古	7个县(市、区、旗)	19.62
					小兴安岭山地丘陵生态维护保土区	黑龙江	29个县(市)	8.89
				长白山—完达山地丘陵区	三江平原—兴凯湖生态维护保土区	黑龙江	11个县(市)	6.37
					长白山山地水源涵养生态维护区	黑龙江、吉林	48个县(市、区)	13.79
					长白山山地丘陵水质维护宝蓄保土区	黑龙江、吉林	48个县(市、区)	10.19
				东北漫川漫岗区	东北漫川漫岗土壤保持区	黑龙江、吉林	61个县(市、区)	17.76
				松辽平原风沙区	松辽平原防沙农田保护区	黑龙江、吉林、辽宁	20个县(市)	8.11
				大兴安岭东南山地丘陵区	大兴安岭东南低山丘陵土壤保持区	黑龙江、内蒙古	18个县(市、区、旗)	15.49
				呼伦贝尔丘陵平原区	呼伦贝尔丘陵平原防沙生态维护区	内蒙古	7个区(市)	8.31
北方风沙区(新甘蒙高原盆地区) 239	24.9	142.6	48.4	内蒙古中部高原丘陵区	锡林格勒高原保土生态维护区	内蒙古	18个市(旗)	14.45
					蒙冀丘陵保土蓄水区	河北、内蒙古	12个县(旗)	5.36
					阴山山麓高原保土水源区	内蒙古	7个区(市、旗)	11.56
				河西走廊及阿拉善高原区	阿拉善高原山地防沙生态维护区	内蒙古	3个旗	23.90
					河西走廊农田防护防沙区	甘肃	17个县(市)	20.78
				北疆山地盆地区	准格尔盆地北部环境水源涵养生态维护区	新疆	13个县(市)	18.57
					天山北坡人居环境维护农田防护区	新疆	28个县(市、区)	14.91
					伊犁河谷减灾蓄水区	新疆	9个县(市)	5.54
				南疆山地盆地区	吐哈盆地生态维护防沙区	新疆	6个县(市)	20.70
					塔里木盆地北部农田防护水源涵养区	新疆	18个县(市)	26.62
					塔里木盆地南部农田防护防沙区	新疆	10个县(市)	58.50
					塔里木盆地西部农田防护减灾区	新疆	17个县(市)	18.32

（续）

一级区名称	区域面积（×10⁴km²）	占区域总面积比例（%）	水土流失面积（×10⁴km²）	占水土流失总面积比例（%）	二级区名称	三级区名称	涉及省级行政区	涉及县级行政区个数	土地总面积（×10⁴km²）
北方土石山区（北方山地丘陵区）	81	8.7	19.0	6.4	辽宁环渤海山地丘陵区	辽河平原人居环境维护农田防护区	辽宁	32个县（市、区）	2.41
						辽宁西部丘陵保土拦沙区	辽宁	19个县（市、区）	2.76
						辽东半岛人居环境维护减灾区	辽宁	13个县（市、区）	1.96
					燕山及辽西山地丘陵区	辽西山地丘陵保土蓄水区	内蒙古、辽宁	19个县（市、区、旗）	9.30
						燕山山地丘陵水源涵养生态维护区	北京、天津、河北	36个县（市、区）	7.51
					太行山山地丘陵区	太行山西北部山地丘陵防沙水源涵养区	河北、山西	33个县（市、区、旗）	5.88
						太行山东部山地丘陵保水水源涵养区	河南、北京、河北	50个县（市、区）	4.46
						太行山西南部山地丘陵保土水源涵养区	山西	24个县（区）	3.02
					秦沂及胶东山地丘陵区	胶东半岛丘陵蓄水保土区	山东	26个县（市、区）	3.09
						鲁中南低山丘陵保土壤保持区	江苏、山东	61个县（市、区）	6.98
					华北平原区	京津冀城市群人居环境维护农田保护区	北京、天津、河北	78个县（市、区）	4.14
						津冀鲁渤海湾生态维护区	河北、天津、山东	19个县（市、区）	3.08
						黄泛平原防沙农田防护区	河北、江苏、安徽、山东、河南	139个县（市、区）	11.90
						淮北平原岗地农田防护保土区	江苏、安徽、河南	67个县（市、区）	8.64
					豫西南山地丘陵区	豫西黄土丘陵保黄土蓄水区	河南	25个县（市、区）	2.83
						伏牛山山地丘陵保土水源涵养区	河南	24个县（市、区）	2.69

（续）

一级区名称	区域面积（×10⁴km²）	占区域总面积比例（%）	水土流失总面积（×10⁴km²）	占水土流失总面积比例（%）	二级区名称	三级区名称	涉及省级行政区	涉及县级区个数	土地总面积（×10⁴km²）
西北黄土高原区	56	5.9	23.5	8.0	宁蒙覆盖黄土丘陵区	阴山山地丘陵蓄水保土区	内蒙古	21个县（区、旗）	4.51
						鄂乌高原丘陵保土蓄水区	内蒙古	7个县（区、旗）	6.47
						宁中北丘陵平原防沙生态保护区	宁夏	15个县（区）	3.18
						呼鄂丘陵沟壑拦蓄拦沙保土区	内蒙古	6个县（区、旗）	3.01
					晋陕蒙丘陵沟壑区	晋西北黄土丘陵沟壑拦沙保土区	山西	20个县（市、区）	3.28
						陕北黄土丘陵沟壑拦蓄拦沙保土区	陕西	10个县（市、区）	2.44
						陕北盖沙丘流沟壑拦蓄拦沙防沙区	陕西	5个县（市、区）	2.69
						延安中部丘陵沟壑保土蓄水区	陕西	4个县（市、区）	1.27
					汾渭及晋城丘陵阶地区	汾河中游丘陵阶地保土蓄水区	山西	23个县（市、区）	2.14
						晋南丘陵阶地保土蓄水区	山西	22个县（市、区）	2.48
						秦岭北麓渭河中低山阶保土蓄水区	陕西	40个县（市、区）	3.90
					晋陕甘高塬沟壑区	晋陕甘高塬沟壑保土蓄水区	山西、甘肃、陕西	34个县（市、区）	5.58
					甘宁青山地丘陵沟壑区	宁南陇东丘陵沟壑蓄水保土区	宁夏、甘肃	22个县（区）	6.03
						陇中丘陵沟壑拦蓄保土区	甘肃	16个县（区）	4.03
						青东甘南丘陵沟壑蓄水保土区	甘肃、青海	26个县（区）	4.70
南方红壤区	124	13.5	16.0	5.4	江淮丘陵及下游平原区	江淮下游平原农田防护水质维护区	上海、江苏	31个县（市、区）	4.30
						江淮丘陵岗地农田防护区	江苏、安徽	28个县（市、区）	3.43
						浙沪平原人居水质维护环境维护区	上海、浙江	24个区（市）	1.08
						太湖丘陵平原人居水质维护人居环境维护区	江苏	24个区（市）	1.77
					大别山—桐柏山山地丘陵区	沿江丘陵岗地农田防护人居环境维护区	江苏、安徽	40个县（市、区）	2.75
						桐柏山山地丘陵水源涵养保护区	安徽、河南、湖北	33个县（市、区）	7.11
						南阳盆地及大洪山丘陵山农田保护区	河南、湖北	15个县（市、区）	2.86

（续）

一级区名称	区域面积（×10⁴km²）	占区域总面积比例（%）	水土流失面积（×10⁴km²）	占水土流失总面积比例（%）	二级区名称	三级区名称	涉及省级行政区	涉及县级行政区个数	土地总面积（×10⁴km²）
南方红壤区	124	13.5	16.0	5.4	长江中游丘陵平原区	汉江平原及周边丘陵农田防护人居环境维护区	湖北	37个县（市、区）	3.41
						洞庭湖丘陵平原农田防护水质维护区	湖北、湖南	22个县（市、区）	3.17
					江南山地丘陵区	浙皖低山丘陵生态维护水质维护区	安徽、浙江	35个县（市、区）	5.39
						浙赣低山丘陵人居环境维护保土区	江西、浙江	34个县（市、区）	4.74
						鄱阳湖丘岗平原农田防护水质维护区	江西	25个县（区）	2.68
						幕阜山九岭山山地丘陵保土生态维护区	湖北、江西	15个县（市、区）	3.00
						赣中低山丘陵土壤保持区	江西	30个县（区）	5.07
						湘中低山丘陵保土人居生态维护区	湖南	58个县（市、区）	8.64
						湘西南山地山丘保土生态维护区	湖南	17个县（市、区）	4.13
						赣南山地土壤保持区	江西	12个县（市、区）	2.87
					浙闽山地丘陵区	浙东低山岛屿水质维护人居环境维护区	浙江	30个县（市、区）	2.41
						浙西南山地保土生态维护区	浙江	16个县	2.92
						闽东北山地保土水质维护区	福建	8个县（市、区）	1.09
						闽西北山地丘陵生态维护减灾区	福建	23个县（市、区）	4.85
						闽东南沿海丘陵平原人居环境维护水质维护区	福建	34个县（市、区）	1.99
						闽西南山地丘陵保土生态维护区	福建	20个县（市、区）	4.46
					南岭山地丘陵区	南岭山地丘陵水源涵养保土区	湖南、广东、广西、江西	56个县（市、区）	10.59
						岭南山地丘陵保土水源涵养区	江西、广东、广西	58个县（市、区）	12.07
						桂中低山丘陵保土土壤保持区	广西	18个县（市、区）	3.16
					华南沿海丘陵台地区	华南沿海丘陵台地人居环境维护区	广东、广西	93个县（市、区）	10.78

（续）

一级区名称	区域面积 (×10⁴km²)	占区域总面积比例 (%)	水土流失面积 (×10⁴km²)	占水土流失总面积比例 (%)	二级区名称	三级区名称	涉及省级行政区	涉及县级行政区个数 (市、区)	土地总面积 (×10⁴km²)
南方红壤区	124	13.5	16.0	5.4	海南及南海诸岛丘陵台地区	海南沿海丘陵台地人居环境维护区	海南	13个县(市、区)	1.94
						琼中山地水源涵养区	海南	8个县(市)	1.50
						南海诸岛生态维护区	海南	1个市	7.88
					台湾山地丘陵区	台西山地平原减灾人居环境维护区	台湾	19个县(市)	2.77
						花东山地减灾生态维护区	台湾	2个县	0.81
西南紫色土区	51	5.6	16.2	5.5	秦巴山山地区	丹江口水库周边山地丘陵水质维护保土区	河南、湖北、陕西	12个县(市、区)	3.11
						秦岭南麓水源涵养保土区	陕西	18个县(区)	4.45
						陇南山地保土减灾区	甘肃、四川	15个县(区)	5.11
						大巴山山地保土生态维护区	陕西、四川、重庆、湖北	33个县(市、区)	9.85
					武陵山山地丘陵区	鄂渝山地水源涵养保土区	湖北、重庆	19个县(市、区)	4.84
						湘西北山地低山丘陵水源涵养保土区	湖南	12个县(市、区)	2.74
					川渝山地丘陵区	川渝平行岭谷的山地保土人居环境维护区	四川、重庆	27个县(区)	4.60
						四川盆地北中部山地丘陵保土人居环境维护区	四川	43个县(市、区)	4.79
						龙门山峨眉山山地减灾生态维护区	四川	28个县(市、区)	5.57
						四川盆地中部低丘土壤保持区	四川、重庆	49个县(市、区)	5.79
西南岩溶区	70	7.4	20.4	6.9	滇黔桂山地丘陵区	黔中山地土壤保持区	贵州	49个县(市、区)	7.79
						滇黔川高原山地保土蓄水区	云南、贵州、四川	52个县(市、区)	12.32
						黔桂山地水源涵养区	贵州、广西	15个县	3.74
						滇黔桂峰丛洼地蓄水保土区	广西、贵州、云南	47个县(市、区)	14.22

（续）

一级区名称	区域面积（×10⁴km²）	占区域总面积比例（%）	水土流失面积（×10⁴km²）	占水土流失总面积比例（%）	二级区名称	三级区名称	涉及省级行政区	涉及县级行政区个数	土地总面积（×10⁴km²）
西南岩溶区	70	7.4	20.4	6.9	滇北及川西南高山峡谷区	川西南高山峡谷保土减灾区	四川	21个县（市，区）	5.45
						滇北中高山蓄水拦沙区	云南	17个县（区）	4.68
						滇西北中高山生态维护区	云南	11个县（区）	3.33
						滇东高原保土人居环境维护区	云南	21个县（市，区）	3.85
					滇南西山地区	滇西南中低山宽谷生态维护区	云南	6个县（市）	1.69
						滇西南中低山保土减灾区	云南	30个县（市，区）	10.07
						滇南中低山宽谷生态维护区	云南	5个县（市，区）	2.64
青藏高原区	219	22.5	31.9	10.8	柴达木盆地及昆仑山北麓高原区	祁连山山地水源涵养保土区	甘肃，青海	6个县	5.39
						青海湖高原山地生态维护保土区	青海	5个县	9.63
						柴达木盆地农田防护防沙区	青海	3个县（市）	23.52
					若尔盖—江河源高原山地区	若尔盖高原生态维护水源涵养区	四川，甘肃	7个县	5.11
						三江黄河源山地生态维护水源涵养区	四川，青海，西藏	22个县（市）	37.33
					羌塘—藏西南高原区	羌塘高原北部生态维护区	西藏	9个县	55.56
						藏西南高原山地生态维护防沙区	西藏	5个县	12.20
					藏东—川西高山峡谷区	川西高原高山峡谷生态维护水源涵养区	四川	25个县	18.15
						藏东高原高山峡谷生态维护水源涵养区	云南，西藏	19个县	17.07
					雅鲁藏布河谷及藏南高山地区	藏东南高山峡谷生态保护区	西藏	9个县	15.95
						西藏高原中部高山河谷农田防护区	西藏	24个县（区）	12.16
						藏南高原高山地生态维护区	西藏	10个县	6.81

思 考 题

1. 水土保持区划的概念及内涵是什么？
2. 区划和类型研究有什么差别和联系？
3. 水土保持区划要遵循哪几条原则？
4. 水土保持区划的方法与步骤是什么？
5. 水土保持分区的命名应体现哪些内容？
6. 水土保持区划报告应包括哪些内容？

推荐阅读书目

1. 水土保持规划与设计. 齐实. 中国林业出版社，2017.
2. 水土保持规划设计. 王治国. 中国水利水电出版社，2018.
3. 中国水土保持区划. 全国水土保持规划编制工作领导小组，水利部水利水电规划设计总院. 中国水利水电出版社，2018.
4. 水土保持区划理论与方法. 王治国，孙超，孙保平. 科学出版社，2016.

第 2 章

水土保持规划总论

【本章提要】水土保持规划是在水土保持区划的基础上针对每个分区的实际，制订的具体实施方案，是进行水土流失治理、布设水土保持措施和检查验收的重要依据。本章介绍了水土保持规划所涉及的主要内容，具体包括规划的意义、指导思想、规划原则、规划任务、规划方法、规划内容、规划的工作步骤和规划成果及实施等，为编制水土保持规划提供了一个工作框架。

2.1 水土保持规划概述

水土保持规划就是根据一个区域或一个流域水土流失的原因、类型和规律等特点，制定合理的土地利用结构和布局、整体部署和系统配置各项水土保持措施，确定规划措施的实施顺序和进度安排，并对其实施后的生态、经济和社会效益作出预测。为了做好水土保持规划，首先必须了解水土流失的客观自然规律，然后根据这些自然规律去因势利导、因害设防地安排各项治理措施。如果违背了这些客观规律，就要失败。现实中有许多地方修了坝多年不受益，修了梯田效益也不明显，其原因就是事先没有进行规划。

水土保持规划对指导水土保持工作具有非常重要的意义。首先，通过规划可以明确一个区域或一个流域的土地利用和农业生产发展方向及该区域水土保持的主攻方向；其次，通过规划对各项治理措施的具体配置、具体要求和实施步骤做到心中有数，使水土保持工作可以有条不紊地按计划进行，从而提高工作效率；此外，由于水土保持是一项综合性很强的工作，涉及农、林、牧、水等各行各业，工作量大且涉及面宽，又具有艰巨性和长期性的特点，所以，水土保持各项工作中既有相辅相成的一面，同时又有互相矛盾的一面，如何协调和解决这些矛盾，必须通过规划来解决。

2.1.1 水土保持规划的任务

水土保持规划的任务是贯彻"预防为主，全面规划，综合防治，因地制宜，加强管理，注重效益"的水土保持方针，在综合调查的基础上，根据当地农村经济发展方向，合理调整土地利用结构和农村产业结构，针对水土流失特点，因地制宜地配置各项水土保持防治措施，提出各项措施的技术要求。同时，分析各项措施所需的人为、物资和经费，在规划期内(小面积3~5年，大面积5~10年)安排好治理进度，预测规划实施后的效益，提出保证实施规划的措施。

2.1.2　水土保持规划的类型

按规划对象可分为区域水土保持规划和流域水土保持规划两种类型，而规划范围统称为规划单元。

(1) 区域规划

区域规划是以省、地、县为单元进行的水土保持规划。其基本任务是，在综合考察的基础上，按照水土保持区划，划分出若干不同的水土流失类型区，根据各个类型区的自然、社会经济发展的要求，分别确定一定时期内当地的生产发展方向、治理措施布局、治理目标、治理进度和治理效益，确定各区的主要建设项目，提出分期实施意见。

(2) 流域规划

流域规划是以一个完整的自然流域为单元进行的水土保持规划，是水土保持规划中经常采用的形式之一。在流域规划中，以小流域为单元进行的水土保持规划设计更具有普遍意义。

小流域是一个范围较小的比较完整、独立的自然集水区域，通俗地讲就是一道沟或一道小河川。即分水线以内的所有山梁、坡面和沟道所构成的集水区域，其面积大小可以是 $1\sim10km^2$，一般在 $30km^2$ 以下，最大不超过 $50km^2$。我国水土保持工作的特色就是以小流域为单元进行水土流失综合治理，一般认为，它具有 3 个方面的优点：

①针对性　小流域既然是一个比较完整、独立的自然集水区，也就自然成为水土流失发生发展的独立单元。因此，以小流域为单元治理水土流失能更好地按照水土流失发生发展的规律，采取有效的治理措施。

②治理的综合性　以小流域为单元的治理，便于统一安排各项综合治理措施，建成独立的、高效能的生态系统。

③经营管理的便利性　一个小流域往往权属于一个县、乡(镇)或村，这样就便于对其进行管理和监督，也有利于充分发挥资源生产潜力，获得最大的效益。

2.2　水土保持规划的指导思想、基本原则与方法

2.2.1　水土保持规划的指导思想

(1) 与水土保持区划、上级的总体布局保持协调一致，符合当地的生产发展方向

水土保持规划必须在水土保持区划、上级的总体布局的指导下完成。由于不同水土流失类型区，其自然、社会经济条件差异明显，因此，具有不同的农业生产发展方向。例如，在地少人多的平川地区，一般应以农业为主；在地多人少的土石山区，一般应以林、牧业为主；在人口密度居中的丘陵地区，一般可以农、林、牧并举。所以，进行水土保持规划时，应充分考虑当地的农业生产发展方向和我国经济建设总的战略部署，与当地的农业发展战略和社会经济发展状况相适应，为实现农业发展战略目标和经济建设目标，促进社会的繁荣和进步服务。

（2）提出明确的治理与开发目标

整个水土保持规划应以合理开发和利用水土资源，发展大农业（农、林、牧、副、渔）生产，提高土地利用率、劳动生产率和商品率，提高群众生活水平、脱贫致富为最终目标。开发利用水土资源，必须与预防和保护水土资源紧密结合，做到预防、保护为开发利用服务。同时，规划时还要制定相应的经济目标，避免为治理而治理，为水土保持而水土保持的行为；值得强调的是在开发利用中必须杜绝那种以破坏水土资源（如毁林、毁草、陡坡开荒等）而获取经济效益的短期行为。在水土流失严重地区，首先解决粮食、燃料、饲料、肥料、现金收入等问题，有的地方还要解决人畜用水困难。通过水土保持，逐步改变当地的贫困面貌，开拓脱贫致富的道路。一些侵蚀严重地区开创的"开发性治理"已经显示出了强大的生命力。

（3）抓住防治与开发中的关键问题

防治的关键问题是搞清当地的主要侵蚀部位和侵蚀类型，研究产生的原因和提出根本防治办法。开发的关键问题是搞清当地的自然条件（土质、气候等）适宜生长的植物（粮、林、草、经济作物等），当地群众生产、生活中迫切需要解决的问题和发展商品经济急需的产品。对这些都要做到"心中有数"，才能使规划切合实际，真正收到既控制水土流失又发展生产的效果。此外，应全面保护和合理开发利用水土资源，为农、林、牧、副、渔各业生产协调发展服务，使生态效益、经济效益和社会效益相结合。在充分分析和调查生态环境和效益的基础上，不断地提高土地的利用效率、土地生产率和劳动生产率，有效地增加农林牧副渔各业的总产值和净产值。为此，应在规划中搞好经济核算，计算各项措施的投入与产出，用系统工程的方法，优选出最佳的土地利用与措施布局方案。

（4）结合水土保持工作建立商品生产基地

水土流失地区各项生产的发展单靠自给型、封闭式的小农经济是不行的，必须积极发展商品经济，把通过水土保持治理和开发利用而生产出的各种产品，有计划地转化为商品，让农民群众得到经济实惠，以调动群众进一步开展水土保持工作的积极性，以增强群众自力更生的内在活力。为此，在规划中，要把水土保持纳入整个农林经济发展体系，水土保持中种植的各种植物（粮、林、草、经济作物）必须考虑如何适应市场的需求，除可直接作为商品的外，还应通过深加工使培育、种植和养殖的产品转化为商品，提高其产值。

（5）既要尊重传统，又要勇于创新

在水土保持规划中，既要充分考虑当地群众在治理与开发利用中的传统习惯，又要积极引进新的治理方法和现代先进农业生产技术，做到既要尊重传统，又要勇于创新，保证规划设计的合理性和先进性。同时，重视水土保持与全社会工矿、交通、文教、卫生、商业等发展的相互依存性和互惠互利。

2.2.2　水土保持规划的原则

（1）实事求是、因地制宜、因害设防

我国幅员广大，各地的自然、社会和经济条件千差万别，因此在规划中必须经过调查研究，深入了解规划范围内的自然条件、社会经济情况和水土流失特点，从当地的实际情况出发，严格按照自然规律和社会经济规律办事。对不同类型的地区，因条件不同，必须因地制宜、区别对待，确定不同的发展方向，采取不同的治理措施和经济技术指标等，使之形成多层次良性循环体系，切不可生搬硬套，搞"一刀切"。

（2）综合治理、治管结合

水土保持综合治理必须做到工程措施、林草措施、农业技术措施相结合，治坡措施与治沟措施相结合，造林种草与封禁治理相结合，骨干工程与一般工程相结合。在治理工作中，各项措施、各个部位同步进行，或者做到从上游到下游，先坡面后沟道，先支沟、毛沟后干沟，先易后难，要使各措施相互配合，最大限度地发挥群体的防护作用，要做到治理一片，成功一片，受益一片。此外，在水土保持规划中还应坚持做到预防、治理和管护相结合，不能只注重一次性治理投入，而忽视了后期的维护，使水土保持工作难以达到预期的目标。

（3）兼顾生态、经济和社会效益

水土保持要以生态效益为基础，经济效益为原动力，坚持以经济效益促进生态效益，以生态效益保护经济效益的良性循环。经济效益和生态效益是水土保持中相辅相成的两个方面，没有经济效益的生态效益，不易被群众理解和接受，也缺乏水土保持事业发展的内在活力；相反，没有生态效益的经济效益，会使水土保持走向急功近利的极端，从而丧失生产后劲，乃至资源也受到严重破坏。因此，在规划中要做到治理与开发相结合，治理与管护相结合，当前利益与长远利益相结合，要做到经济上合理，各项措施符合设计要求，有明显的经济效益、生态效益和社会效益。

2.2.3　水土保持规划的方法

水土保持规划是开展水土保持综合治理的一项重要基础工作，其规划方法是否科学合理将直接影响到治理目标的实现和效益的发挥。多年的实践证明，规划方法与手段是决定规划成果科学合理与否的关键因子。

2.2.3.1　工作方法

水土保持是一项综合性很强的工作，内容丰富而广泛。所以，为了做好水土保持规划，应该掌握以下工作方法。

（1）专业技术人员和当地干部群众相结合

专业技术人员具有丰富的专业理论和一定的实际工作经验，当地干部群众对本地情况熟悉，二者结合可以互相补充、取长补短。特别是水土保持规划的内容复杂，涉及范围广，如果靠少数专业人员进行，势必需要较长的时间，甚至脱离实际情况。同时，使用规划成果的是当地干部群众，如果他们能自始至终参加，可以加深对规划的全面了解，有利于规划的实施和执行。

（2）全面普查和典型调查相结合

全面普查系指规划范围内进行面上的调查，有助于对整个规划地区全面了解，诸如自然特点、土地利用概貌、农业生产结构和布局、地区差异和存在问题等，为规划工作奠定基础，普查可以把调查访问、利用航片判读和野外实地踏勘结合起来进行，以相互印证和补充。典型调查是在规划区内选择有代表性的几个乡（镇）、村或小流域进行典型调查，以便更深入地了解问题，提出适宜的解决方案。典型调查时，工作要细，项目要齐全，如各种定额、指标、投资、效益、产量等都要进行详细的调查。经过分析研究才能比较全面地掌握规划范围内水土流失的特点、程度以及土地利用方面的问题，为规划打下良好基础和提出依据。

（3）单项分析与综合研究相结合

调查研究土地利用和水土保持现状、问题和规划远景、布局时，要结合本地的具体情况，按部门一个一个地进行分析研究。在分析现状的基础上，根据需要与可能，分别提出各业今后发展方向、各类用地规模与布局和水土保持措施的安排，并落实到地块，即所谓单项分析。但是单项研究往往在土地利用、措施配置、资金使用等方面发生矛盾，因此必须做好综合研究，综合平衡工作。综合研究、综合平衡是把规划单元作为一个整体、一个全局，在控制水土流失和发展生产的原则下，因地制宜，统筹兼顾，保证重点地协调各部门之间、需要与可能之间、近期和远期之间、上下游之间、左右岸之间、生物措施与工程措施之间等的关系，必要时也要协调平衡地区的差异，以达到区域内、各部门各行业的协调发展。

2.2.3.2 水土保持规划的技术方法

（1）由定性向定量发展

从以定性为主的经验规划逐步发展到以定量为主的系统优化规划，从单一规划方案、优先几组规划方案的对比选择到数学模型的寻优求解，如应用数学规划方法、层次分析方法等。

（2）现代科技手段的应用

利用现代遥感技术（RS）、全球定位系统（GPS）、地理信息系统（GIS）、数字高程模型和动态监测与信息管理技术及系统论进行水土保持规划，使规划的手段渐趋先进，规划方法更为科学，提高规划的速度、深度和精度，从而为水土保持综合治理的健康发展奠定坚实的基础。

2.3 水土保持规划的主要内容

依据水土保持规划的目的和任务，开展水土保持规划应包括以下内容。

2.3.1 水土保持综合调查

水土保持综合调查是进行水土保持规划的基础工作，主要是调查分析规划区内的基本情况。包括自然条件和资源、社会经济情况、水土流失特点和水土保持现状4个主要方面；同时调查总结水土保持工作成就与经验，包括开展水土保持的过程、治理现状（各项治理措施的数量、质量、效益）、水土保持的技术措施经验和组织领导经验、存在的问题和改进意见等。

2.3.2　土地利用规划

不合理的土地利用是造成水土流失的主要原因之一。因此，通过土地利用规划，对原来利用不合理的土地进行有计划的调整和优化，这本身就是水土保持的一项主要措施。此外，在水土保持规划中，土地利用规划是水土保持各项治理措施规划的基础，是水土保持规划中必不可少的重要组成部分。通过土地利用规划，对农、林、牧等各业用地和其他用地的数量和位置进行合理安排，以便在此基础上科学地部署各项治理措施。

2.3.3　水土保持措施规划

水土保持措施规划包括工程措施规划、林草措施规划和耕作措施规划三项内容。应根据规划单元范围的生产发展方向和土地利用规划，具体确定治理措施的种类和数量、平面布局、建设规模和治理进度。以大流域、支流、省、地、县为单元进行的区域性水土保持规划，除进行面上宏观的调查研究外，还必须在每个类型区选取若干条有代表性的小流域进行典型规划设计，点面结合，编制各类型区及整个规划单元的措施规划，提出治理措施的种类和数量。以小流域为单元进行的规划时，则应按乡镇、村庄等为单元提出治理措施的种类、数量、平面布置、建设规模和治理进度。

2.3.4　水土保持规划专题制图

水土保持规划图是对规划成果的图面展示，是规划成果的表现形式之一。它区别于其他文字资料的特点是将区域水土保持综合治理的各项措施通过一定的制图原则，经过缩小概括并以符号的形式直观地表示在平面上，制图通常使指挥者和工作者实施有方，工作有序，验收有据，起到了其他文字资料所起不到的作用。水土保持综合治理规划图的编制，首先要明确编图的目的和任务，以确定地图的表达内容和所需的制图资料，选用适宜的地图比例尺和表示方法，制定地图编制程序和方法。

2.3.5　水土保持措施进度安排

治理进度安排的目的在于加强治理工作的计划性，避免盲目性，以便有计划地准备物资、安排劳力。安排治理进度是一项复杂细致的工作，搞不好就会使进度规划流于形式，而合理的进度安排可以省时、省劳、省资金。因此，在安排治理进度时，既要考虑规划提出的治理总任务，又要考虑当地人力、物力等条件，经过劳力平衡和全面分析研究，做出切合实际的安排。

2.3.5.1　进度安排的注意事项

（1）不同部位的实施顺序应遵循的一般原则

一般应遵循"先上游后下游、先坡面后沟道、先支毛沟后主干沟"的原则，但是经过科学计算和验证，在保证工程安全，提高治理效益，降低治理费用的前提下，也可以灵活处理。

（2）正确处理当前利益与长远利益的关系

一般应立足长远，着眼当前，以短养长，先易后难。特别是在经济条件较差的地方，应把花费少、见效快、收益大的措施提前实施，以增强经济实力，提高群众的积极性。

（3）集中力量，重点突破

对看准了的事，要干一项成一项、受益一项。水土保持应是战略上的"持久战"，战术上的"速决战"，避免"钝刀割肉"，搞"半拉子"工程，降低治理效益。

（4）要量力而行，不能急于求成

要把规划区农民当作投劳、投资的主体，不能把实施规划的希望完全寄托在国家资助和外援上，特别是指标的制定要切合实际。

（5）合理地利用资金和劳力，并且不影响当地农业生产活动

进度的安排是一个时序的安排问题，尤其是各项治理措施本身对时间、季节还有一定的要求。如林草措施一般在春季或秋季，修梯田一般选择在春季解冻时，对于黄土高原部分地区，新修梯田可以种植秋作物；或者选在作物收割后至土壤冻结前这一段时间。对于其他工程措施应根据其要求而确定。

（6）具体提出进度指标

应该提出各项水土保持措施在规划时段内每年新增多少面积或数量和相应的工作量，到规划时段末，累计达到多少治理措施面积。相应地求得每年的治理进度（每年治理措施面积占总治理措施面积的百分比）和到规划时段末累计完成的治理程度（治理面积占总土地面积的百分比）。

（7）劳力优先

提出的进度必须根据劳力、经费和物资的可能，在多数情况下，首先应考虑劳力的可能。

2.3.5.2　进度安排的计算方法

（1）以劳力数为控制确定进度

①根据人口发展的目标，确定每年的劳力总数及劳力的净增率（％），考虑今后商品生产发展情况，估算规划时段内每年可能投入的劳力工日数。

②计算各项治理措施需用的劳力数，主要是根据各项措施的数量用工日，然后按新增措施的数量计算年需用工日。

③计算管护养护需用的劳力数，根据原有各项措施数量及管理养护需用工定额，分别计算各类措施每年需用工日，累加求得每年总需管理养护工日。

④完成进度指标需用劳力为每年新增治理措施需用的劳力与原有措施需用的劳力之和。

⑤劳力平衡计算，将每年可能投入劳力与需用劳力比较，调整确定每年进度指标。

（2）以资金为控制确定进度

①根据资金的来源，计算每年可能投入的资金数量。

②根据各项治理措施的资金概算定额及每年需完成新增治理措施的数量，计算每年

所需的资金数量。

③资金平衡计算，根据每年可能投入的资金数量和需用资金进行比较，调整确定每年进度指标。

（3）反求法

①确定规划时段内每年应完成的治理指标数量，即进度指标。

②根据确定的进度及用工或资金概算定额，计算每年所需的劳力或资金。

③根据所得值，进行劳力或资金的准备。

2.3.6　水土保持措施效益分析与估算

水土保持措施效益分析与估算是评判和比较不同水土保持方案、制定水土流失治理投资计划、检查验收水土保持项目的重要依据。综合效益分析包括对各项水土保持治理措施的生态效益、经济效益及社会效益进行详细计算或估算，同时进行整个规划方案的经济效果分析，得出总投资、总效益及效益的回收期等指标。

2.3.7　水土流失综合治理评价

水土流失综合治理评价是在水土保持措施效益分析与估算的基础上，对一个区域或流域水土保持所产生的综合效果的总体评价，也是对水土保持的生态、经济、社会效益在数量上进行直接、间接的定量对比和分析。这就要求有一系列的指标来反映和度量水土流失综合治理的效果，不同的指标反映水土保持所产生的对自然环境、社会经济的不同影响。目前，关于水土流失综合治理评价有许多方法，如何选择合理的指标、科学的评价方法是本项工作的重点。

2.4　水土保持规划的工作程序

水土保持规划工作一般分为 3 个阶段，即准备阶段，外业调绘和现场规划阶段，内业量算汇总、分析评价、调整、编制规划报告及图表阶段。

2.4.1　规划的准备工作

规划准备工作包括组织准备、技术力量准备、资料准备和物资准备。

2.4.1.1　组织准备

由于水土保持规划工作涉及的部门多，综合性强，要经过多方面的调查研究，反复分析、论证、综合、平衡、对比定案。因此，需要组织一个具有农、林、牧、水利、水保等业务部门的技术人员和领导参加的规划小组，制定工作计划和规划提纲，同时必须有规划单元内的乡、村负责人或有经验的农民参加，做到领导、技术人员、群众三结合，保证规划顺利进行。

2.4.1.2 技术力量准备

在规划工作开始之前，应对参加规划的专业人员进行技术培训，学习规划的有关文件和技术，明确指导思想、规划的任务、主要内容和质量要求，统一规划的标准、规范、方法步骤及有关技术问题。

2.4.1.3 资料准备

(1)收集规划单元的自然、社会经济基本资料

包括水文、气象、地质、地貌、土壤、植被、水土流失及治理，行政区划、人口、劳力、土地利用统计资料，农、林、牧各业生产和发展情况以及有关的区划资料和科学研究调查资料，对收集的资料应进行认真分析整理，不足的要进行补充调查，作为规划的主要依据。

(2)收集规划单元内水土保持治理方面的各项定额指标

如造林、种草、修地、打坝等措施的用工，投资定额，造林密度，各项治理措施的蓄水拦泥效益定额，各业产品的产出定额等。

(3)图面资料

包括工作底图、各种专题地图和遥感影像资料等。

①工作底图　即进行规划的基础图件，也就是各种不同比例尺的地形图。具体要求：村(小流域) 1:10 000~1:5 000，乡(小流域) 1:25 000~1:10 000，县 1:50 000~1:25 000。当所规划区域或流域的地形状况发生明显变化时，还需要进行必要的补充测绘。

②专题地图　包括地质地貌图、土壤类型图、植被分布图、土地利用图、土壤侵蚀图等。

③遥感影像资料　较新的1:35 000~1:10 000的航片、影像平面图或照片略图，以及各种卫星图片，都是进行水土保持规划的重要参考。

(4)物资准备

包括调查、规划表格及卡片的印制和各种工作用具，如手持GPS、手持罗盘、皮尺、坡度仪、树高仪、测围尺、求积仪、网点膜片、文具等的准备。

2.4.2 外业调绘、调查、现场初步规划

2.4.2.1 外业调绘

外业调绘就是规划人员要利用准备好的工作底图赴现场或室内进行小班调绘。小班调绘的准确与否直接影响其他后续工作的精度，也影响规划结果能否切合实际。为此，在进行野外调绘之前一定要统一和熟练掌握调绘的方法与技术。

2.4.2.2 小班综合调查

在调绘的同时，针对每个小班进行水土保持综合调查，填写所有小班登记和调查表格的内容，确保无一疏漏。

2.4.2.3　现场初步规划

即现场做出每个小班的初步水土保持措施规划，为最终的规划措施确定提供必要的参考。

2.4.3　内业整编和规划调整

内业资料整编和规划调整包括：外业调查资料的整理、土地利用现状图的清绘及面积量算统计和整理；土地利用规划；水土保持措施规划，包括工程、林草、耕作三大措施；进度安排及效益分析和规划报告编写、规划图件的绘制。

2.4.4　水土保持规划成果

2.4.4.1　规划报告

规划报告的主要内容：①规划地区基本情况，包括自然情况、社会经济情况、水土流失状况和治理现状等；②规划的指导思想和原则、依据；③土地利用现状和合理利用规划；④水土保持措施规划，包括工程、林草和耕作措施规划；⑤治理措施的进度安排；⑥综合效益分析；⑦水土流失综合治理评价和保证规划实施的措施。

2.4.4.2　附图

一般流域规划至少应有土地利用现状图、土地利用规划图、水土保持规划图及年实施图。重点流域规划除了这些图件之外还应有小班调绘图、地貌类型图、土壤类型图、土壤侵蚀类型或强度图、植被分布现状图等。

2.4.4.3　附表

一般流域规划的附表包括：①人口劳力现状及发展规划表；②土地利用现状及规划表；③水土流失现状表；④水土流失综合治理措施规划表；⑤水土保持措施效益估算分析表；⑥综合治理投资规划表。重点流域规划，还可根据需要补充其他表格，如小班登记表等。

2.4.5　水土保持规划方案的审批和实施

2.4.5.1　规划方案的审批、实施与管理

(1)规划方案的审批

流域治理规划方案必须经同级人民政府审查批准，县级以上地方人民政府在接到同级人民政府行政主管部门上报的规划后，应及时组织有关部门进行审查，在广泛征求意见的基础上，以政府名义批准并公告，同时将批准的规划上报上一级政府水行政主管部门备案。

(2)规划的实施

要使规划顺利得到实施，当地政府应当把规划任务作为自己的一项重要职责，采取行政法律和经济的措施来组织实施。首先，必须加强领导，健全组织。要成立由各有关部门

参加的领导小组，以便组织各方面的力量，确保规划的实施；其次，要有实施规划的专业队伍，并要加强对技术人员的业务培训，从扶植、组织上保证规划的实施。在实际过程中，采取各种承包责任制，加强管理，推广先进经验，提高治理水平。

（3）实施过程的管理

①技术管理　指各项治理措施在实施过程中，必须按照规划设计的标准进行施工，技术人员要从技术标准上严格把关，只有这样，才能保证各种治理措施效益的充分发挥。

②资金和物资的管理　在资金和物资的管理上，一方面要保证各项治理措施的顺利、按时实施；另一方面要建立一套完整的财务管理制度，专款专用。在实际工作中，采取各种形式，如签订合同、股份制、滚动式等管理方式，调动群众治理的积极性，促进治理资金的良性循环。

③政策、法律的管理　按照水土保持法的有关规定，制订一系列相应的政策和规章制度，以保证规划的顺利实施。

2.4.5.2　验收与评价

（1）检查验收

检查验收工作可分为施工期间验收、竣工（或达标）验收和生产建设项目中有关设施的竣工验收。施工期间验收可分为半年、年终和阶段、综合、单项工程验收等几种。通常验收工作贯穿到工程实施的始终。一般半年一次检查验收，主要是对半年中完成的治理任务、质量以及效果进行检查验收；年终组织验收全年完成计划任务、质量等情况。对治理周期长的，要进行中间阶段验收，以便发现问题进行补救；综合验收是对各项治理措施是否按规划要求实施的验收；单项措施验收是对某单项工程已完工并具备了提前投入运用的条件和必要性时进行的验收；竣工验收是对整个治理工程完工，达到治理标准要求的最终验收。

①验收程序　验收程序包括：a. 流域到期或提前达到治理标准和规划要求时，先由治理主管机构组织有关人员进行自查初验，并写出验收报告，填绘验收图表，报请上级主管部门复验。b. 由上级主管部门负责，吸收有关单位参加，组成验收小组，进行抽查复验全面验收。c. 验收不合格的流域，应做出继续治理计划，限期进行补充治理。d. 验收合格的流域，应签发验收合格证书，立标志碑。同时要进一步制定完善、巩固、提高、规划和管理的办法，安排好后续工作。

②验收方法　a. 治理验收可采取流域治理机构或县主管部门自查初验，上级主管部门抽查复验和报上级主管部门审批的方法。b. 自查初验。按规划设计的要求，采取现场逐块验收。现场测量各项完成措施的数量、质量，要用1∶10 000地图现场勾绘治理面积，如实反映开展面积和保存面积的结果。同时还要复核竣工表，决算和治理效益分析。c. 抽查复验。应在初验成果分布图上采取标号抽签的办法，选定抽查地块，逐项进行抽查，抽查面积不低于总治理面积的10%。

（2）治理成果的评定

①验收治理成果的要求　a. 流域综合治理工作总结报告，包括概况、规划实施、经费使用、治理效益、经济评价、治理评价等内容。b. 流域治理验收图表，包括验收成果图（土地利用状况图、治理面积分布图等）、基本情况表、效益情况表、治理情况表、投资情

况表等。c. 要有一套能反映治理水平、治理全过程的技术档案，要求项目齐全、资料齐全、数据准确、归类合理、装订规范、专人管理。

②验收评价　a. 核实综合治理各项措施是否达到治理标准和规划设计要求。如治理标准要求治理度达到 70%以上，林草面积达到宜林宜草面积 80%以上，粮食自给，农民人均经济收入增加 50%以上，减沙达 70%以上等。b. 检查各项表格是否符合要求。c. 分析各项治理措施布局的合理性、措施面积的准确性、效益的真实性。d. 整理好验收资料，写出验收书面报告及图表，报送上级主管部门审批。

2.4.5.3　治理成果管理

巩固治理成果，加强水土保持设施的管护十分重要。具体的管护办法有：①实行"谁治理、谁受益、谁管护"的原则，制定管护制度，加强管护工作；②建立管护组织，设立专人管理，落实责任；③建立管护责任制，实行以承包管护或以单项措施承包管护；④制定护林护草公约；⑤管好各项治理措施、积极发展农林水产多种经营，长短结合，以短养长，增加群众收入。

思 考 题

1. 以小流域为单元进行水土流失综合治理具有哪些优点？
2. 试论进行水土保持规划的意义。
3. 水土保持规划的指导思想是什么？
4. 水土保持规划在实施进度的安排上，应注意哪些问题？
5. 在水土保持措施的布局上，必须坚持什么原则？
6. 水土保持规划的任务是什么？
7. 水土保持规划的主要内容有哪些？
8. 水土保持规划的工作程序是什么？

推荐阅读书目

1. 水土保持设计手册-规划与综合治理卷. 中国水土保持学会水土保持规划设计专业委员会，水利部水利水电规划设计总院. 中国水利水电出版社，2018.
2. 水土保持规划与设计. 齐实. 中国林业出版社，2017.
3. 水土保持规划设计. 王治国. 中国水利水电出版社，2018.
4. 水土保持区划理论与方法. 王治国等. 科学出版社，2016.

第 3 章
水土保持综合调查

【本章提要】水土保持综合调查是进行水土保持规划的基础。本章介绍了水土保持综合调查的主要内容，包括形成水土流失的自然因素调查、社会经济因素调查、水土流失与水土保持调查，以及各项调查的方法与资料整理等。

3.1 自然因素调查

3.1.1 地质调查

地质调查主要包括岩性、地质构造、分布面积、分化程度和突发性的地质灾害等。

3.1.1.1 岩性辨认

岩石按成因可以分岩浆岩(火成岩)、沉积岩(水成岩)和变质岩三大类。在野外，对它们的鉴别主要是通过对其颜色、结构构造和主要造岩矿物和层理等的辨认进行分类和定名。表 3-1 为三类岩石识别表，供野外地质调查时参考。

表 3-1 岩浆岩、沉积岩和变质岩常见岩石、矿物成分

	岩浆岩	沉积岩	变质岩
常见岩石	花岗岩、玄武岩、安山岩、流纹岩	页岩、砂岩、石灰岩	片麻岩、片岩、千枚岩、大理岩等
矿物成分	石英、长石、云母、角闪石、橄榄石、辉石等	除石英、长石等外，富含黏土矿物，如方解石、白云石及有机物	除石英、长石、云母、角闪石、辉石外，常含变质矿物，如石榴子石、滑石、石墨、红柱石、硅灰石、透辉石、硅线石、十字石等
结构	大部分为结晶的岩石：粗壮、似斑状、斑状等，部分为隐晶质、玻璃质	碎屑结构(砾块状、砂状、粉砂状)、泥质结构、化学岩结构(微小的或明显的结晶粒状、致密状、胶体状等)	重结晶岩石：粒状、鳞片状等各种变晶结构
构造	多位块状构造。喷出岩常具气孔、杏仁、流纹构造	各种层理结构：水平层理、倾斜层理、交错层理等。常含生物化石	大部分具片理构造：片麻状、条带状、片状、千枚状、板状；部分为块状构造：大理岩、石英岩、硅卡岩等

3.1.1.2　地质构造

地质构造的调查主要包含岩层的接触关系、断裂和褶曲等。

表 3-2 至表 3-4 反映的是节理的分类与描述情况，表 3-5 和表 3-6 是断层和褶皱的分类情况，均可作为野外地质因素调查的参考。

在上述两项主要内容调查的基础上，结合地质制图可量算出主要岩石及构造类型的分布面积。岩石的风化程度可参照表 3-7 进行鉴别。

表 3-2　节理分类表

分　类		特　征
构造节理	张节理	张应力形成。节理面粗糙，延伸性差，砾岩节理一般不切过砾石，围绕砾石呈凹凸不平面。多排列成边幕式或羽毛式。裂缝张口较大，易被岩脉、矿脉充填
	剪节理	剪应力形成。节理面平直光滑，延伸性好。砾岩中一般切过砾石。节理多闭合，裂面常见擦痕，节理排列疏密具韵律性
非构造节理	原生节理	岩石成岩中形成。如沉积岩干裂节理，玄武岩柱状节理等，分布有一定规律性
	风化节理	岩石风化作用造成。多分布于近地表层的岩层中，一般属张性裂纹
	重力节理	岩石崩塌、岩体陷落等重力作用形成，呈张裂状态
	卸荷节理	岩石卸荷形成，常是人为活动（如岩层开挖）造成。高地应力区河谷斜坡，常有卸荷裂缝发育带

表 3-3　节理发育分级表

项　目	分　　级			
	I	II	III	IV
节理间距(m)	>2	0.5~2	0.1~0.5	<0.1
描述	不发育	较发育	发育	极发育
完整性	整体	块状	碎裂	破裂

表 3-4　节理宽度分级表

项　目	分　　级			
	I	II	III	IV
节理宽度	<0.2	0.2~1	1~5	>5
描述	闭合	微张	张开	宽张

表 3-5 断层分类表

分类原则	名称		含义或特征
按断层两盘相对位移关系	正断层		上盘相对下降,断层面倾角大于45°,一般多在50°~60°,数条正断层可组成阶梯式断层、地垒或地堑
	逆断层	冲断层	上盘相对上移,断层面倾角大于45°的逆断层
		逆掩断层	上盘相对上移,断层面倾角45°~25°的逆断层
		辗掩断层	上盘相对上移,断层面倾角小于25°的逆断层
	平移断层		两盘产生相对水平位移,即两盘沿断层走向移动
	旋转断层		两盘相对位移方式,系统一轴(水平轴和垂直轴)旋转,断层面多为曲面
按断层面力学性质	压性断层		断层面属压性结构面或挤压面,逆断面属之
	张性断层		断层面属张性结构面或张裂面,正断面属之
	扭性断层		断层面属扭性结构面或扭裂面,平移断层面属之
	压扭性断层		断面属压性兼扭性结构面或称压扭面,部分平移逆断层属之
	张扭性断层		断层面属张性兼扭性结构面或张扭面,部分平移正断层属之
按断层走向与岩层走向关系	走向断层		断层面走向与岩层走向基本平行,又称纵断层
	横向断层		断层面走向与岩层倾向基本平行,又称横断层
	斜交断层		断层面走向与岩层走向或倾向均斜交

表 3-6 褶曲分类表

分类原则	名称	含义或特征
按断面形状	背斜褶曲	具脊形,两翼倾向相背,且向下张开。核部岩层时代最老
	向斜褶曲	具槽形,两翼倾向相背,且向上张开。核部岩层时代最新
按轴面空间位置和翼的倾斜情况	直立褶曲	轴面垂直,两翼倾角相同,又称对称褶曲
	斜歪褶曲	轴面倾斜,两翼倾角不等,又称不对称褶曲
	倒转褶曲	轴面倾斜,一翼位于另一翼之上,两翼向同一方向倾斜
	平卧褶曲	轴面近似水平,一翼位于另一翼之上
	翻转褶曲	轴面翻转,两翼倾倒已超过水平状态

表 3-7 岩体风化级别特征

级别	类别	主 要 特 征
VI	残积土	具有层次特征的土壤,已失去原岩石结构痕迹
V	完全风化的	岩石已褪色并转化为土壤,但保留原岩石一些结构和构造;可能存有某些岩核或岩核幻影
IV	强风化的	岩石完全褪色,不连续可能开敞,靠近不连续的岩石结构已转化,约一半岩块已分解或崩解,可用地质锤挖掘;可能有岩核,但互不结合
III	中等风化的	岩石大部分块体已褪色,分解或崩解的岩块不足一半,风化已沿不连续处深入,岩核适中
II	轻度风化的	岩石轻度褪色,尤其靠近不连续处明显,原岩与新鲜岩比较无明显变弱
I	未风化的新鲜岩石	母岩无褪色,无强度减弱或其他任何风化效应

3.1.2　地貌调查

地貌对水土流失的影响主要表现在两个方面：一是宏观上控制水土流失的分布，如山区和丘陵地区一般处于侵蚀环境之中，平原和湖盆地区则是以堆积为主；二是直接参与水土流失过程。因此，对规划单元内地貌因素的调查具有重要的意义。

在这项调查中，除要了解山地、高原、丘陵、平原等大型地貌的划分外，还应开展地貌形态、组成物质、成因分析、现代地貌过程和地貌年龄的确定与分析等。我国大型地貌的分布情况可参见表 1-1。

以小流域为单元的地貌调查，主要包括以下项目：

（1）流域面积

流域面积是指流域分水岭界线内地表水的集水面积。一般情况下，面积越大，集流时间越长，年径流量和年输沙量也越大。利用地形图勾绘出分水线，计算流域面积。

（2）高程高差

规划或小流域范围内最低、最高和平均海拔高程，以及相对高度，可借助地形图求得，单位为 m。

（3）流域长度 L

流域长度若没有显著的弯曲，可按流域干沟沟口至干沟源头分水线之间的直线距离来计算。如果有显著的弯曲，必须考虑因弯曲而增加的流域长度。流域长度一般在地形图上量得，单位为 km。

（4）流域平均宽度

流域平均宽度为流域面积与流域长度的比值，见式（3-1），单位为 km。

$$B = \frac{F}{L} \tag{3-1}$$

式中　B——流域平均宽度（km）；

F——流域面积（km^2）；

L——流域长度（km）。

（5）干沟比降

即干沟口和干沟源头高程差与干沟长度的比值，用%表示。干沟比降对集流时间、洪峰流量、输沙量有明显的影响。

（6）流域的完整系数

流域的完整系数或称流域形状系数，表示流域发展的程度。可用下式计算：

$$K = \frac{F}{L^2} = \frac{LB}{L^2} = \frac{B}{L} \tag{3-2}$$

式中　K——流域的完整系数；

B——流域平均宽度（km）；

F——流域面积（km^2）；

L——流域长度（km）。

K 值不大于 1.0。若流域越近于方形，则 K 值越大；反之，流域越狭长 K 值越小。K

值越大，越有利于洪水的集中。

（7）流域形状

流域形状可以延长系数 K_e 表示。延长系数是分水线长度和等面积圆周长的比值。可用下式计算：

$$K_e = 0.28 \frac{S}{\sqrt{F}} \tag{3-3}$$

式中　K_e——延长系数；

　　　S——分水线长度（km）；

　　　F——流域面积（km^2）。

可见，K_e 值越大，流域形状越狭长，则径流变化越平缓。

（8）坡度、坡长

①坡度　又称流域平均坡度，也称小流域地面坡度。可用下式计算：

$$\bar{s} = \sum_{i=1}^{n} s_i f_i \tag{3-4}$$

式中　$\bar{s}$——小流域平均坡度（°）；

　　　s_i——量测的坡度值（°）；

　　　f_i——该坡度分布面积占全流域面积的比例数，即权数。

目前，坡度分级可参照水力侵蚀强度分级的坡度分级见表3-8供参考。

表 3-8　坡度分级表

坡名	平坡	缓坡	中等坡	斜坡	陡坡	急陡坡
坡度（°）	<3	3~5	5~8	8~15	15~25	>25

②坡长　小流域平均坡长采用下式计算：

$$\bar{L} = \sum_{i=1}^{n} L_i f_i \tag{3-5}$$

式中　$\bar{L}$——小流域平均坡长（m）；

　　　L_i——实测坡长（m）；

　　　f_i——该坡长面积占流域面积的权数。

同坡度一样，也需要对坡长作分级处理。表3-9列出坡长分级供参考。

表 3-9　坡长分级表

坡名	短坡	中长坡	长坡	超长坡
坡长（m）	<20	20~50	50~100	>100

小流域平均坡长量测十分烦琐。现在人们多用坡度分布图量测出每一图斑的平均坡长，再用面积权数求出流域平均坡长。还可用已勾绘出的水道网分别量测每一网斑中的平均坡长和面积比例，再分级统计求和得流域平均坡长。

（9）沟壑密度与切割强度

①沟壑密度　沟壑密度是指单位面积内侵蚀沟的长度。它表明某流域现代侵蚀的程

度。沟壑密度可选择典型区块，在地形图上或到现场测得。通常采用下式表示：

$$d_g = \frac{L_g}{A} \qquad (3\text{-}6)$$

式中 d_g——沟壑密度（km/km²）；

          L_g——沟谷总长度（km）；

          A ——流域面积（km²）。

②切割强度   切割强度是指沟壑面积占流域总面积的百分比。通常用下式来表示：

$$I_g = \frac{a}{A} \times 100 \qquad (3\text{-}7)$$

式中 I_g——沟壑切割强度（%）；

          a ——沟壑面积（km²）；

          A ——流域总面积（km²）。

3.1.3   土壤调查

土壤是侵蚀的主要对象。因此，土壤类型、分布和属性的调查也是水土保持综合调查的内容之一。根据面积大小，土壤调查分宏观和微观两种调查类型。

3.1.3.1   地面组成物质调查

地面组成物质不仅影响水土流失的形成与强弱程度，而且据此也能划分一些特殊类型区。例如，根据山区地面组成物质中土和石占地面积的比例，可划分出石质山区（基岩裸露面积大于70%）、土质山区（岩石裸露面积小于30%）和土石山区（岩石裸露面积占30%～70%）。另外，还可根据丘陵或高原地区地面组成物质中占主要成分的土类划分出东北黑土区、西北黄土区、南方红壤区等，以及根据地面明沙的覆盖程度，确定沙漠或沙地等。

无论是宏观还是微观土壤调查，首先遇到的是土壤分类和属性特征的鉴别。

3.1.3.2   土壤属性鉴定

（1）土壤颜色

土壤颜色主要是土壤的矿物质和化学成分所反映出来的色调。因此，它与土壤中的有机物、氧化铁、石英、长石、氧化亚铁等成分有关，有时也受水分的影响，故观察土壤颜色时，必须在散射光下进行，以避免太阳光直射而使颜色失真。

（2）土壤质地

土壤质地是指土壤中各级土粒含量百分比。同一质地的土壤，其颗粒组成大体相似，但不完全一样，它们有近似的基本特征。质地与土壤肥力关系密切，对土壤的保水、保肥性能有很大影响。表3-10是国际制土壤质地分类情况。

在野外鉴别土壤质地，一般用手指测定法进行，根据土壤的粗细感觉来确定土壤质地。其鉴定标准见表3-11。

（3）土壤密度

土壤密度表示单位容积自然状态下的质量，单位是 g/cm³ 或 t/m³，它是反映土壤的孔

表 3-10 国际制土壤质地分类

质地分类		各级土粒质量百分比（%）		
类别	质地名称	黏 粒 （<0.002mm）	粉砂粒 （0.002~0.02mm）	砂 粒 （0.02~2mm）
砂土类	砂土及壤质砂土	0~15	0~15	85~100
壤质类	砂质壤土	0~15	0~45	40~85
壤质类	壤 土	0~15	35~45	40~55
壤质类	粉砂质壤土	0~15	45~100	0~55
黏壤土类	砂质黏壤土	15~25	0~30	55~85
黏壤土类	黏壤土	15~25	20~45	30~55
黏壤土类	粉砂黏质壤土	15~25	45~85	0~40
黏土类	砂质黏土	25~45	0~20	55~75
黏土类	壤质黏土	25~45	0~45	10~55
黏土类	粉砂质黏土	25~45	45~75	0~30
黏土类	黏 土	45~65	0~35	0~55
黏土类	重黏土	65~100	0~35	0~35

表 3-11 野外土壤质地指感法鉴定标准

土壤质地	肉眼观察形态	在手中研磨时的感觉	土壤干燥时的状态	湿时搓成土球（直径1mm）	湿时搓成土条（2mm）
砂土	几乎全是砂粒	感觉全是砂粒，搓时沙沙作响	松散的单粒	不能或勉强成球一触即碎	搓不成条
砂壤土	以砂为主，有少量细土粒	感觉主要是砂，稍有土的感觉，搓时有沙沙声	土块用手轻压或抛在铁锹上很易散碎	可成球，轻压即碎	勉强搓成不完整的短条
轻壤土	砂多，细土约占二三成	感觉有较多黏土颗粒，搓时仍有沙沙声	用手压碎土块，相当于压断一根火柴棒的力	可成球，压扁时边缘裂缝多而大	可成条，轻轻提起即断
中壤土	还能见到砂粒	感觉砂粒大致相当，有面粉状细腻感	土块较难用手压碎	可成球，压扁时边缘有裂缝	可成条，弯成2cm直径圆圈时易断
重壤土	几乎见不到砂粒	感觉不到砂粒存在	干土块难用手压碎	可成球，压扁时边缘仍有小裂缝	可成条和弯成圆圈，将圆圈压扁有裂缝
黏土	看不到砂粒	完全是细腻粉末状感觉	干土块手压不碎，锤击也不成粉末	可成球，压扁后边缘无裂缝	可成条和弯成圆圈，将圆圈压扁无裂缝

隙状况和松紧程度的一个重要指标。密度大小受土壤质地、土壤结构和土壤有机质含量的影响。一般有机质多、结构好的土壤密度较小，耕作层密度小，底土层密度大。在我国，土壤的密度大体为1.0~1.8之间。土壤密度计算式如下：

$$土壤干密度(g/cm^3) = \frac{干土质量}{土壤体积} \qquad (3-8)$$

（4）土壤孔隙度

在一定体积的土壤内，孔隙体积占总体积的百分数，称土壤孔隙度。土壤孔隙度一般是由土粒密度和土壤密度计算求出的。

$$土壤孔隙度(\%) = \left(1 - \frac{土壤密度}{土粒密度}\right) \times 100 \qquad (3-9)$$

一般土壤孔隙度的变动多在 30%~60%，适宜的土壤孔隙度为 50%~60%。

（5）土壤结构

土粒在内外因素的综合作用下，形成大小不一、形状不同的团聚体，各种团聚体称土壤结构，常有小组屑状、块状、核状、柱状等土壤结构。表 3-12 为土壤结构类型和等级表，供野外参考。

（6）土壤酸碱性

通常把土壤酸碱性强弱的程度称土壤盐酸碱度，根据土壤 pH 值，可将土壤酸碱度分为七级（表 3-13）。

表 3-12 土壤结构的类型和等级

等　级	片状结构	柱状结构		似立方体结构			
	片状	棱柱状	柱状	（角）块状	团块状	团粒状	疏粒状
很细或很薄 （mm）	极薄片状 <1	极细棱柱状 <10	极细柱状 <10	极细块状 <5	极细团块状 <5	极细团粒状 <1	极细疏粒状 <1
细或薄 （mm）	薄片状 1~2	细棱柱状 10~20	细柱状 10~20	细块状 5~10	细团块状 5~10	细团粒状 1~2	细疏粒状 1~2
中等 （mm）	中片状	中棱柱状 20~50	柱状 20~50	中块状 10~20	中团块状 10~20	中团粒状 2~5	中疏粒状 2~5
粗或厚 （mm）	厚片状 5~10	粗棱柱状 50~100	粗柱状 50~100	大块状 20~50	大团块状 20~50	粗团粒状 5~10	粗疏粒状 5~10
很粗或很厚 （mm）	极厚片状 >10	极粗棱柱状 >100	极粗柱状 >100	极大块状 >50	极大团块状 >50	极粗团粒状 >10	极粗疏粒状 >10

表 3-13 土壤酸碱度分级

pH 值	酸碱度分级	pH 值	酸碱度分级
<4.5	极强酸性	7.5~8.5	碱性
4.5~5.5	强酸性	8.5~9.5	强碱性
5.5~6.5	酸性	>9.5	极强碱性
6.5~7.5	中性		

（7）土壤肥力

土壤肥力是指土壤为植物生长供应和协调水、肥、气、热的能力。它是根据土壤养分状况来划分的，按有机质和有效养分的不同指标，分若干等级。表 3-14 是全国土壤普查办公室拟订的土壤氮、磷、钾含量分级标准。

表 3-14　全国土壤氮、磷、钾含量分级标准

级别	有机质 （%）	全氮 （%）	速效磷 （μg/g）	速效钾 （μg/g）	全磷 （%）	全钾 （%）
1	>4	>0.2	>40	>200	>0.10	>2.50
2	3~4	0.15~0.2	20~40	150~200	0.081~0.10	2.01~2.50
3	2~3	0.1~0.15	10~20	100~150	0.061~0.08	1.51~2.00
4	1~2	0.075~0.1	5~10	50~100	0.041~0.06	1.01~1.50
5	0.6~1	0.050~0.075	3~5	30~50	0.02~0.04	0.50~1.00
6	<0.6	<0.050	<3	<30	<0.02	<0.50

土壤分布及面积主要依据土壤调查制图来完成，而化学特性需采样后在室内进行定量分析方可得知。

3.1.4　气候调查

气候调查主要包括光照、温度、降水和风等内容。

3.1.4.1　光能资源

光能资源主要表现在太阳辐射能和日照时数两个方面。

3.1.4.2　温度

温度主要包括农业界限温度稳定通过的初、终日期，持续日，积温，无霜期，最热月和最冷月的平均温度等内容。

3.1.4.3　降水

降水既是水力侵蚀的动力因素，又是干旱半干旱地区农业生产的主要水分来源。因此，其意义重大。

（1）降水量

降水量的调查包括场降水量、年降水量、多年平均降水量和降水的年内分配等内容。

（2）暴雨

①降雨强度　简称雨强，是指单位时间的降水量。我国气象部门规定一日（24h）内降水量小于 10mm 的称为小雨；10~25mm 的称为中雨；25~50mm 的称为大雨，超过 50mm 或 1h 降水量超过 16mm 的降雨称为暴雨。

②暴雨　暴雨是指短时间内高强度的降雨。通常在水土保持研究中多注重暴雨标准

和等级划分等问题。当降雨强度超过表 3-15 标准的均属暴雨。暴雨也有等级之分，常用 k 表示。若 $1.0h<k\leqslant2.0h$ 者为一般性暴雨，$2.0h\leqslant k<3.5h$ 者为大暴雨，$k\geqslant3.5h$ 为特大暴雨。

表 3-15　暴雨标准　　　　　　　　　　　　　　mm

指　标	历时（min）														
	5	10	15	20	30	45	60	90	120	180	240	360	540	720	1 440
雨量 h	3.9	5.5	6.7	7.7	9.5	11.6	13.4	16.4	18.7	22.8	26.2	31.6	37.9	42.8	55.0
雨强 i	0.78	0.55	0.45	0.39	0.32	0.26	0.22	0.18	0.16	0.13	0.11	0.09	0.07	0.06	0.04

（3）蒸发

蒸发包括年平均蒸发量及最大蒸发量、最小蒸发量等。

（4）干燥度

干燥度是反映各地干湿程度的指标。它是指植物的最大蒸发量与降水量之比，即最大水分需要量与降水的供给量的比。表 3-16 为我国不同干燥度分布地区及其农业利用评价情况。

表 3-16　我国不同干燥度分布地区及其农业利用评价

干燥度	主要分布地区	水分保证情况	农业利用评价
≥4.00	内蒙古河套以西，宁夏银川以西，甘肃乌鞘岭以西，青海柴达木盆地，南疆全部，北疆准噶尔盆地中部	干旱（荒漠）	没有灌溉就没有农业，农作物及树、草必须灌溉
2.00~3.99	内蒙古中部狭长地带，宁夏中南部，新疆塔城、阿勒泰、伊犁山前地区	干旱（半荒漠）	基本上没有灌溉就没有农业，旱作物极不保收
1.50~1.99	东北西部，内蒙古东南部，黄土高原西北部，新疆伊犁东部山地及天山前山带	半干旱	农业受干旱影响很大，没有灌溉时产量低而不稳
1.00~1.49	淮河以北的黄淮海平原，黄土高原东南部，东北中部	半湿润	降水不足，旱作物季节性缺水
0.50~0.99	秦岭—淮河以南的全部地区，长白山地区和大、小兴安岭地区	湿　润	旱作物一般可不需灌溉，灌溉主要限于水稻
≤0.49	海南东部，台湾东部及浙江、福建等一些丘陵地区	很湿润	平地要注意排水

（5）风

风力调查多注意平均风速和最大风速、风向、风季等内容。

（6）气象灾害调查

包括涝灾、旱灾、风灾、冻灾及其病虫害天气出现时间、频率及其危害程度。气象因素的调查，多数情况下是在收集研究区或与研究区比邻的气象台站的资料进行分析和归纳。

3.1.5　生物资源调查

生物资源调查包括植物和动物两个方面内容。

3.1.5.1 植物

（1）森林

森林的起源、结构、类型、树种、年龄、平均树高、平均胸径、林冠郁闭度；灌草的覆盖度、生长势、枯枝落叶层等。

（2）草地

草地的起源、类型、覆盖度、草种、生长势、高度、草场利用方式和利用程度、轮牧轮作周期等。

（3）农作物

农作物的种类、品种、数量、产量等。

3.1.5.2 动物

（1）野生动物

野生动物的种类、数量等。

（2）人工饲养动物

人工饲养动物的种类、数量等。

3.1.6 水资源调查

水资源是指具有经济价值的自然水，主要指逐年可以更新的恢复利用的淡水。水资源调查以地表水为主，同时调查地下水。调查内容包括年径流量、暴雨量、洪峰流量、洪水过程线、可利用的容水量等；地表和地下水资源的水质是否符合生活饮用水质标准或农田灌溉用水水质标准。参见《生活饮用水卫生标准》（GB 5749—2006）和《农田灌溉水质标准》（GB 5084—2005）。

3.1.7 矿产资源调查

矿产是指由地质作用所形成的贮存于地表和地壳中的、能为国民经济所利用的矿物资源。其存在形态有固态、液态和气态3种。按照工业利用分类，矿产又分为金属矿产、非金属矿产和能源矿产三类。矿产资源调查的内容包括矿产资源的类别、储量、品种、质量、分布、开发利用条件等。着重了解煤、铁、铝、铜、石油、天然气等各类矿藏分布范围、蕴藏量、开发情况、矿业开发对当地群众生产生活和水土流失、水土保持的影响、发展前景等。对因开矿造成水土流失的，应选有代表的位置，具体测算其弃土、弃渣量与年新增土壤流失量。

3.2 社会经济因素调查

社会经济资料应包括规划区基本统计单元的有关行政区划、人口、社会经济等统计资料及国民经济发展规划的相关成果，土地利用资料和农业种植情况。

基本统计单元与规划的级别有关。国家级、省级综合规划，最小统计单元一般到市、县；水土流失重点预防区和重点治理区到县；而市级、县级规划可到乡(镇)或自然村。人口统计资料主要包括总人口、农业人口、人口密度、人口增长率、文化程度、劳动力及就业情况等。

社会经济因素调查是为了充分了解水土流失地区的人口与劳动力情况、农村各业发展状况以及群众生活水平等。其中要着重调查人口与劳力的数量和质量，农民的粮食与经济收入、燃料、饲料、肥料等情况，群众生活、人畜饮水情况。农村各业生产情况调查须以农业为主，兼顾林、牧、副各业等。

3.2.1　人口和劳动力调查

人口调查中应着重调查人口总户数、农业户数、非农户数；人口总量、人口密度、人口年龄结构、城镇人口、农村人口，农村人口中从事农业(大农业)和非农业生产的人口；人口密度、出生率、死亡率和各类人口的自然增长率；规划期内可能出现的变化(由于各种原因迁入或迁出)；人口质量包括人口的文化素质(文化程度、科技水平、劳动技能、生产经验等)，人口体力等。

劳力调查中着重现有劳力总数，劳动力结构，包括城镇劳力与农村劳力，农村劳力中男、女、全、半劳力，平均年龄，老龄化指数，抚养指数；劳动力使用情况；从事农业生产劳力中一年实际用于农业生产的时间(天)，可能用于水土保持的时间(天)，在水土保持中使用半劳动力和辅助劳力的情况。各类劳力的自然增长率，规划期内可能出现的变化。

3.2.2　农村各业生产调查

大面积规划，主要从县以上各级人民政府部门和计划部门收集有关资料，按不同类型区分别进行统计计算。对各类型区劳力使用情况，应选有代表性的小流域进行典型调查。大面积规划侧重农村产业结构，根据规划范围内各地农村不同的产业结构，提出不同类型区的生产发展方向。

小面积规划，主要从乡、村行政部门收集有关资料，按规划范围进行统计计算。小面积规划侧重根据农村产业结构和各业生产中存在的具体问题，研究在规划中采取相应的对策。如小流域内上、中、下游人口密度和劳力分布等情况不一样，应按上、中、下游分别统计。对其中劳力使用情况，需向群众进行访问，结合在某些施工现场进行调查加以验证。

3.2.2.1　农业生产情况

调查粮食作物与经济作物各占农田面积、种植种类、耕作水平(每公顷投入劳力、肥料)、不同年景(丰年、平年、歉年)的单产和总产。

调查耕地中基本农田(梯田、坝地、小片水地等)所占比重、一般单产、修建进度、主要经验和问题。

调查农业用地人均面积，种植业土地面积人均数，人均粮地面积；草田轮作制度、轮作地面积占种植面积的百分数；采用水土保持措施的地类粮食产量占粮食总产量的百分数、不同地类的粮食单产对比数。

3.2.2.2　林业生产情况

着重调查不同林种(水土保持林、经济林、果园等)各占林地面积、主要树种、林木数、林木蓄积量、生长量、生长情况、成活率与保存率、林业产值、产品及投入产出状况、经营管理技术、作业工具和方式、经济收入情况、主要经验与存在问题。

苗圃基地面积、产苗产种量、种苗供求情况；总产值、总收入、人均收入。

3.2.2.3　牧业生产情况

着重调查各类牲畜数量、品种、饲料(饲草)来源、天然牧场与人工草地情况(数量、质量)、舍饲和养殖情况、载畜量情况(是否超载)、草畜平衡关系、经营管理情况、年初和年末存栏数、出栏率、牧业收入情况(总产值、总收入、人均收入)、主要经验与存在问题。

3.2.2.4　副业生产情况

着重调查副业生产门路(种植、养殖、纺织、加工、运输、建筑、采掘、第三产业等)占用劳力数量的时间、企业数、从业人员数、经营方式与水平、各业经济收入(总产值、总收入、人均收入)、主要经验和问题。

3.2.2.5　水产业生产情况

在有水产业的地方要调查水产业种类，其中着重调查养鱼业。调查养鱼水面的类型(水库、池塘或其他)、可养殖水面面积、已养殖水面面积、经营管理情况、每公顷养殖水面平均产量和产值、总产值、总收入、主要经验和问题。

3.2.2.6　农村产业结构调查

在以上调查的基础上，进一步调查农村产业结构，包括农、林、牧、副、渔及工商业的产值结构、产品结构、土地利用结构等，以及它们的生产水平和技术。

了解农、林、牧、副、渔各业在土地利用面积(hm^2)、使用劳力数量(工日)和年均产值(元)和年均收入(元)等各占农村总生产的比重。

3.2.3　农村群众生活调查

调查内容以规划范围内收入水平(人均粮食和现金收入)、生活、消费水平为重点，同时还应了解柴改气(电)、饲料、肥料和人畜饮水供需情况。此外，除进行一般调查外，还应选择"好、中、差"3种不同经济情况的典型农户进行重点调查。实施规划后还应跟踪调查，了解其变化情况。

3.2.3.1　收入情况和消费水平

根据当地的粮食总产和收入总量按调查时农村总人口平均计算，人均收入应了解收入来源组成。

生活、消费水平包括人均居住面积，平均寿命，适龄儿童入学率，消费支出，消费结构，能源消耗的种类、来源等。

大面积规划中，对不同类型地区应分别统计，小流域规划中，如果上、中、下游收入有较大差异亦应分别统计，并说明其原因。

3.2.3.2　人畜饮水情况

小面积规划中逐村进行具体调查，大面积规划中对不同类型地区分别选有代表性的小流域进行调查。

3.2.4　社会、经济环境调查

社会、经济环境调查主要包括对政策环境、交通环境、市场条件的调查。具体来说，包括国家目前所采取的有关水土保持生态环境建设、资源保护、投资等方面的政策；市场的远近、规模、产品的需求；规划范围内外的交通条件等。调查与农村经济发展有关的其他产业，包括工业、建筑业、交通运输业、市场贸易、经济信息和服务行业的产品、产值、发展前景等情况和问题。

3.3　水土流失与水土保持调查

3.3.1　水土流失调查

3.3.1.1　水土流失情况调查

着重调查不同侵蚀类型（水力侵蚀、重力侵蚀、风力侵蚀、混合侵蚀）及其侵蚀强度（微度、轻度、中度、强度、极强度、剧烈）的分布面积、位置与相应的侵蚀模数，并据此推算调查区的年均侵蚀总量。

（1）水力侵蚀调查

水力侵蚀调查主要包括面蚀与沟蚀的调查。表 3-17 至表 3-20 可供调查时参考。

沟蚀的调查主要包括集水区面积、集水区长度、侵蚀沟面积及其长度、沟道内的塌土情况（包括重力侵蚀形式、数量及其发生位置等）、沟底纵坡比降、基岩或母质种类、集水区范围内的植物种类及其生长状况等。并根据侵蚀沟发育情况确定沟蚀的程度。

水蚀常用的调查方法有：①侵蚀针法。这种方法是在坡耕地上插入一根带有刻度的直尺，通过刻度观察侵蚀深度，由此可计算出不同耕地上每一年的土壤流失量。②坡面径流小区法。这种方法是在坡面上，选择不同地面坡度农耕地建立径流小区，小区宽 5m（与等高线平行），长 20m（水平投影），水平投影面积 100m^2，小区上部及两侧设置围埝，

表 3-17　农耕地面蚀程度与土壤流失量关系

面蚀程度	土壤流失相对数量
1 级　无面蚀	耕作层在淋溶层进行，土壤熟化程度良好，表土具有团粒结构，腐殖质损失较少
2 级　弱度面蚀	耕作层仍在淋溶层进行，但腐殖质有一定损失，表土熟化程度仍属良好，具有一定量团粒结构，土壤流失量小于淋溶层的 1/3
3 级　中度面蚀	耕作层已涉及淀积层，腐殖质损失较多，表土层颜色明显转淡。在黄土区通体有不同程度的碳酸钙反应，在土石山区耕作层已涉及下层的风化土沙，土壤流失量占到淋溶层的 1/3~1/2
4 级　强度面蚀	耕作层大部分在淀积层进行，有时也涉及母质层，表土层颜色变得更淡。在黄土区通体有不同明显的碳酸钙反应，在土石山区已开始发生土沙流泻山腹现象，土壤流失量大于淋溶层的 1/2

表 3-18　农耕地田面坡度与其面蚀强度划分标准

面蚀强度	面蚀坡度(°)
1 级　无面蚀危险的	≤3
2 级　有面蚀危险的(包括细沟侵蚀)	3~8
3 级　有面蚀危险和沟蚀危险的	8~15
4 级　有面蚀危险、沟蚀危险的	15~25
5 级　有重力侵蚀危险的	>25

表 3-19　地表植物生长状况与鳞片状面蚀程度划分标准

鳞片状面蚀程度	地表植物生长状况
1 级　无鳞片状面蚀	地面植物生长良好，分布均匀，一般覆盖率大于70%
2 级　弱度鳞片状面蚀	地面植物生长一般，分布不均匀，可以看出"羊道"，但土壤尚能连接成片，鳞片部分土壤较为坚实，覆盖率为50%~70%
3 级　中度鳞片状面蚀	地面植物生长较差，分布不均匀，鳞片部分因面蚀已明显凹下，鳞片间部分土壤和植物丛尚好，覆盖率为30%~50%
4 级　强度鳞片状面蚀	地面植物生长极差，分布不均匀，鳞片部分已扩大连片，而鳞片间土地反而缩小成斑点状，覆盖率小于30%

表 3-20　地表植物生长趋势与鳞片状面蚀强度划分标准

鳞片状面蚀强度	地表植物生长趋势
1 级　无鳞片状面蚀危险的	自然植物生长茂密，分布均匀
2 级　鳞片状面蚀趋向恢复的	放牧和樵采等利用逐渐减少，植被覆盖率在增加，生长逐渐壮旺，鳞片状部分"胶面"和地衣、苔鲜等保存较好，占70%以上未被破坏
3 级　鳞片状面蚀趋向发展的	放牧和樵采等利用逐渐增加，植被覆盖率在减少，生长日趋衰落，鳞片状部分"胶面"不易形成

下部设集水槽和引水槽，引水槽末端设量水量沙设备，通过径流小区可计算出不同地面农耕地的平均土壤流失量。③利用小型水库、坑塘的多年淤积量进行推算其上游控制面积的年土壤侵蚀量。④根据水文站多年输沙模数资料，用泥沙输移比进行推算上游的土壤侵蚀量。⑤采用通用土壤流失方程式（USLE）对各因子调查分析后，选取合适的值进行计算。

（2）重力侵蚀调查

重力侵蚀的调查应包括崩塌、滑塌、泻溜等主要形态及其与水力侵蚀相伴产生形成的泥石流。调查中应分别了解其崩滑数量和在沟中被冲走数量以及影响的土地面积。在有大型滑坡和大量泥石流的地方，应另作专项调查。

（3）风力侵蚀调查

风力侵蚀包括风力将原地的土壤（或沙粒）扬起刮走和外地的土壤（或沙粒）吹来埋压土地两方面。调查中了解其土壤（或沙粒）刮走和运来的数量。在风沙区应调查沙丘移动情况。

①输沙量及风沙流结构调查　一般用集沙仪和手持风速仪来进行观测。常用的是兹纳门斯基设计的集沙仪，当风沙流发生时，沙粒便通过离地表各个不同高度的集沙仪小细管，顺着倾斜的细管进入相应的小铝盒内；应用集沙仪和风速仪在不同性质的地表（如组成物质的粗细、植物覆盖状况不同等）和沙丘的不同部位（如迎风坡脚、坡腰、丘顶和背风坡脚以及两翼等）进行观测的结果，可以获得起沙风速、靠近地表气流层中沙粒随高度分布特点、靠近地表气流层中沙粒移动方向和数量、沙丘表面风沙流速线的分布特点等。

②沙丘移动状况调查　沙丘移动方式可分为前进式、往复式、往复前进式。采用重复多次的形态测量法或纵剖面测量法即可确定。

③风蚀成因调查　风蚀是风对疏松沙质地面进行吹蚀、搬运和堆积的结果。风蚀成因调查就是要查明风成地貌类型（风蚀地貌或风积地貌）及其空间分布特征。

④风蚀地貌形态　在野外调查中，要选择有代表性的地段，进行详细的风蚀地貌形态描述和形态量测。描述其外貌、空间分布、方位以及组成物质的性质。量测其长度、宽度、相对高度（或深度）、斜坡倾向和倾角等要素，估计出风蚀正（风蚀残丘、风蚀土墩等）、负（风蚀凹地、风蚀沟槽等）地貌形态的面积和体积，便可得到地表风蚀地貌的发育程度，同时也可分析判定出风蚀的发展强度。

⑤风积地貌形态　在野外调查中，对风积地貌可描述和量测的项目包括沙丘的相对高度（最大、最小和平均值）、沙丘的相互间距（最大、最小和平均值）、沙丘迎风坡和背风坡的长度、坡度及坡向、沙丘排列方向（走向）。

根据以上因素的调查，即可得到沙丘的起伏度和密度，反映出沙丘形态发育的规模，确定沙丘形态形成的动力条件。同时，也可得到地表风积地貌的发育程度和分析判定出风积的发展强度。

（4）混合侵蚀调查

混合侵蚀调查主要指泥石流调查，包括调查泥石流发生的气象条件、地形条件、沟道弯曲状况、地质条件、流域内松散固体物质的数量、堆积情况等。

①混合侵蚀发生条件　调查时，首先应调查其发生的具体形式，如高含沙山洪、石洪、泥流或泥石流等。可通过实测沟底固体物质堆积数量、搬运过程、堆积位置和其物质组成等来推定当时所发生的具体混合侵蚀形式、发生时间和发生频率及其所造成的危害等。

②混合侵蚀发生发展趋势判定　通过对已发生混合侵蚀沟底或流域情况的综合调查材料，分析目前流域和沟道中松散固项物质的堆积情况和其他土壤侵蚀形式，尤其是重力侵蚀发生发展可能性的大小，判定混合侵蚀再次发生的几率，明确指出是否可能发生混合侵蚀、发生的危险性及其所造成的危害大小等。

3.3.1.2　水土流失危害的调查

水土流失危害的调查包括对当地的危害和对下游的危害两个方面。

(1) 对当地的危害

着重调查降低土壤肥力和破坏地面的完整性，以及调查由于这些危害造成的当地人民生活贫困、社会经济落后，对农业、工业、商业、交通、教育等各业带来的不利影响。

①降低土壤肥力　在水土流失严重的坡耕地和耕种多年的水平梯田田面，分别取土样进行物理、化学性质分析，并将其结果进行对比，了解由于水土流失使土壤含水量和氮、磷、钾、有机质等含量变低、孔隙率变小、密度增大等情况，同时，相应地调查由于土壤肥力下降增加了干旱威胁，使农作物产量低而不稳等问题。

②破坏地面完整　对侵蚀活跃的沟头，现场调查其近几十年来的前进速度(m/a)，年均吞蚀土地的面积(hm²/a)。用若干年前的航片、卫片，与近年的航片、卫片对照，调查由于沟壑发展使沟壑密度(km/km²)和沟壑面积(km²)增加，相应地使可利用的土地减少。崩岗破坏地面的调查与此要求相同。

(2) 对下游的危害

①加剧洪涝灾害　调查几次较大暴雨中，没有进行水土保持的小流域及流域出口处附近平川地遭受洪水危害情况，包括冲毁的房屋、田地、伤亡的人畜、各类损失折合为货币(元)。

②泥沙淤塞水库、塘坝、农田　调查在规划范围内被淤水库、塘坝、农田的数量(座/hm²)、损失的库容(m³)，按建筑物造价将每立方米库容折算为货币(元)；被淤农田(或造成"落河田")每年损失的粮食产量(kg)折合为货币(元)。

③泥沙淤塞河道、湖泊、港口

a. 调查影响航运里程。调查其在若干年前的航运里程，与目前航运里程对比(注意指出可能还有其他因素)。调查影响湖泊容量、面积及其对国民经济的影响。调查影响港口深度、停泊船只数量、吨位等。

b. 调查方法主要是向水利、航运等部门收集有关资料，并进行局部现场调查进行验证。

3.3.1.3　水土流失成因调查

(1) 自然因素成因调查

结合规划范围内自然条件的调查，了解地形、降水、土壤(地面组成物质)、植被等主要自然因素对水土流失的影响。

（2）人为因素成因调查

以完整的中、小流域为单元，全面系统地调查流域内近年来由于开矿、修路、陡坡开荒、滥牧、滥伐等人类活动破坏地貌和植被、新增的水土流失量；结合水文观测资料，分析各流域在大量人为活动破坏以前和以后洪水泥沙变化情况，并加以验证。

3.3.2 水土保持现状调查

3.3.2.1 水土保持发展过程调查

着重了解规划范围内开始进行水土保持的时间（a），其中经历的主要发展阶段，各阶段工作的主要特点，整个过程中实际开展治理的时间（a）。同时调查近年来农村各业生产发展对水土保持的影响。

3.3.2.2 水土保持成绩和经验调查

（1）水土保持成绩调查

调查各项治理措施的开展面积和保存面积，各类水土保持工程的数量、质量。

在小流域调查中还应了解各项措施与工程的布局是否合理，水土保持治沟骨干工程的分布、作用与效益。

（2）水土保持经验调查

水土保持经验调查包括治理措施经验和组织领导经验的调查。

3.3.2.3 水土保持中存在问题的调查

着重了解工作过程中的失误和教训，包括治理方向、治理措施、经营管理等方面工作中存在的问题。同时了解客观上的困难和问题，包括经费困难、物资短缺、人员不足、坝库淤满需要加高、改建等问题。

3.3.2.4 今后开展水土保持的意见

调查者根据调查成果进行分析总结，并根据规划区的客观条件，针对水土保持现状与存在问题，提出自己对下一步开展水土保持的原则意见，供规划工作中参考。

3.4 资料整理

水土保持综合调查的一般程序为室内准备、外业调查和资料整理与分析等。其他内容与方法在已开设的专业基础课和有关专业课中已讲述，这里不再赘述。仅就资料整理的有关内容作一介绍。

水土保持综合调查的室内准备包括组织准备、技术力量准备、资料准备和物资准备。

3.4.1 资料检查

资料检查包括图面资料检查和文字资料检查两部分。

（1）图面资料检查

①检查相邻两幅图的地类、地形、地物界线是否衔接。

②地形图上各种行政区划线、地类、小班界线是否调绘得完整无误、清晰，有无遗漏。图上符号注记是否符合要求。

③小班编号有无重叠遗漏现象。图上小班号应与调查卡片编号一致。

（2）文字资料检查

①调查表格上各项调查因子是否按要求填写，调查项目有无遗漏。

②初步规划意见是否切合实际。

在小班调查资料检查过程中，如发现问题，应及时组织人员到现场纠正。

3.4.2 小班外业勾绘图的透绘和调查材料的整理

对图面资料检查无误后进行透绘，以便进行小班面积的量算，透绘过程中对小班编号按从上到下、从左到右的顺序重新编号并相应变动调查表格或卡片上的小班号，然后按行政区划（乡或村）为单位，按小班号顺序装订成册。当实行计算机管理时，则无须进行小班重新编号。

3.4.3 面积量算与统计

（1）面积量算

地块面积量算，在 ArcGIS 的支持下，经几何校正、投影转换来降低误差，提高精度，完成矢量化，进行小班面积统计。另外，在一块用经纬仪测量过面积的地块，可采用 GPS 沿地块周边及拐角处进行 GPS 定位测量并进行偏差纠正，得到的结果与已测面积误差为 0.03%。手持式 GPS 是利用其航迹记录功能来实现对闭合区域面积的求算；差分GPS 首先测闭合区域各界址点坐标，形成矢量数据文件，在 GIS 中建立拓扑关系后，可自动按多边形法求算面积。

对同一图斑的 2 次量算面积之差与面积之比应小于规定允许误差（表 3-21）。

表 3-21　规定允许误差表

图上面积（mm²）	允许误差	备　注
<100	1/30	
100~400	1/50	
400~1 000	1/100	求积仪法 2 次量算差不超过最小分划值的
1 000~3 000	1/150	2~4 倍，面积过小可适当放宽
3 000~5 000	1/200	
>5 000	1/250	

量算地块面积的同时，还应量算村、乡或小流域范围内的沟壑面积，推算沟蚀面积的百分率；量算沟道长度，推算沟壑密度；量算滑坡、崩塌等重力侵蚀面积，推算重力侵蚀面积百分率；以及各土壤侵蚀类型、强度所占面积与总面积的百分比。同时，还应计算有效土层厚度的抗蚀年限，以确定土壤侵蚀潜在危险程度。

（2）面积统计和有关表格填写

面积统计按土地利用类型（地类）及土壤侵蚀类型、强度等内容分别自下而上汇总，最后完成附表 1~9 的填写。实际应用时，附表 1~9 中项目可根据需要适当变动。

3.4.4　图幅编制

根据水土保持综合调查和整编结果编制土地利用现状图和土壤侵蚀现状图。

3.4.5　调查结果分析

在对调查资料的整理、面积量算和数量统计基础上，还需作出关于整个规划区或流域的环境、水土流失和自然资源在内的系统分析，从而为制定水土保持规划提供理论指导和科学依据。

（1）区域或流域系统的环境分析

环境是指区域或流域时空范围内可以直接或间接地对当地自然和经济发展产生影响的各种因素的总和，环境特征决定着一个区域或流域的自然、社会经济发展的方向和利用途径。环境分析包括自然地理环境分析和社会环境分析两部分。

①自然地理环境因素分析　着重分析区域或流域所处的空间位置和宏观、微观地理特征，包括气候带、植被、地质构造、岩石和土壤带、地貌环境等特征。

②社会环境分析　流域或区域所处地区的政策环境、经济环境和科技文化环境共同构成了社会环境，其直接影响着当地的生产发展方向和治理目标。

a. 政策环境。包括产业结构政策、价格政策、环境保护政策和土地管理政策等。

b. 经济环境。包括交通环境、市场环境。其中交通环境具体指道路网的密度和分布情况、道路质量和工程配套情况以及运输工具等；市场环境具体指市场的规模、目前的供需状况和未来市场预测等。

c. 科技文化环境。包括科学技术的传播条件和当地人口、劳力的文化素质等。

（2）水土流失系统分析

①水土流失环境系统　水土流失环境系统分析包括对影响土壤侵蚀的地貌环境、气候环境、植被环境、土壤环境和物质文化环境的分析。

a. 地貌环境。主要指地貌类型，包括地势的起伏程度、地貌坡度和地貌的物质组成等，它从根本上决定着土壤侵蚀的方式、强度和水土流失面积。

b. 气候环境。主要指气候类型、气候特征和气候的空间分布规律等，它直接或间接地影响着土壤侵蚀的发生和发展。

c. 植被环境。主要指植被覆盖度、群落组成和植被结构等，它通过改变地表粗糙度、地表水分环境和各种动力场的时空变化来减弱水土流失动力强度，从而起到控制水土流失的作用。

d. 土壤环境。主要指土壤类型、土壤性状、土体结构及其空间分布规律等，具体包括土层厚度、土壤物质机械组成、土壤结构、土壤理化性质等。土壤环境主要通过决定土壤的抗蚀、抗冲能力而对水土流失的强度有着显著影响。

e. 物质文化环境。主要指当地人类文化活动的物质景观表现，具体包括人口、村落、土地利用方式、交通和矿区等。物质文化环境是区域或流域长期文化过程的产物，它能加速或缓解水土流失的发生。

②水土流失动力系统　主要由水力、风力、冻融作用力、重力以及人类活动作用力组成。在流域水土流失动力系统分析中，所考虑的主要对象是水力和人为活动力，部分地区包括重力作用。从水力对水土流失的作用来看（主要是从水土流失的过程来看）包括雨滴的溅蚀、坡面径流侵蚀和沟道侵蚀。在沟道侵蚀中又包括重力侵蚀。人为活动作用具有双重作用力，即加速或延缓水土流失的发生。

（3）自然资源系统分析

①气候资源　气候是一种重要的资源，主要包括太阳辐射、热量、降水和空气及其运动。气候资源是地球上生命现象赖以产生、存在和发展的基本条件，也是人类生存和发展工农业生产的物质和能源。

在气候资源中，光照资源主要考察太阳辐射和日照时数两个指标；热量资源主要考察≥0℃积温和活动积温状况，最冷月和最热月平均气温、无霜期长短等指标；降水资源主要考虑降水量、降水强度、降水年变率、降水月变率等指标；风蚀资源则主要考察风速、频率和变幅等指标。

②水资源　水资源系指具有经济价值的自然水，主要是可以恢复和更新的淡水，包括地表水和地下水两种存在形式。其中地表水主要包括河川径流量和地形径流量，分析的主要内容是年径流量、径流速度、径流深等指标；地下水主要包括上层滞水、潜水和承压水，分析的主要内容是地下水的分布、储量、埋藏深度和开采利用难易程度等。水资源分析除了考虑水资源的数量外，还要注意分析水资源的质量，因为它决定着有多少可用于生活用水、多少可用于生产用水或不能利用。

此外，水资源分析还应对目前当地水资源的利用现状和供需平衡关系进行分析，具体包括各种蓄水工程、引水工程和提水工程，目前可提供的可利用水量以及当地生活用水、农业灌溉用水、工业用水和河道用水情况等。

③生物资源　生物资源是自然资源的重要组成部分，它直接或间接地为人类提供木材、食品、肉类、果品、油料，毛皮和药材等各种生活消费品和工业原料。

生物资源包括林草资源、动物资源和作物资源三大类。

a. 林草资源。属可更新资源，对其分析应着重于以下几个方面：从生产方面，当地可以提供果实、纺织、药用、油料等商品性生产原料的乔、灌、草资源及开发利用前景分析；从环境保护方面，适宜于在当地生长、涵养水源、保持水土、防风固沙能力强的林草资源分析；从生态平衡、生物多样性保护方面，特有的生物种质资源分析等。

b. 动物资源。包括家养和野生动物，对家养动物应着重分析其经济价值、饲养方式的难易、加工利用方式、市场的需求等。对野生动物应着重分析其经济价值、人工饲养可能性及生物多样性保护的意义等。

c. 作物资源。农业生产利用的主要资源，对作物资源的分析应包括当地现有的种植作物种类，是否为特有的作物类。从品种上考虑，经济利用价值如何、产量如何及栽培经营管理方式；从加工利用方面考虑是否能够增值，是否能成为当地经济发展的拳头产品等。

此外，对生物资源分析还要考虑其他生物资源的引进与繁育。

④矿产资源　可分为金属矿产、非金属矿产和能源矿产三类。对于流域矿产资源的分析评价主要包括以下方面：一是矿产资源的类型，决定工业部门的利用，或流域第二产业的类型。二是矿产资源的储量，指矿物含量达到临界品位以上，集中埋藏的矿产资源数量。其储量决定生产规模。三是矿产资源的质量，包括矿产资源的品位及矿产资源含有杂质情况和伴生情况。杂质不但影响矿产资源可采量的多少，而且影响矿产资源加工提炼时技术复杂程度，进而影响其开采价值；伴生主要影响加工提炼时的技术复杂性，从而影响到矿产资源提炼后的纯度。四是开采利用条件，主要有流域所处的地理位置、交通运输状况、工农业生产条件、劳动力状况等。

⑤旅游资源　一般来讲，凡是以吸引旅游者参观游览的各种自然资源和人文资源都可称为旅游资源。旅游资源具有经济性、连续性、多样性、季节性和地域性的特点。旅游资源可分为自然风景旅游资源和人文景观旅游资源。对旅游资源的分析评价包括：

a. 旅游资源的客体景象艺术特征，依景物的种类、数量、特点、格调与组合，确定其地位、价值和意义等；

b. 旅游资源的历史文化价值；

c. 景象的地域组合、地理位置与可进入性；

d. 旅游功能和环境容量；

e. 旅游资源的开发利用条件，包括建设的施工量大小、投资、施工技术和物品供应状况。

3.4.6　调查报告的编写

水土保持调查可作为单独工作进行，此时应单独编写调查报告。如为水土保持规划收集资料进行的调查，调查报告可作为规划说明书的组成部分，不必单独编写调查报告。

调查报告主要内容：

(1) 前言

应包括调查的目的与要求，调查时间，调查区的地理位置、范围和面积，调查人员的情况，工作方法及其经验与问题。

(2) 自然地理概况

包括地质、地貌、气象、水文、土壤和植被等方面的情况与特征。

(3) 社会经济概况

包括人口、农、林、牧、副、渔各业生产及其结构情况，群众的经济收入和生活状况，以及生产或生活中存在的主要问题。

（4）土地利用现状

包括各土地类型的面积结构比例、生产状况及评价。

（5）水土流失情况

包括各土壤侵蚀类型、强度和潜在危险程度的分布状况与面积，水土流失的原因分析，水土流失所造成的危害等。

（6）水土保持综合治理情况

包括治理历史，所采取的措施及其成绩，典型经验、问题和对策等。

（7）附录

调查成果图和统计表。

思 考 题

1. 水土保持综合调查的自然因素的主要内容有哪些？
2. 水土保持综合调查的社会经济因素的主要内容是什么？
3. 水土流失成因和水土保持调查的主要内容？
4. 如何进行调查资料的整编与报告编写？

推荐阅读书目

1. 地质地貌学．左建．中国水利水电出版社，2001.
2. 中国水土流失防治与生态安全．水利部，中国科学院，中国工程院．科学出版社，2010.
3. 生态清洁小流域建设实施方案编制与工程设计．范瑞瑜．黄河水利出版社，2019.
4. 土壤侵蚀原理(第2版)．吴发启．中国林业出版社，2017.
5. 岩土工程勘察设计手册．林宗元．辽宁科学技术出版社，1996.

第4章

土地利用规划

【本章提要】土地利用规划是水土保持规划的基础和重要组成内容之一。本章主要介绍土地类型划分、土地资源评价、土地利用结构优化和配置等土地利用规划的原理与方法。

土地利用规划既是土地学科研究的主要内容之一，又是水土保持规划不可缺少的核心内容。可以说，土地利用规划是水土保持规划的基础，而水土保持规划实施又是土地合理、高效、持续利用的有效保证。因此要完成水土保持规划，首先应开展土地利用规划工作。

4.1 土地类型划分

4.1.1 土地的基本概念及分异

4.1.1.1 基本概念

土地是地球陆地表面由气候、土壤、水文、地形、地质、生物及人类活动结果所形成的一个复杂的自然经济综合体。其特征体现在以下几个方面：

（1）土地是综合体

土地在其长期形成、演变过程中，各种要素以不同方式，从不同的方向，按不同程度，独立地或综合地影响着土地的综合特征。在土地这个综合体中，土地各组成要素都有其不可替代的地位和作用，土地的性质和用途取决于全部组成要素的综合作用，而不从属于任何一个单独的要素。

（2）土地是自然和经济的产物

土地是自然的产物，但人类的经济活动可以改变土地组成要素（如土壤、植物、水文等）的性质，从而影响土地的功能和用途。因此说土地是自然经济综合体，它包括人类过去和现在的生产活动成果及其社会经济关系，这是土地不同于其他自然体的重要方面。

（3）土地是一个立体的三维空间实体

由于土地组成要素在地球表面一定地域范围占有一定的立体空间，因此，土地也是一个立体的三维空间实体。按三维空间实体这一剖面的密度差异和性质不同，可分为三层，即以地球风化壳和地下水为主的地下层；以生物圈和地貌为主的地表层；以近地面气候为主的地上层。那些与土地特性无直接联系的地上层(如高空气候)和地下层(如深层岩石),并不包括在土地的范围内,它们只是土地的环境条件。

(4)土地性质随时间不断变化

土地具有随时间推移而不断变化的动力学特征,是一个随单位时间变化的时空复合体,某一时段的土地性质只是土地在随时间变化过程中的瞬间特定情况。

4.1.1.2　土地的分异

由上述基本概念可知,在自然界同一区内土地的特征基本相似,而不同区间,土地的差异特征明显,这种"相似"与"差异"既为土地的分异现象。而造成土地分异的原因可概括为以下几个方面:

(1)地壳的新构造运动

发生在第三纪末与第四纪的新构造运动造就了现代地形的基本轮廓,一部分地域上升和遭受剥蚀,形成了高原和山地,即正地形;一部分下沉和接受堆积形成平原、盆地,即负地形。正负地形的垂直变化引起了光、热、水、气、土等一系列生态因子的变化与重新组合,从而导致了不同土地类型之间的分异。这种由地壳运动所形成的地貌格局,是土地分类中高级分类单位的基础。

(2)地球外营力的作用

在地壳运动内营力作用基本稳定以后,土地类型在自然界外营力的塑造与破坏过程中形成与演变。这种外营力作用只限于一定程度内,始终改变不了正、负地形的基本框架。如黄土高原大部分处在暖温带、温带半干旱地区,干燥、多风、暴雨频繁,所形成的强大外营力作用于地表,产生了风成黄土堆积和洪积物的沉积;流水侵蚀产生了切沟、冲沟,河流下切形成了川地、台地和滑坡的发生等。这些外营力遇见疏松多孔、抗蚀性弱的黄土,使黄土高原地形越来越破碎,完整的塬面逐渐被切割成指状残塬,长梁被切割成连续的峁,宽梁变窄,沟谷加深,沟涧地日益减少。

(3)人类活动

随着人口密度的不断增大,各种经济生产活动逐渐频繁,规模不断扩大,表现为对土地资源的破坏与建设两种效果。如将覆盖良好的林地、草地垦为农田,滥伐树木,以草灌为薪柴,修路开矿等活动,都直接破坏原地表的完整性,促使水土流失加剧,土壤变瘠薄,甚至沙化,此属于对土地资源的破坏;同时在长期与自然灾害斗争中发展起来的筑坝淤地、修梯田、治沙造田等属于建设性的,增加了有益于农业生产的人工土地类型,同时在一定程度上抑制了自然破坏力量。

4.1.2　土地分类的原则与系统

4.1.2.1　分类原则

土地类型以自然综合体为自然的研究对象,着重研究其形成、特征、结构、演化和分布规律。它的任务就是把这种自然综合体加以科学分类并系统化。其目的在于认识一个地区土地特点,因地制宜确定土地合理利用格局,达到发挥土地最大潜力而又保护土地之目的。因此,通常依据以下原则来进行土地类型划分:

（1）综合性原则

这一原则是由土地类型本身的学科性质所决定的，它要求把自然地理的所有要素当作本身的组成成分，分析它们的相互关系和组合方式，掌握类型的总体特征。

（2）主导因素原则

在自然综合体形成过程中，自然地理各要素间的作用不是均衡的，通常是其中某一两个要素起着长期而稳定的作用，正是影响和制约土地综合体的分异和特征。因此，在综合分析各要素关系的基础上，应力求找出其中的主导分异因素。但应该看到，不同等级，其主导因素是可以不同的。

（3）联系生产实践的原则

土地类型研究与其他自然科学一样，最终是为生产服务的。开展对土地类型研究，在于了解和掌握一个地区的土地特点，因地制宜布局生产，建立科学的用地格局。

此外，还有发生学原则、动态变化原则、多级序原则等。

4.1.2.2 分类依据和指标

土地类型划分的依据主要是类型间的相似性和差异性。随着等级的增高，其内部相似性逐渐减小，而相互间的差异性逐渐增大。

由于土地是一自然综合体，因此其成因、结构及其生态学特征有着密切的联系，故结构和特征常作为土地分类的指标。例如，在黄土高原的土地分类中，由于下垫面均一和水热条件差异不明显，主要考虑地貌特征、结构和坡度条件，同时强调人类活动的结果。表 4-1 是陕西淳化县泥河沟小流域土地类型的分类系统，该系统将地貌类型分异作为一级指标，地形部位、坡度、坡向作为二级指标，人类活动的强弱程度也在二级分类中得到了体现。

表 4-1　陕西淳化县泥河沟小流域土地类型分类系统及面积

分类系统			面积（hm²）		占流域总土地面积（%）
一级分类	二级分类	三级分类	各类面积	合计	
原面地类 1	原平地 1_1		58.5		
	水平梯田 1_2		68.7		
	缓坡地 1_3		302.6	520.8	54.94
	原畔地 1_4		72.6		
	胡同地 1_5		18.4		
沟坡地类 2	沟坡梯田 2_1		28.7		
	阳坡地 2_2	陡阳坡地 2_2^1	21.0		
		极陡阳坡地 2_2^2	52.9		
	阴坡地 2_3	陡阴坡地 2_3^1	6.6	375.7	34.32
		极陡阴坡地 2_3^2	29.4		
	半阴半阳坡地 2_4	陡半阳半阴坡地 2_4^1	29.4		
		极陡半阴半阳坡地 2_4^2	123.8		
	坍塌地 2_5		83.9		

（续）

分类系统			面积（hm²）		占流域总土地面积（%）
一级分类	二级分类	三级分类	各类面积	合计	
沟滩地类 3	人工川台地 3_1		3.4		
	水域 3_2	水库 3_2^1	5.87	52.4	5.54
		鱼塘 3_2^2	1.47		
	废弃沟滩地 3_3		41.8		

4.1.2.3 土地类型命名

土地类型的命名，主要有 3 种形式。

（1）采用群众惯用名称

广大人民群众在长期生产实践中，积累了大量区分土地类型的经验，并用形象化的语言给予命名，如黄土高原群众常说的壕地、垌地、掌地、川台地等。

（2）由土壤和群众惯用名称相结合

黄土高原土地类型采用土壤和群众惯用名称相结合的命名方法，如黑垆土塬地、黑垆土梁地等。其不足之处是这种命名仅能反映大区域的土地差异，对小范围的变化无法表达。

（3）由植被、土壤和地貌联合命名法

植被土壤和地貌联合命名法是传统的土地类型命名方法，在研究全国性或大区域的土地类型中常常用到。

4.1.2.4 分类的级别

根据研究区域的范围、任务的大小和随后编制土地类型图的比例尺的不同，分类的级别应该不同。一般而言，研究范围越是广泛，任务越是笼统，采用的土地单位级别就应越高。比例尺越小，分类对象的级别应越高；反之，比例尺越大，分类对象的级别应越低。研究地区越是复杂，所采用的分类对象的级别应越低，以确保土地分类的精度。此外，应按照由大到小的顺序对土地进行类型分级划分所组成的多级系统就是土地分类系统。

4.1.2.5 土地类型结构特征

土地类型结构是指土地类型在一个区域的空间组合方式、质和量的对比关系，彼此间的联系及其所形成的格局。通过对土地结构的研究，可系统地认识土地的发生与演变规律和合理安排各类用地比例及空间布局。

（1）数量结构

土地类型的数量结构是指各类土地的面积及其相互间的对比关系。

（2）空间结构

土地类型的空间结构是指各类型在三维空间的分布和组合特征。黄土高原的土地类型结构是多种多样的，主要有以下 3 种：

①阶梯式结构　随着正负地形的不同，每一个地形部位上都发育着一组性质近似的土地类型，所以在垂直方向上，土地类型的更替就如阶梯般依次排列。在山区和丘陵区，由谷底到山顶为沟谷地→沟坡地→梁峁地→梁峁盖地。在河谷两岸，从河床向两边依次分布着河床→滩地→平(川)地→台地。

②镶嵌结构　是指一种或两种土地类型呈块状或条状分布在另一类优势土地类型中。如黄土塬区，在塬平地中镶嵌着条状的胡同地；风沙丘陵区，沙丘、滩地呈斑块状嵌布在其他优势土地类型中。

③重复出现交替结构　是指几种土地类型在一定范围内依次交替出现的现象。如丘陵区梁、峁、沟的重复出现，相应的沟谷、沟坡、梁峁地类型交替分布；宽谷长梁区梁谷相间平行排列，对应的梁坡地、沟坡地重复出现。

4.2　土地资源评价

土地资源评价主要从土地资源合理利用和维护土地环境生态平衡来对土地利用的适宜性、合理性和可行性进行分析。土地资源评价又称土地评价、土地质量评价，是通过对土地的自然、经济属性的综合鉴定，将土地按质量差异划分为若干相对等级或类别，以表明在一定的科学技术水平下，被评土地对于某种特定用途的生产能力和价值大小。按其目标可分为土地适宜性评价、土地生产潜力评价和土地资源可持续利用评价等。土地资源评价是土地利用规划的重要依据。

4.2.1　评价的原则和依据

4.2.1.1　评价原则

(1)生产性原则

生产性原则即实用性原则。土地资源评价是为指导生产实际而服务的，所以在土地资源评价时，必须结合评价地区的土地利用实际和发展方向，从土地利用现状出发，着眼于可能挖掘的土地生产潜力，以达到充分利用土地资源的目的，为以后的实际应用服务。

(2)综合性原则

由于土地是自然综合体，土地类型又是综合了地表环境中所有自然要素的组成和结构，其质量高低是内部各要素物质与能量特征及其外部形态的综合反映，是各要素相互制约、相互作用的结果。因此，土地评价必须要以综合性原则为基础，既要研究各要素的特征，又要全面综合地分析各要素之间的相互作用、因果关系和组合方式。

(3)主导因素原则

土地质量一方面受土地的自然属性、经济属性及技术条件等多种因素的综合影响；另一方面，土地各因素之间对土地质量的影响程度在不同的自然地理、社会经济条件下是不相同的，因而不能等量齐观。所以，在土地评价中既要研究各因素的综合影响，更要注意其中对土地质量起主要限制作用的主导因素的突出作用。例如，在丘陵和山地，应着重考虑坡度与土层厚度的作用；在平原地区，应着重考虑土壤质地和地下水位条件；在低洼地区，则应考虑排水条件。

（4）针对性原则

土地资源可作为多种用途使用，即土地资源的多宜性。土地资源的好坏、适宜与否都是相对特定的土地用途来说的。不同的土地利用对于土地条件的要求是不同的。例如，从造林来看，防护林和用材林、经济林的正常生长所要求的土地条件具有较大差异，适宜于防护林的土地在不经过土地改良的情况下有时就不宜于用材林和经济林的生长。因此，土地资源评价必须以一定的土地利用为前提，评定土地资源在某种用途下的生产能力大小或适宜性高低。

（5）比较性原则

比较性原则可从三个方面来把握：一是在一个评价区内，只有对影响土地质量的各个指标进行比较和调整，才能避免单纯就指标衡量的结果可能造成的偏向和失真现象；二是在进行土地资源评价时还必须考虑土地地域差异规律对土地的自然属性和社会经济属性的影响，只有通过不同地区间土地生产力的差异比较，才能确定参评因素和评级标准；三是土地评价还应对不同土地利用方式进行比较，有时还包括对土地利用现状与可能的变化进行比较，只有经过多方面的比较，土地评价的结果才能是可靠、合理、科学和实用的。

（6）相对稳定性原则

土地的质量等级只能在一定时间内保持相对稳定。因为随着时间的推移，土地会因地形的改变、土地肥力的提高或降低、生产条件的改善和科学技术的应用等而发生较大的变动。因此，在一定时间内应对土地评价的结果加以修正，如果变动较大，则应重新进行土地资源评价工作，以保证评价结果的真实性。

尽管土地的自然、社会条件不断发生变化，土地的经济价值也随之变化，但土地各等级之间的差距是相对的。因此，土地的各质量等级将保持相对稳定性。

4.2.1.2　评价依据

土地资源评价的主要依据是土地资源生产力的高低，而生产力大多是通过土地的适宜性和限制性间接表现出来的。

（1）土地资源的生产力

土地生产力即土地的生物生产能力，它是土地资源的基本特征，也是土地资源评价的主要依据。一般来说，土地资源生产力分为现实生产力和潜在生产力。现实生产力是指当前各种土地上常年产品的数量和质量，是根据多年平均产量和质量对比分析确定的；潜在生产力是土地资源在许多因素的综合作用的矛盾运动中，通过复杂的能量和物质的转化过程，人们可能在预定的时期获得的最大限度的农林牧产品数量。现实生产力水平和潜在生产力水平之间往往存在一定距离，土地资源评价时应把两者结合起来研究。史培军、程序等（1998）提出了农业系统生产力动力学概念化模型（图4-1），指出了农业系统的第一性生产力（NPP）、第二性生产力（SP）以及第三性生产力（EP）的含义及其耦合关系。

（2）土地资源的适宜性

土地资源的适宜性就是指土地资源在一定条件下对发展某项生产或作为某种用途所

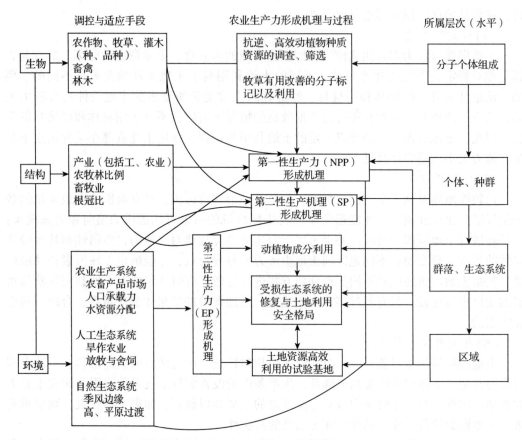

图 4-1　农业生产力动力学概念化模型（据史培军，程序等，1998）

提供的生态环境的适宜程度，这既与土地利用方式有关，又直接决定于生物的特点、更替及产量等。

　　土地资源的适宜性一般可分为多宜性、双宜性、单宜性和暂不适宜等几种，且多是针对农、林、牧利用而言。一般说来，土地质量越好，其适宜面就越宽；而质量越差，则适宜面就越窄。多宜性土地一般是好地或比较好的土地，农、林、牧业生产都适宜；质量差的可能不宜农而宜林、牧，或只宜林或宜牧；特别差的则暂时不宜。在每种适宜用途中还可续分为最适宜、中等适宜和临界适宜等。

　　（3）土地资源的限制性

　　土地资源的限制性又称土地资源的局限性，它是与适宜性相对而存在的，是限制土地资源在生产过程中发挥潜力的障碍因素。由于土地资源中某种因素的过强或过弱，限制了土地资源的潜力或某种用途的正常发挥，或影响了某些用途的适宜程度。限制因素有不易改变的，即稳定性限制因素，如气候、地貌、土壤类型等；也有容易改变的，如土壤肥力、水文等，称不稳定限制因素。在进行土地资源评价时，要抓住主要限制因素，适当考虑其他限制因素。

4.2.2　评价因素

所谓土地资源评价因素(因子)是指构成土地的各要素或部分要素的某些性质。常用的土地资源评价因素有:

(1)气候因素

主要考虑水热因子,因为水热因子对生物的正常发育和生长起着决定性作用。它既是稳定因素,又能在较大范围内影响土地自然生产力的差异。所以,水热因子不仅是农业生产的条件,也是土地资源评价的基本因素。其中,温度因子常采用活动积温、无霜期等指标;水分因子常采用降水量、湿润度或干燥度等指标。

(2)地质地貌因素

地质条件是土地形成的物质基础,地质地貌因素影响区域内水分状况、土壤类型和性质,它们对山地丘陵地区土地资源评价更为重要。这一类因素包括地貌类型、岩石成分、沉积物质形态特征、海拔高度、坡度、坡向、侵蚀或切割程度等因子。

(3)土壤因素

土壤是植物生长的基地,不同土壤类型及其肥力性状在很大程度上影响土地利用方式和植物生长状况。因此,土壤是土地资源评价的重要因素。在选择时,主要考虑土层厚度、土壤质地、土体构型及障碍层次、土壤水分、盐渍化情况、土壤有机质含量及氮磷钾等养分含量、土壤酸碱度等。

(4)地表水和地下水因素

水是土地资源的重要组成部分,水源保证状况对土地资源质量有着重要影响。地表水因素主要考虑当地的地表水资源量,平水年、丰水年和枯水年的储量,可给量及地域分布状况,以及它们对旱、涝、灌溉可能性的影响程度。地下水因素主要考虑当地的地下水储量、可给情况、地下水埋深、地下水矿化度、水化学类型等因素。

(5)植被因素

植被是土地资源质量的重要标志之一,尤其是在林区和牧区,它是天然林地和天然草地评价的最重要因素。在评价中,一般考虑天然植被类型,有用植物的质量、数量和年生产量,覆盖度以及植被的保护和利用改造的条件等。

(6)社会经济因素

社会经济因素主要有地理位置、交通状况、经济水平、技术水平、区域人口数量、教育情况、风俗习惯等。

在选择评价因素(因子)的过程中,应尽可能照顾到上述影响土地资源质量的各个方面,但又不宜过于繁杂,以免各因素(因子)之间相互干扰,影响评价的精度。实际选择时,应按照一定的原则,结合评价地区的实际情况,因地制宜地选择出评价因素(因子)。

4.2.3　评价方法

4.2.3.1　美国土地潜力评价方法介绍

美国的土地评价体系以美国农业部土壤保持局的土地潜力分类(land capability classification)最有代表性。这个体系依据土壤调查制图的成果，把土壤当作土地的一个要素进行分级，衡量为大农业利用的土地潜力与受到的限制因素。可耕土地的分级是根据土地持续生产一般农作物的潜力与所受到的限制因素；不宜耕种土地的分级是根据其生产永久性植物的潜力和限制因素，还要考虑经营失当所引起的土壤退化的危险性。

（1）基本概念和假设

土地潜力分类系统有 2 个基本概念，即潜力和限制性。

潜力是土地适用于一定利用方式或在使用一定管理实践方面的潜在能力。将假定的利用次序组成一个系统，其中土地利用种类按假定的合乎需要性的递减次序排列：①耕作利用，可以是任何作物，不需要土壤保持措施；②耕作利用，作物选择有限制以及（或者）需要土壤保持措施；③改良牧草放牧；④天然牧草放牧，或者在同一水平上的林地；⑤娱乐、野生动物保护、水源涵养和美学目的，这是最低水平。

限制性是对潜力施加不利影响的土地特征。永久限制性是不能轻易改变，至少不能通过小型土地改良改变的限制。它们包括坡度、土壤深度和易受泛滥程度；开始时还包括气候在内，但后来只有某些系统采用。暂时限制性可以通过土地管理排除或改善，例如，土壤养分含量以及轻微程度上的排水障碍。

土地主要根据永久限制性分类。总的原则是，如果任何一种限制性的严重程度已足以将土地降到某一等级，那么就将该土地列为这一等级，而不管所有其他性质可能是如何有利。

（2）评价系统

该系统在土地潜力的评价与划分时，采用土壤制图单元为评价单元，主要是对各种各样的土壤制图单元，按其对一般的农作物生产、林木和牧草植物生长的情况进行归类合并，划分结果是同一个生产潜力单元内所有土壤制图单元均有相近的潜在生产力。该系统分土地潜力级、土地潜力亚级和土地潜力单元三级。

①土地潜力级　按照土地的限制性种类、强度和需要特殊改良管理措施等情况，以及根据长期作为某种利用方式不会导致土地退化为依据而进行分级，结果共分 8 个潜力级。其中Ⅰ～Ⅶ级，土地在利用时受到的限制与破坏是逐级递增的；Ⅰ～Ⅳ级在良好的管理下，可生产适宜的作物，包括农作物、饲料作物、牧草及林木；Ⅴ～Ⅶ级，适宜牧草及林业；Ⅶ级只适宜有条件放牧或发展林业；Ⅷ级对农、林、牧都不适宜，且得不偿失。现介绍如下：

Ⅰ级土地：本级土地没有或只有很少限制，它们属于极好的土地，通常采用栽培耕作方法是安全的。土壤深厚，持水性好，易耕，高产。

Ⅱ级土地：本级土地用于农业受到中等的限制，它们存在中等程度的破坏和风险，栽培作物时要采用一定的耕作技术，并要求专门的技术措施。

Ⅲ级土地：本级土地作为农地受到严格限制，用后还会有严重的破坏和风险，属于中等的好地。

Ⅳ级土地：用于栽培农作物存在极其严重的限制和危险；如果能以极大的关心加以保护，有时尚可用于栽培农作物，但能适宜本级土地的农作物种类很少，其常年产量也很低。

　　Ⅴ级土地：本级土地应该保持永久的植被，如用作草场或林地，没有或很少有永久性限制，作为农用则不利。

　　Ⅵ级土地：用作放牧地、林地，存在中等的危险，具有难以改良的限制性因素。某些Ⅵ级土地在高水平管理下，可适于发展特种果树，如覆盖草皮的果园。

　　Ⅶ级土地：有严重的不可克服的限制性因素，作为牧地、林地都很差，但它们可作野生动物放养地；分水岭水源涵养林、风景游乐地、休养地等。

　　Ⅷ级土地：皆为劣地、岩石、裸山、沙滩地、矿尾或近乎不毛之地，加强保护和设法增加覆盖是极其重要的。

　　②土地潜力亚级　在土地潜力级之下，按照土地利用的限制性因素的种类或危害，续分为亚级。同亚级的土地，其土壤与气候等对农业起支配作用的限制性因素是相同的。共分4个亚级：

　　侵蚀限制因子(e)：土壤侵蚀和堆积危害。

　　过湿限制因子(w)：土壤排水不良、地下水位高、洪水泛滥危害。

　　根系限制因子(s)：植物根系受限制因素的危害，包括土层薄、干旱、障碍层、石质、持水量低、肥力低、盐化、碱化等。

　　气候限制因子(c)：影响植物正常生长的气候因素危害，如过冷、干旱、霜雹等。Ⅰ级土地不分亚级。

　　③土地潜力单元　土地潜力单元是土地潜力亚级的续分。它是对于植物生产有相似的适宜性和经营管理措施，土地特征组合充分一致，具有相同的潜力、限制或危险的一组土地。同一潜力单元中的任何土地在下列方面应当一致：a. 在相同的经营管理水平下，有相同的土地利用方式(种植相同的农作物和饲料作物)；b. 种植相同的作物要求相同的经营管理措施和方法；c. 生产潜力相近，即在相似经营管理条件下，同一土地潜力单元的土地，适种作物常年产量变率不会超过25%。实际上，同一潜力单元在制图单元上往往是土系组合，空间变异不大。

　　表4-2为美国土地潜力分类体系的结构。

表 4-2　土地潜力分类的结构

潜力级	潜力亚级	潜力单元

4.2.3.2　联合国粮食及农业组织(FAO)的土地适宜性评价方法介绍

　　FAO土地适宜性评价系统分4级，即土地适宜性纲(orders)、土地适宜性级(classes）、土地适宜性亚级（subclasses）和土地适宜性单元（units）。

（1）土地适宜性纲

土地适宜性纲反映了土地的适宜性种类。土地适宜性纲分为适宜纲（S）和不适宜纲（N）。

适宜纲（S）：指在此土地上按所考虑的用途进行持久利用，其预期产生的效益值得投资，对土地不会产生不可接受的破坏危险。

不适宜纲（N）：指土地质量显示不能按所考虑的用途长期利用。

（2）土地适宜性级

土地适宜性级反映了纲内适宜性的程度。土地适宜性级可分为高度适宜、中等适宜和勉强适宜。

高度适宜（S_1）：指土地可长期地用于某种用途而不受限制或受限制较小，不至于降低生产力或效益，不需增加超出可承担水平的费用。

中等适宜（S_2）：指土地有限制性，当长期用于规定用途会出现中等程度降低生产力或效益，并增加投资及费用，但仍能获益。

勉强适宜（S_3）：指严重限制性，对某种用途的持续利用影响是严重的，因此将降低生产能力或效益，或者需增加投入，利用仅勉强合理。

对不适宜纲按不适宜持久程度分为：当前不适宜和永久不适宜。

当前不适宜（N_1）：指土地有限制性，但终究可以克服，在目前技术和现行成本下，不宜加以利用，或由于限制性相当严重，在一定条件下不能确保土地进行有效而持续的利用。

永久不适宜（N_2）：指土地限制性极为严重，在一般条件下，根本不可能加以任何利用。

（3）土地适宜性亚级

反映级内限制性的种类或需改良措施的种类，用英文字母表示限制性类别，附在适宜性级符号之后。

高度适宜（S_1），无明显限制因素，故不设亚级；对中等适宜（S_2）和勉强适宜（S_3）均划分适宜性亚级。例如，S_{2e} 表示中等适宜级，侵蚀限制亚级；S_{2we} 表示中等适宜级，有效水分、侵蚀限制亚级。

（4）土地适宜性单元

土地适宜性单元反映的是亚级内经营管理的细小差别。同一亚级内所有单元在级这一层次具有同样程度的适宜性，在亚级层次表现为相似的限制性，而在单元之间则存在生产特点或经营条件的细微差别。适宜性单元用连接号与阿拉伯数字表示。一个亚级的单元数不受限制。如 S_{2e}—$S_{2e\text{-}1}$ 表示适宜程度中等且为侵蚀限制的某块土地。

4.3　土地利用规划技术流程

土地利用规划实质是按区域经济发展和生态环境保护的需要，在一定的指导思想和原则下，对现有农、林、牧业用地比例及其位置进行重新调整和安排。通常情况下也可称为土地利用结构优化。

4.3.1　按土地利用现状分类

土地利用现状的分类主要是按目前土地的利用方式、生产水平、土地的所有权、使用权等进行分类。《中华人民共和国土地管理法》(2019)中明确规定，国家编制土地利用总体规划，规定土地用途，将土地分为农用地、建设用地和未利用地，并定义农用地是指直接用于农业生产的土地，建设用地是指建造建筑物、构筑物的土地，未利用地是指农用地和建设用地以外的土地。严格限制农用地转为建设用地，控制建设用地总量，对耕地实行特殊保护。同时，国家新颁布的《土地利用现状分类》(GB/T 21010—2017)中，依据土地的利用方式、用途、经营特点和覆盖特征等因素，按照主要用途对土地利用类型进行归纳、划分，将我国土地利用现状分为 12 个一级类(表 4-3)，分别是耕地、园地、林地、草地、商服用地、工矿仓储用地、住宅用地、公共管理与公共服务用地、特殊用地、交通运输用地、水域及水利设施用地和其他土地。

表 4-3　全国土地利用现状分类及其含义

一级类		二级类		含　　义
类别编码	类别名称	类别编码	类别名称	
01	耕地			指种植农作物的土地，包括熟地，新开发、复垦、整理地，休闲地(含轮歇地、休耕地)；以种植农作物(含蔬菜)为主，间有零星果树、桑树或其他树木的土地；平均每年能保证收获一季的已垦滩地和海涂。耕地中包括南方宽度<1.0 m，北方宽度<2.0 m固定的沟、渠、路和地坎(埂)；临时种植药材、草皮、花卉、苗木等的耕地，临时种植果树、茶树和林木且耕作层未破坏的耕地，以及其他临时改变用途的耕地
		0101	水田	指用于种植水稻、莲藕等水生农作物的耕地。包括实行水生、旱生农作物轮种的耕地
		0102	水浇地	指有水源保证和灌溉设施，在一般年景能正常灌溉，种植旱生农作物(含蔬菜)的耕地。包括种植蔬菜的非工厂化的大棚用地
		0103	旱地	指无灌溉设施，主要靠天然降水种植旱生农作物的耕地，包括没有灌溉设施，仅靠引洪淤灌的耕地
02	园地			指种植以采集果、叶、根、茎、汁等为主的集约经营的多年生木本和草本作物，覆盖度大于50%或每亩株数大于合理株数70%的土地。包括用于育苗的土地
		0201	果园	指种植果树的园地
		0202	茶园	指种植茶树的园地
		0203	橡胶园	指种植橡胶树的园地
		0204	其他园地	指种植桑树、可可、咖啡、油棕、胡椒、药材等其他多年生作物的园地

（续）

一级类		二级类		含　义
类别编码	类别名称	类别编码	类别名称	含　义
03	林地			指生长乔木、竹类、灌木的土地，及沿海生长红树林的土地。包括迹地，不包括城镇、村庄范围内的绿化林木用地，铁路、公路征地范围内的林木，以及河流、沟渠的护堤林
		0301	乔木林地	指乔木郁闭度≥0.2 的林地，不包括森林沼泽
		0302	竹林地	指生长竹类植物，郁闭度≥0.2 的林地
		0303	红树林地	指沿海生长红树植物的林地
		0304	森林沼泽	以乔木森林植物为优势群落的淡水沼泽
		0305	灌木林地	指灌木覆盖度≥40%的林地，不包括灌丛沼泽
		0306	灌丛沼泽	以灌丛植物为优势群落的淡水沼泽
		0307	其他林地	包括疏林地(指树木郁闭度≥0.1、<0.2 的林地)、未成林地、迹地、苗圃等林地
04	草地			指生长草本植物为主的土地
		0401	天然牧草地	指以天然草本植物为主，用于放牧或割草的草地，包括实施禁牧措施的草地，不包括沼泽草地
		0402	沼泽草地	指以天然草本植物为主的沼泽化的低地草甸、高寒草甸
		0403	人工牧草地	指人工种牧草的草地
		0404	其他草地	指树林郁闭度<0.1，表层为土质，不用于放牧的草地
05	商服用地			指主要用于商业、服务业的土地
		0501	零售商业用地	以零售功能为主的商铺、商场、超市、市场和加油、加气、充换电站等的用地
		0502	批发市场用地	以批发功能为主的市场用地
		0503	餐饮用地	饭店、餐厅、酒吧等用地
		0504	旅馆用地	宾馆、旅馆、招待所、服务型公寓、度假村等用地
		0505	商务金融用地	指商务服务用地，以及经营性的办公场所用地。包括写字楼、商业性办公场所、金融活动场所和企业厂区外独立的办公场所；信息网络服务、信息技术服务、电子商务服务、广告传媒等用地
		0506	娱乐用地	指剧院、音乐厅、电影院、歌舞厅、网吧、影视城、仿古城以及绿地率小于65%的大型游乐等设施用地
		0507	其他商服用地	指零售商业、批发市场、餐饮、旅馆、商务金融、娱乐用地以外的其他商业、服务业用地。包括洗车场、洗染店、照相馆、理发美容店、洗浴场所、赛马场、高尔夫球场、废旧物资回收站、机动车、电子产品和日用产品维修网点、物流营业网点，以及居住小区和小区级以下的配套的服务设施等用地

（续）

一级类		二级类		含　义
类别编码	类别名称	类别编码	类别名称	
06	工矿仓储用地			指主要用于工业生产、物资存放场所的土地
		0601	工业用地	指工业生产、产品加工制造、机械和设备修理及直接为工业生产等服务的附属设施用地
		0602	采矿用地	指采矿、采石、采砂(沙)场，砖瓦窑等地面生产用地，排土(石)及尾矿堆放地
		0603	盐田	指用于生产盐的土地，包括晒盐场所、盐池及附属设施用地
		0604	仓储用地	指用于物资储备、中转的场所用地，包括物流仓储设施、配送中心、转运中心等
07	住宅用地			指主要用于人们生活居住的房基地及其附属设施的土地
		0701	城镇住宅用地	指城镇用于生活居住的各类房屋用地及其附属设施用地，不含配套的商业服务设施等用地
		0702	农村宅基地	指农村用于生活居住的宅基地
08	公共管理与公共服务用地			指用于机关团体、新闻出版、科教文卫、公用设施等的土地
		0801	机关团体用地	指用于党政机关、社会团体、群众自治组织等的用地
		0802	新闻出版用地	指用于广播电台、电视台、电影厂、报社、杂志社、通讯社、出版社等的用地
		0803	教育用地	指用于各类教育用地，包括高等院校、中等专业学校、中学、小学、幼儿园及其附属设施用地，聋、哑、盲人学校及工读学校用地，以及为学校配建的独立地段的学生生活用地
		0804	科研用地	指独立的科研、勘察、研发、设计、检验检测、技术推广、环境评估与监测、科普等科研事业单位及其附属设施用地
		0805	医疗卫生用地	指医疗、保健、卫生、防疫、康复和急救设施等用地。包括综合医院、专科医院、社区卫生服务中心等用地；卫生防疫站、专科防治所、检验中心和动物检疫站等用地；对环境有特殊要求的传染病、精神病等专科医院用地；急救中心、血库等用地
		0806	社会福利用地	指为社会提供福利和慈善服务的设施及其附属设施用地。包括福利院、养老院、孤儿院等用地
		0807	文化设施用地	指图书、展览等公共文化活动设施用地。包括公共图书馆、博物馆、档案馆、科技馆、纪念馆、美术馆和展览馆等设施用地；综合文化活动中心、文化馆、青少年宫、儿童活动中心、老年活动中心等设施用地
		0808	体育用地	指体育场馆和体育训练基地等用地，包括室内外体育运动用地，如体育场馆、游泳场馆、各类球场及其附属的业余体校等用地。溜冰场、跳伞场、摩托车场、射击场，以及水上运动的陆域部分等用地，以及为体育运动专设的训练基地用地，不包括学校等机构专用的体育设施用地
		0809	公用设施用地	指用于城乡基础设施的用地。包括供水、排水、污水处理、供电、供热、供气、邮政、电信、消防、环卫、公用设施维修等用地
		0810	公园与绿地	指城镇、村庄范围内的公园、动物园、植物园、街心花园、广场和用于休憩、美化环境及防护的绿化用地

（续）

一级类		二级类		含　义
类别编码	类别名称	类别编码	类别名称	
09	特殊用地			指用于军事设施、涉外、宗教、监教、殡葬、风景名胜等的土地
		0901	军事设施用地	指直接用于军事目的的设施用地
		0902	使领馆用地	指用于外国政府及国际组织驻华使领馆、办事处等的用地
		0903	监教场所用地	指用于监狱、看守所、劳改场、戒毒所等的建筑用地
		0904	宗教用地	指专门用于宗教活动的庙宇、寺院、道观、教堂等宗教自用地
		0905	殡葬用地	指陵园、墓地、殡葬场所用地。
		0906	风景名胜设施用地	指风景名胜景点（包括名胜古迹、旅游景点、革命遗址、自然保护区、森林公园、地质公园、湿地公园等）的管理机构，以及旅游服务设施的建筑用地。景区内的其他用地按现状归入相应地类
10	交通运输用地			指用于运输通行的地面线路、场站等的土地。包括民用机场、汽车客货运场站、港口、码头、地面运输管道和各种道路以及轨道交通用地
		1001	铁路用地	指用于铁道线路及场站的用地。包括征地范围内的路堤、路堑、道沟、桥梁、林木等用地
		1002	轨道交通用地	指用于轻轨、现代有轨电车、单轨等轨道交通用地，以及场站的用地
		1003	公路用地	指用于国道、省道、县道和乡道的用地。包括征地范围内的路堤、路堑、道沟、桥梁、汽车停靠站、林木及直接为其服务的附属用地
		1004	城镇村道路用地	指城镇、村庄范围内公用道路及行道树的用地。包括快速路、主干路、次干路、支路、专用人行道和非机动车道，及其交叉口等
		1005	交通服务场站用地	指城镇、村庄范围内交通服务设施用地，包括公交枢纽及其附属设施用地、公路长途客运站、公共交通场站、公共停车场（含设有充电桩的停车场）、停车楼、教练场等用地，不包括交通指挥中心、交通队用地
		1006	农村道路	在农村范围内，南方宽度≥1.0m、≤8m，北方宽度≥2.0m、≤8m，用于村间、田间交通运输，并在国家公路网络体系之外，以服务于农村农业生产为主要用途的道路（含机耕道）
		1007	机场用地	指用于民用机场、军民合用机场的用地
		1008	港口码头用地	指用于人工修建的客运、货运、捕捞及工程、工作船舶停靠的场所及其附属建筑物的用地，不包括常水位以下部分
		1009	管道运输用地	指用于运输煤炭、矿石、石油、天然气等管道及其相应附属设施的地上部分用地

（续）

一级类		二级类		
类别编码	类别名称	类别编码	类别名称	含 义
11	水域及水利设施用地			指陆地水域，滩涂、沟渠、沼泽、水工建筑物等用地。不包括滞洪区和已垦滩涂中的耕地、园地、林地、城镇、村庄、道路等用地
		1101	河流水面	指天然形成或人工开挖河流常水位岸线之间的水面，不包括被堤坝拦截后形成的水库区段水面
		1102	湖泊水面	指天然形成的积水区常水位岸线所围成的水面
		1103	水库水面	指人工拦截汇积而成的总库容≥10×10⁴m³的水库正常蓄水位岸线所围成的水面
		1104	坑塘水面	指人工开挖或天然形成的蓄水量<10×10⁴m³的坑塘常水位岸线所围成的水面
		1105	沿海滩涂	指沿海大潮高潮位与低潮位之间的潮侵地带。包括海岛的沿海滩涂。不包括已利用的滩地
		1106	内陆滩涂	指河流、湖泊常水位至洪水间的滩地；时令湖、河洪水位以下的滩地；水库、坑塘的正常蓄水位与洪水位间的滩地。包括海岛的内陆滩地。不包括已利用的滩地
		1107	沟渠	指人工修建，南方宽度≥1.0m、北方宽度≥2.0m用于引、排、灌的渠道，包括渠槽、渠堤、护堤林及小型泵站
		1108	沼泽地	指经常积水或渍水，一般生长湿生植物的土地。包括草本沼泽、苔藓沼泽、内陆盐沼等。不包括森林沼泽、灌丛沼泽和沼泽草地
		1109	水工建筑用地	指人工修建的闸、坝、堤路林、水电厂房、扬水站等常水位岸线以上的建（构）筑物用地
		1110	冰川及永久积雪	指表层被冰雪常年覆盖的土地
12	其他土地			指上述地类以外的其他类型的土地
		1201	空闲地	指城镇、村庄、工矿范围内尚未使用的土地。包括尚未确定用途的土地
		1202	设施农用地	指直接用于经营性畜禽养殖生产设施及附属设施用地；直接用于作物栽培或水产养殖等农产品生产的设施及附属设施用地；直接用于设施农业项目辅助生产的设施用地；晾晒场、粮食果品烘干设施、粮食和农资临时存放场所、大型农机具临时存放场所等规模化粮食生产所必需的配套设施用地
		1203	田坎	指梯田及梯状坡地耕地中，主要用于拦蓄水和护坡，南方宽度≥1.0m、北方宽度≥2.0m的地坎
		1204	盐碱地	指表层盐碱聚集，生长天然耐盐植物的土地
		1205	沙地	指表层为沙覆盖、基本无植被的土地。不包括滩涂中的沙地
		1206	裸土地	指表层为土质，基本无植被覆盖的土地
		1207	裸岩石砾地	指表层为岩石或石砾，其覆盖面积≥70%的土地

　　《中华人民共和国土地管理法》（2019）中规定，农用地包括耕地、林地、草地、农田水利用地、养殖水面等，建设用地包括城乡住宅和公共设施用地、工矿用地、交通水利用地、旅游用地、军事设施用地等。《土地利用现状分类》（GB/T 21010—2017）中土地利

用现状分类与《中华人民共和国土地管理法》(2019)"三大类"对照表见表4-4。

表 4-4 《土地利用现状分类》与《土地管理法》土地利用现状分类对照表

《土地管理法》(2019)分类	《土地利用现状分类》(GB/T 21010—2017)分类	
	类型编码	类型名称
农用地	0101	水田
	0102	水浇地
	0103	旱地
	0201	果园
	0202	茶园
	0203	橡胶园
	0204	其他园地
	0301	乔木林地
	0302	竹林地
	0303	红树林地
	0304	森林沼泽
	0305	灌木林地
	0306	灌丛沼泽
	0307	其他林地
	0401	天然牧草地
	0402	沼泽草地
	0403	人工牧草地
	1006	农村道路
	1103	水库水面
	1104	坑塘水面
	1107	沟渠
	1202	设施农用地
	1203	田坎
建设用地	0501	零售商业用地
	0502	批发市场用地
	0503	餐饮用地
	0504	旅馆用地
	0505	商务金融用地
	0506	娱乐用地
	0507	其他商服用地
	0601	工业用地
	0602	采矿用地
	0603	盐田
	0604	仓储用地
	0701	城镇住宅用地
	0702	农村宅基地
	0801	机关团体用地

（续）

《土地管理法》(2019)分类	《土地利用现状分类》(GB/T 21010—2017)分类	
	类型编码	类型名称
建设用地	0802	新闻出版用地
	0803	教育用地
	0804	科研用地
	0805	医疗卫生用地
	0806	社会福利用地
	0807	文化设施用地
	0808	体育用地
	0809	公用设施用地
	0810	公园与绿地
	0901	军事设施用地
	0902	使领馆用地
	0903	监教场所用地
	0904	宗教用地
	0905	殡葬用地
	0906	风景名胜设施用地
	1001	铁路用地
	1002	轨道交通用地
	1003	公路用地
	1004	城镇村道路用地
	1005	交通服务场站用地
	1007	机场用地
	1008	港口码头用地
	1009	管道运输用地
	1109	水工建筑用地
	1201	空闲地
未利用地	0404	其他草地
	1101	河流水面
	1102	湖泊水面
	1105	沿海滩涂
	1106	内陆滩涂
	1108	沼泽地
	1110	冰川及永久积雪
	1204	盐碱地
	1205	沙地
	1206	裸土地
	1207	裸岩石砾地

4.3.2　规划的指导思想与原则

4.3.2.1　规划的指导思想

应以建设有中国特色社会主义理论和党的基本路线为指导，坚决贯彻"十分珍惜和合理利用土地，切实保护耕地"的基本国策与耕地数量、质量、生态"三位一体"的保护方针。严守耕地红线，维护国家粮食安全，坚持最严格的耕地保护制度和最严格的节约用地制度；提高土地资源节约集约利用水平，通过土地利用总体规划调整，强化规划管理和用途管制；合理调整土地利用结构，统筹土地利用与经济社会协调发展，积极推进生态文明建设，为全面建成小康社会、促进经济社会全持续健康发展提供创造良好的土地资源条件。

4.3.2.2　规划(优化)的原则

(1)切实保护耕地原则

土地利用具有不可逆性的特点，某种用途一经确定很难改变。因此，结构优化必须认真贯彻"切实保护耕地"的原则，严格保护耕地特别是基本农田，实行耕地数量、质量、生态全面管护，加强基本农田建设，提高农业综合生产能力，保障国家粮食安全，防止土地资源的滥占和浪费，做到地尽其利，并提出切实可行的对策和途径。

(2)统筹兼顾原则

结构优化区域是一个整体，各类用地都是整体的组成部分，各类用地安排必须服从整体并取得最佳整体效益。以农业为基础，兼顾各业对土地的需求，引导人口、产业和生产要素合理流动，促进城乡统筹和区域协调发展。农业生产要求有较好的立地条件，加之宜农土地资源又十分有限，因此需统筹安排各类农用地，合理调整农用地结构和布局，质量好的宜农土地要优先保证农业的需要。

(3)因地制宜原则

由于我国各地自然条件和社会经济条件差异较大，需要解决土地利用问题也不尽相同。结构优化方案必须从实际出发，在结构优化内容、编制方法和设计深度上，都要因地制宜，讲究实效，以能解决当地土地利用的实际问题为度，需要充分发挥各类农用地和未利用地的生态功能，制定不同区域环境保护的用地政策，因地制宜改善土地生态环境。

(4)三效益统一原则

土地利用是人们通过一定行动，利用土地性能，满足自身需要的过程，以获得土地利用的综合效益。这种效益不能只顾眼前而不顾长远，不能只顾经济和社会效益而不顾生态效益。对土地掠夺式利用而遭到自然惩罚的事例历史上不胜枚举。所以，结构优化必须遵循土地利用的客观规律，坚持经济、社会、生态三个效益统一的原则，坚持当前利益服从长远利益，使土地资源得以持续利用。

(5)公众参与原则

所谓公众参与是指同将来执行结构优化或与结构优化有关的部门代表广泛交换意见，共同参与结构优化决策的过程。公众参与可以保证熟悉情况的部门或单位有机会得以补充和纠正有关资料中的遗漏和错误,有利于有关部门之间的沟通、协调,有利于结构优化的实施。

4.3.3 规划(优化)的方法

4.3.3.1 土宜法

土宜法建立在土地质量评价的基础之上,依据土地质量评价成果资料,结合国民经济各部门发展对土地的需求和区域土地适宜性特点对于宜农、宜林、宜牧地和适宜种植各种农作物、树种和草种地,以及适宜建筑用途土地加以合理地归并,在土地需求量和土宜阈值范围加以比配,最终借以确定较为满意的土地利用结构。

应用土宜法的前提条件是已经完成土地质量评价工作,否则应用此法必须从土地质量评价开始。土地适宜性评价成果反映规划区域宜农、宜林、宜牧和非生产用地的上、下限面积,结合考虑国民经济发展对土地的需求,各种用地之间加以合理地协调比配,达到优化土地利用结构的目的。此法的优点在于各类用地面积和布局符合土地质量条件和土地适宜性条件。

4.3.3.2 综合平衡法

综合平衡法是在单项用地计算的基础上采取逐项逼近,借以达到土地面积综合平衡,即达到面积数量平衡和空间布局平衡。

各类土地面积之间存在着相互联系,在数量上和空间上具有平衡关系。由于土地总面积是固定的,不能增加也不能减少,土地面积的总体性表现为其内部构成的各类用地之间的此长彼消。土地内部构成的平衡关系可用下式表示:

$$A = B \tag{4-1}$$

式中 A——期内各类用地面积增加量之和;

B——期内各类用地面积减少量之和。

各类用地面积变动情况可用下式表示:

$$B_t = B_0 + C - D \tag{4-2}$$

式中 B_t——期末用地面积;

B_0——期初用地面积;

C——期内用地增加量;

D——期内用地减少量。

上述公式适用于耕地、园地、林地、牧草地、居民点及工矿用地、交通用地、水域和未利用土地的平衡计算。只是各类用地期内增加量和减少量内涵不尽相同。

规划期内增加的耕地面积包括新垦荒地面积、工矿废弃地、旧废基地重新变为耕地的复垦面积。规划期内减少耕地面积包括建设占用耕地面积,退耕还牧、还林、还园的土地面积。

规划期内增加的园地面积包括未利用土地和其他类型土地改变为园地的面积。规划期内减少的园地面积包括退林还耕的面积和建设占用园地的面积。

规划期内增加的林地面积包括未利用土地改变为林地的面积和退耕还林的面积。规划期内减少的林地面积包括退林还耕的面积和建设占用林地的面积。

　　规划期内增加的牧草地面积包括未利用土地改变为牧草地的面积和退耕还牧的面积。规划期内减少的牧草地面积包括被开垦为耕地、园地和林地的面积以及建设占用牧草地面积。

　　规划期内增加的水域面积包括兴建水利工程占地面积。规划期内减少的水域面积包括未利用水域改变为林地、牧地、园地、耕地和建设占用水域的面积。规划期内增加的城镇居民点及工矿用地包括兴建和扩建城镇居民点和工矿企业占地面积。规划期内减少的城镇居民点及工矿用地面积包括改建和拆并该类用地的面积。

　　规划期内增加的交通用地面积包括兴建和扩建交通运输设施占地面积。规划期内减少的交通用地面积包括改建和拆建该类用地的面积。

　　随着社会经济发展和科技进步不断提高，未利用土地面积将越来越少。一般来讲，规划期内减少的未利用土地面积包括未利用土地中改变为其他类型土地的面积总和。

　　应用综合平衡法确定土地利用结构可依据土地利用现状统计资料和土地需求量预测数据借助于土地利用现状图，在土地利用综合平衡表上作业，从而达到土地面积在数量和空间位置上的平衡。

4.3.3.3　数学规划法

　　数学规划法就是依据调查提供的基础资料，建立数学模型，反映土地利用活动与其他经济因素之间的相互关系，借助计算机技术求解，获得多个可供选择的解式，揭示土地利用活动对各项政策措施的反应，从而得到数个供选方案。在土地利用系统中许多因素的发展既受客观因素的制约，又受决策者主观因素的影响，确定科学的土地利用结构，就是具体确定土地利用结构系统中最优的主观控制变量，使总体目标优化。常用的数学规划法就是线性规划。

　　（1）单目标线性规划

　　线性规划就是求一组非负变量，在满足一组线性等式或线性不等式的前提下，使一个线性函数取得最大值或最小值。线性规划问题数学模型的一般形式是：

　　求一组变量 X_1，X_2，$\cdots$，X_n的值，使它们满足

$$\text{约束条件}\begin{cases} a_{11}X_1+a_{12}X_2+\cdots+a_{1n}X_n \leqslant b_1(\text{或}\geqslant b_1，\text{或}=b_1) \\ a_{21}X_1+a_{22}X_2+\cdots+a_{2n}X_n \leqslant b_2(\text{或}\geqslant b_2，\text{或}=b_2) \\ \qquad\qquad\cdots \\ a_{m1}X_1+a_{m2}X_2+\cdots+a_{mn}X_n \leqslant b_m(\text{或}\geqslant b_m，\text{或}=b_m) \\ X_1\geqslant 0，X_2\geqslant 0，\cdots，X_n\geqslant 0 \end{cases}$$

并且使目标函数 $S=C_1X_1+C_2X_2+\cdots+C_nX_n$ 的值最小（或最大）。为了讨论与计算上的方便，我们把线性规划问题化为标准形式，为此：

　　如果第 k 个式子为：

$$a_{k1}X_1 + a_{k2}X_2 + \cdots + a_{kn}X_n \leqslant b_k$$

　　则加入变量 $X_{n+k}\geqslant 0$，改为：

$$a_{k1}X_1 + a_{k2}X_2 + \cdots + a_{kn}X_n + X_{n+k} = b_k$$

如果第 e 个式子为：

$$a_{e1}X_1 + a_{e2}X_2 + \cdots + a_{en}X_n \geq b_e$$

则减去变量 $X_{n+e} \geq 0$，改为：

$$a_{e1}X_1 + a_{e2}X_2 + \cdots + a_{en}X_n - X_{n+e} = b_e$$

X_{n+k}、X_{n+e} 称为松弛变量，松弛变量在目标函数中的系数为零。

如果问题是求目标函数 $S = C_1X_1 + C_2X_2 + \cdots + C_nX_n$ 的最大值，则化为求目标函数 $S' = -S = -C_1X_1 - C_2X_2 - \cdots - C_nX_n$ 的最小值。

如果对某种变量 X_j 没有非负限制，则引进 2 个非负变量 $X_j' \geq 0$，$X_j'' \geq 0$，令 $X_j = X_j' - X_j''$ 代入约束条件中，化为对全部变量都有非负限制。

这样，我们可以把线性规划问题写成标准形式如下：

求一组变量 X_1，X_2，$\cdots$，X_n 的值，使它满足

$$约束条件 \begin{cases} a_{11}X_1 + a_{12}X_2 + \cdots + a_{1n}X_n = b_1 \\ a_{21}X_1 + a_{22}X_2 + \cdots + a_{2n}X_n = b_2 \\ \cdots \\ a_{m1}X_1 + a_{m2}X_2 + \cdots + a_{mn}X_n = b_m \\ X_1 \geq 0, \ X_2 \geq 0, \ \cdots, \ X_n \geq 0 \end{cases}$$

并且使目标函数 $S = C_1X_1 + C_2X_2 + \cdots + C_nX_n$ 的值最小。

（2）多目标线性规划

在线性规划中，假定所讨论的问题要同时考虑 m 个优选目标 $f_1(X)$，$f_2(X)$，$\cdots$，$f_m(X)$，其中 $X = (X_1, \ X_2, \ \cdots, \ X_n)^T$，且 $X \in R$，R 为可行解集合（约束集合或可行域），则这样的规划问题称为多目标规划。

在多目标规划中，几乎不存在一个解使所有目标函数都达到最优，而只能从非劣解集合中找出兼顾所有目标的最满意解，称之为多目标规划的最优解。

求解多目标规划的主要方法是化多目标问题为单目标问题。下面简要介绍几种线性规划常用的处理方法。

①线性加权和法　对于 m 个目标函数 $f_1(x)$，$f_2(x)$，$\cdots$，$f_m(x)$，根据它们的重要程度分别给以加权系数 λ_1，λ_2，$\cdots$，λ_m，且满足 $\sum\limits_{i=1}^{m} \lambda_i = 1$，则多个目标可以化为下列单一综合目标：

$$U(x) = \sum_{i=1}^{m} \lambda_i f_i(x)$$

对于上式要说明以下几点：

a. 由于 m 个目标的量纲可能不统一，因此在加权求和之前要对每个目标函数进行无量纲处理；

b. 要统一每个目标的优化方向，即都统一成求最大值或求最小值；

c. 确定权系数是这种方法的关键，也是一项比较困难的工作。权系数的确定可以采用专家打分法，也可以采用层次分析法。

②约束法　对于一组目标函数 $f_1(x)$，$f_2(x)$，$\cdots$，$f_m(x)$，应用 0~1 评分法将目标排

成优化序列，然后选第一位目标作为优化目标函数，其余的目标规定上（下）限 ε，使之变成约束条件。不妨设第一位目标函数为 $f_1(x)$，而且目标函数统一为求最大值，则这类问题的优化模型为：

$$
\begin{cases}
\max f_1(x) \\
f_2(x) - \varepsilon_2 \geqslant 0 \\
f_3(x) - \varepsilon_3 \geqslant 0 \\
\quad \cdots \\
f_m(x) - \varepsilon_m \geqslant 0 \\
x \in R
\end{cases}
$$

4.3.4　土地利用优化配置

土地利用结构优化的结果必须通过土地配置才能真正在生产实践中贯彻执行。所以，土地利用配置就是根据土地利用结构优化的结果，具体确定农、林、牧等各业用地在各级土地类型上的分布面积和具体位置，最终落实到每块规划小班（地块）上的过程。

土地利用配置是一个非常复杂的工作。为了做好土地利用配置，一般分两步进行：第一步是根据各类用地的要求，先将土地利用方式在土地类型上进行配置；第二步是以土地类型为单位，再将土地利用方式配置在规划小班上。

4.3.4.1　土地利用方式在土地类型上的配置

首先，建立土地类型配置表（表 4-5），将实测的各种土地类型的面积填入表右端相应的 SA_i 栏，将拟定的各土地利用方式的面积填入表下端相应的 SB_j 栏。

其次，按照同一地类经济效益高的利用方式优先，同一利用方式最适宜的地类优先的原则具体配置，并填入相应的 X_{ij} 栏。

表 4-5　土地利用方式在不同土地类型上的配置

土地类型	利用方式					
	B_1	B_2	B_3	…	B_m	$\sum$
A_1	X_{11}	X_{12}	X_{13}	…	X_{1m}	SA_1
A_2	X_{21}	X_{22}	X_{23}	…	X_{2m}	SA_2
A_3	X_{31}	X_{32}	X_{33}	…	X_{3m}	SA_3
⋮	⋮	⋮	⋮	⋮	⋮	⋮
A_n	X_{n1}	X_{n2}	X_{n3}	…	X_{nm}	SA_n
$\sum$	SB_1	SB_2	SB_3	…	SB_m	S

表中：X_{ij} 为第 i 种土地类型上第 j 种土地利用方式的配置面积；SA_i 为第 i 种土地类型的总面积；SB_j 为第 j 种土地利用方式的总面积。

4.3.4.2　土地利用方式在规划小班上的配置

首先，以土地类型为单位，建立小班配置表（表 4-6），将实测的各小班土地面积填入表右端相应的 PC_i 栏，将所配置的该土地类型上各种土地利用方式的面积填入表下端

相应的 PB_j 栏。

　　其次，将各小班上的具体配置填入表相应的 Y_{ij} 栏。在小班配置过程中，主要考虑在各行政区划单位之间的协调与平衡，应遵循保证重点、照顾一般，同一地类、同一利用方式最有保证的小班优先的原则。同时，由于小班是一个完整的和最小的规划单元，所以在小班配置时应尽量保证同一小班土地利用方式的一致性和完整性。

表 4-6　土地利用方式在某种土地类型不同规划小班上的配置

小　班	利用方式					
	B_1	B_2	B_3	$\cdots$	B_m	$\sum$
C_1	Y_{11}	Y_{12}	Y_{13}	$\cdots$	Y_{1m}	PC_1
C_2	Y_{21}	Y_{22}	Y_{23}	$\cdots$	Y_{2m}	PC_2
C_3	Y_{31}	Y_{32}	Y_{33}	$\cdots$	Y_{3m}	PC_3
$\vdots$	$\vdots$	$\vdots$	$\vdots$	$\vdots$	$\vdots$	$\vdots$
C_n	Y_{n1}	Y_{n2}	Y_{n3}	$\cdots$	Y_{nm}	PC_n
$\sum$	PB_1	PB_2	PB_3	$\cdots$	PB_m	P

　　表中：Y_{ij} 为第 i 个小班上第 j 种土地利用方式的配置面积；PC_i 为第 i 个小班的总面积；PB_j 为该土地类型上第 j 种土地利用方式配置的总面积。

4.3.5　土地利用规划成果资料

4.3.5.1　土地利用规划成果

　　土地利用规划工作的最终成果通常由以下几部分组成：

　　(1)土地规划图

　　土地规划图是土地利用规划成果的主要部分，是一张全面组织土地利用的总设计图。为了详细反映细部设计和便于工程施工的需要，经常还编制居民点规划图、各类工程设计规划图(如渠道纵横断面、道路断面图、水土建筑物设计图等)以及单项规划图(如林业规划图、作物布局图、水土保持规划图等)。

　　(2)土地规划说明书

　　土地规划说明书是指全部规划的文字说明，主要内容包括基本情况，经营方针与生产任务，管理体制，土地利用范围和居民点的布局，各业生产用地的划分及其内部规划，水利、道路、林带等基本建设项目的规划，基本建设投资，以及生产效果与经济效益概算等。

　　(3)技术和法律文件及其他调查资料

　　包括上级有关指示(如发展方向、生产指标等)，规划方案审查决议，有关的重要会议记录、协议、调查资料与图表(土地利用现状图、土壤图等)。

　　(4)施工图及实施计划

　　包括规划设计方案现场布设工作所需绘制的施工图件，执行规划方案的总安排和逐年实施计划。

4.3.5.2　土地利用规划编制内容

　　土地利用总体规划分为国家、省、市、县和乡(镇)五级，水土保持规划以土地利用规划为基础, 通常涉及乡(镇)土地利用总体规划, 以县级土地利用总体规划为方向定位。土地利用总体规划应当包括现行规划实施情况评估、规划背景与土地供需形势分析、土地利用战略、规划主要目标、土地利用结构、布局和节约集约用地的优化方案、土地利用的差别化政策、规划实施的责任与保障措施。乡(镇)土地利用总体规划可以根据实际情况, 适当简化上述规定内容。

省级土地利用总体规划应当重点突出国家级土地利用任务的落实情况、重大土地利用问题的解决方案、各区域土地利用的主要方向、对市(地)级土地利用的调控、土地利用重大专项安排、规划实施的机制创新。

市级土地利用总体规划应当重点突出省级土地利用任务的落实、土地利用的安排、土地利用分区及分区管制规则、中心城区土地利用控制、对县级土地利用的调控、重点工程安排、规划实施的责任落实。

县级土地利用总体规划应当重点突出市级土地利用任务的落实、土地利用的具体安排、土地用途管制分区及其管制规则、城镇村用地扩展边界的划定、土地整理复垦开发重点区域的确定。

乡(镇)土地利用总体规划应当重点突出基本农田地块的落实、县级规划中土地用途的落实、各地块土地用途的确定、镇和农村居民点用地扩展边界的划定、土地整理复垦开发项目的安排。

4.3.5.3 土地利用规划报告的编写

土地利用规划报告是综合规划报告中的一部分, 其内容应包括:

(1)土地利用现状及其评价

根据水土保持综合调查和面积量算与统计结果, 详细介绍当前土地利用现状情况, 包括各业土地面积、比例等, 并对其作出评价。

(2)土地利用规划的指导思想、原则及目标

通过分析土地利用现状, 结合当地实际情况, 提出规划的指导思想和基本原则, 明确土地利用的生态、经济、社会多目标。

(3)土地评价和规划结果

通过土地利用结构调整, 保护和合理利用农用地, 节约集约利用建设用地, 协调土地利用与生态建设。

(4)规划实施保障措施

附表: ①土地利用现状统计表;

②土地利用规划表及其他有关表格。

附图: ①土地利用现状图;

②土地利用规划图。

思 考 题

1. 什么是土地? 影响土地类型分异的因素有哪些?

2. 进行土地分类的原则有哪些? 土地分类的方法有哪些?

3. 什么是土地资源评价? 土地资源评价的原则和依据是什么? 土地资源评价的方法有哪些?

4. 分别说说美国土地潜力评价体系、联合国粮食与农业组织(FAO)的土地适宜性评价体系。它们的区别是什么?

5. 土地利用现状是如何分类的? 其调整(优化)的方法有哪些?

6. 什么是数学规划? 请写出线性规划问题数学模型的一般形式。求解多目标规划的主要方法有哪些?

7. 什么是土地利用配置? 基于生态、经济、社会目标,如何进行土地利用配置?

推荐阅读书目

1. 土地资源管理学. 刘卫东, 彭俊. 复旦大学出版社, 2005.
2. 土地持续利用评价指标体系与方法. 张凤荣等. 中国农业出版社, 2003.
3. 中国生态区划研究. 傅伯杰, 刘国华, 欧阳志云. 科学出版社, 2013.
4. 土壤质量指标与评价. 徐建明等. 科学出版社, 2010.

第5章

水土保持措施规划

【本章提要】本章重点介绍了水土保持工程措施、生物措施和耕作技术措施的规划原则、任务与步骤。同时，就规划中的投入与进度指标的计算也作了概述。

5.1 水土保持工程措施

水土保持工程措施规划包括坡面、沟壑及河道整治、水沙资源利用等内容。

5.1.1 坡面治理工程规划

5.1.1.1 坡面治理工程规划的原则和任务

（1）原则

①以小流域为规划对象，以流域四周分水岭为界，从分水岭到坡脚，从上游到下游，全面规划，建立完整的山坡水土流失防治体系。

②根据土地利用规划，在不同等级的土地类型上，以就地入渗拦蓄或合理排蓄为原则，分别配置相应的治理措施。同时注意工程措施要与生物措施、耕作措施等紧密结合，协调配合，互相促进，发挥其整体最佳效益。

③治理保护与开发利用相结合。根据各类土地防治水土流失的需要，因害设防地部署各项治理措施。在措施选择上，既要重视粮食生产、抓住基本农田（梯田、坝地）建设，还要注重发展经济，使水土保持工作有后劲。

④各项治理措施必须标明在措施规划图上，并标注数量及实施顺序，做到定位、定量和定序，提高规划的可操作性。

⑤在实施顺序安排上，应贯彻先易后难、先近后远、先治上游后治下游，以及先治坡和坡沟兼治的顺序。这样能使投资者先受益，并能保证沟壑工程的安全运行。

（2）任务

规划的目的在于根据水土流失发展规律，消除地面产流的地形条件，做到降水就地入渗拦蓄，或者合理蓄排，充分利用水沙资源，改善农、林、牧地生产条件。因此，工程规划的任务，就是依照规划的目的，根据地形、土质、土地类型、水资源分布特点，结合其他措施，将适宜的工程措施对应配置于坡面，构成一个完整的蓄、渗、引、漫、灌、排相结合，保护与合理利用水土资源的防治体系。

5.1.1.2 坡耕地治理措施规划

根据土地利用规划中需要留作农地的坡耕地，一般要采取三项治理措施：一是在规划期内能整治的，应将其全部规划成高标准基本农田（如水平梯田、隔坡梯田、软埝等）；二是在规划期内暂时不能修梯田的，应采取保土耕作法；三是在我国南方暴雨径流量大、梯田（或山边沟）不能全部入渗拦蓄的地区，应采取坡面小型蓄排工程。在土地利用规划中不宜继续作为农地的坡耕地，要有计划地退耕，然后造林、种草。

（1）梯田规划

①北方旱作梯田　梯田类型选择的原则是一般坡耕地土层较厚，当地劳动力又较充裕的地方，尽可能一次修成水平梯田；地面坡度较平缓，或者是土层较薄的塥地，或是劳动力比较缺乏的地方，可以先修成坡式梯田、草带埝梯田、灌木篱式（如沙柳、沙棘、柠条等）梯田，经多年向下翻土耕作和草、灌带的减流挂淤作用，逐渐减缓田面坡度，最终变成水平梯田；在地多人少，地面坡度不甚陡峭，劳动力缺乏，同时降水量在400mm左右的地方，可采取隔坡梯田，坡面产流汇入平台农地，造成雨水相对富集，利于增产；在土石山区或石质山区，坡耕地中夹杂有大量石块、石砾，修梯田时，可结合处理地中石块，就地取材修筑石坎梯田。

梯田的规划，应遵循以下原则：

a. 贯彻集中治理、连续治理的原则，修一片，成一片，有条件的地方，应考虑小型机械耕作和提水灌溉。

b. 从山顶到坡脚，全面规划，统一治理，并配置好梯田以上未治坡地的水土保持措施，防止径流汇集冲垮梯田。

c. 田块布设大弯就势，小弯取直，连山过堰要水平。田块长度尽可能控制在100~200m以内，以利耕作，也易于修平。

d. 梯田宽度应根据土壤质地、耕作要求、保水性能、灌溉条件、修筑工具和方法等来决定。田面过窄，立体蒸发损失大，田坎占用耕地也多，且耕种不便；田面太宽，耕种虽然方便，但费工费钱，梯埂稳定性差，也不易修平，常造成埂坎崩塌和冲毁现象。从多方面权衡和生产实践考虑，黄土高原的梯田宽在丘陵地区以5~14m为宜；高原沟壑区以10~22m为宜；在土质较沙的黄土和黄绵土地区，人修时，田宽可窄些，在土质较黏和机修情况下，田宽可超过14m。

e. 留好道路。使村庄与农田之间、田块之间、山顶与坡脚之间，路路相通。

f. 梯田不能全部拦蓄暴雨径流的地方，应布置排水设施；在有径流进入梯田的山区上部，应布置截水沟等小型排蓄工程，以保证梯田的安全。

在黄土高原区，塬面比较平缓，塬中心地面坡度1°~3°，塬边坡度7°~10°左右，这类坡地梯田的规划，应遵循以下原则：

a. 以道路为骨架，划分耕作区。在耕作区内布置田宽20~30m（或更宽）、低坎（1m左右）的条田，田面长200~400m，以利于大型机械耕作和自流灌溉。

b. 一般情况下耕作区为矩形或正方形，道路纵横正交，成棋盘状；路宽2~3m，路、渠、林（农田防护林）结合；耕作区道路两端与村、乡、县公路相连。

c. 对塬边有坑洼、小切沟的地方，应结合梯田建设，取土填平，增加耕地面积。

②南方梯田 有水稻梯田、旱作梯田、茶园梯田、果园梯田等类型。此处仅介绍前两类梯田的规划原则：

a. 一般布设在土层较厚，土壤中不夹带沙、砾石的丘陵山麓、山坡和山冲之间。

b. 考虑灌溉条件。如若引用山涧溪水自流灌溉，则最高一台梯田的位置应与引水口高程齐平或略低；若系山塘蓄水灌溉，则最高一台梯田田面高程应与山塘放水卧管(谷称塘坊)底部高程一致，以便灌溉水进入田间。

c. 山塘的蓄水容积应与其控制的稻田面积相适应，一般每座山塘的控制灌溉面积为 3 335～13 340m²，并能抗御 30d 以上的连续干旱。山塘要留溢洪道，以排泄山坡超标准暴雨径流。

d. 稻田要留排水口(又称田坝口)供灌溉时放水(由上台向下台)和排除大暴雨时积水。

（2）坡面小型排蓄工程规划

小型排蓄工程是拦蓄径流和排泄山坡洪水提供灌溉和人畜用水水源的工程措施。

坡面小型排蓄工程的布设应以山坡(坡耕地和荒坡)暴雨径流和冲刷的观测资料为基础，根据 10 年一遇 24h 暴雨径流量和冲刷量。在小流域内以每一个完整的坡面为单元，部署截水沟、蓄水沟、山边沟和排水沟等，并根据一次暴雨径流量(在南方要考虑山塘所控制灌溉面积的多少)确定是全部拦蓄或半蓄半排。

坡面上部为荒坡或者是人工草地、灌木林地、无措施的坡耕地，下部为梯田、保土耕作或造林、种草地带，在二者的接合部，必须修建截水沟，防止上部径流进入下部区域而被冲垮。如上部坡面较长，径流量大，则要开挖数条截水沟。截水沟可以是全部拦蓄或半蓄半排；排出的水量可引入附近蓄水池存蓄，存储后若还有多余弃水，则由排水沟安全排出。总的原则是：多蓄水，排水时要防止冲刷。

保土耕作不能全部入渗拦蓄暴雨径流时，需布设排水沟，保证安全排水。排水沟需种植草皮防冲，并在适当位置布设水窖、涝池、塘坝，存储坡面排水。

（3）坡面灌溉工程规划

①坡面灌溉工程的类型和项目 坡面灌溉工程主要有蓄水灌溉、引水灌溉、提水灌溉、井灌及结合人饮水工程的微灌工程等。

灌溉工程项目有水源工程、输配水工程、灌溉制度和灌水技术选择等。

在黄土高原地区，地形破碎，沟壑纵横，水资源贫乏，耕地多分布在山坡和塬面，耕地与水源的绝对高差多在 50～200m 之间，水利化程度差，属雨养农业区。这里的灌溉工程，除塬面有少量井灌工程和提水工程外，还有结合人畜饮水的果园或庭院微灌工程等。

②与人畜饮水结合的果园微灌工程规划 这类工程水源为恒定泉水或沟中常流水。根据水源位置的高低可分为自压和机压 2 种形式。灌溉用水储水池最好布设在果园的最高处，这样可自压灌溉。

水池的容积，根据泉水涌水量、人口、牲畜数量、灌溉面积等因素来确定。

果园微灌灌水定额为 $180～240m^3/hm^2$。

灌水技术可采用穴灌、小管灌溉、滴灌、地下滴灌、渗灌和微灌等。

③水窖蓄水微灌工程规划

a. 窖址选择。第一，窖址要选择有较大的来水面积和径流集中的地方。生产用的水窖多选在地头、路边和山坡凹洼处。第二，窖址处要土质良好，以质地坚硬、黏结性强的胶土最好，硬黄土、黑垆土次之。从土的节理上看，立土较好，卧土差。土层要深厚均一，无裂缝、陷坑和洞穴，以保证水窖坚固、耐用、不漏水。第三，要有好的地形和环境条件。窖址要远离裂缝、陷穴、沟头和沟边。崖坎窑窖要选在高度在3m以上的崖坎底下。窖址距离树木、房屋等建筑物要有一定距离，以免树吸水钻穿窖壁，或是水窖损坏危及建筑物安全。第四，要尽可能临近水利设施。在有条件的地方，窖址的选择尽量和附近的井、渠、涝池、抽水站串联起来，调剂余缺，提高水窖蓄水次数。

b. 来水量的计算。有径流观测资料的地方，可根据径流量直接计算来水量。若无观测资料，可查阅当地水文手册，或通过调查当地的降雨、径流和原有水窖雨水收集情况，估算来水量。

c. 水窖容量的计算。水窖容量的大小，除窖址土质外，还与水窖形状和规格关系很大。黄土高原的水窖有截圆锥台体(缸扣缸)式、拱形截圆锥台体(锅扣锅)式、枣核式、灯泡式、拱形窑窖和崖坎窑窖多种。其容量计算可按一般的立体几何方法进行。

d. 水窖数量的计算。在集流面积较大的村庄、胡同和道路旁挖水窖时，数量往往很多，形成水窖群；还有一些地方来水量充足，但土质条件不好，不宜打大窖，可打小窖，分段拦蓄洪水。

e. 用水量的计算。主要指生产用水，其用水参数可参见表5-1。个别旱区也可考虑作为生活用水，用水量可通过实地调研获取。

表 5-1 水窖区生产用水参数

项目	单位	每天(每次)用水量(kg)	规划每天(每次)用水量(kg)	需水天(次)数	年需水量	
					kg	m³
大牲畜	头	30~40	45	365	16 000	16.0
猪	头	20~25	30	365	11 000	11.0
羊	只	3~4	5	365	1 800	1.8
抗旱点浇	亩	5 000	6 000	1	6 000	6.0
果树滴灌	亩	12 000~16 000	15 000	2	30 000	30.0
作物补灌	亩	20 000~30 000	25 000	1	25 000	25.0
喷药	亩	1 000	1 000	1	1 000	1.0
沤粪	户	250	250		250	0.25

f. 灌溉制度及灌水技术。水窖存水有限，对果树只进行需水关键期灌溉，一年一般2~3次，灌水定额180~240m³/hm²；可抗旱点浇，关键期补充灌溉。水窖灌水技术一般采用膜上灌(穴播)、滴灌、穴灌等，用管道输水，可减少灌溉水的传输损失。

④山塘蓄水灌溉工程规划　我国南方丘陵山区水稻，在无常流溪(河)水地区，主要靠山塘蓄水灌溉。山塘，是一种容量较大的蓄水池，傍山腰(或山麓)构筑，或于分水鞍、居民点附近以及山冲中央平地开挖而成。

山塘位置选择：第一，要选择有较大集流面积和径流汇集的地方。第二，要选在黏结性强、透水速率微弱的土质基础上。第三，山塘的位置高程，一般要高过最高一台梯田的田面，以便自流灌溉。每座山塘要留溢洪道，以排泄超标准洪水。第四，山塘的集水坡面上要做好水土保持，以防止山坡冲刷下来的泥沙淤塞山塘。第五，尽量与一些较大的引水灌溉工程渠系串联一起，以利平时引渠水回灌山塘，提高山塘的利用率。

山塘蓄水容积的计算：山塘的容积根据来水和需水两方面来考虑。需水根据单位面积稻田的日耗水量和需要抗御连续干旱的天数来制定；若来水大于需水时，就要考虑排水或缩小山塘开挖容积；若需水大于来水，则要缩小灌溉面积，改种旱作或者另行开辟水源，或是推行水稻节水灌溉技术。

（4）坡面道路工程规划

①黄土丘陵沟壑区道路规划

主线道路布置：根据居民居住情况和山坡基本农田（水平梯田）的分布情况，选择几条较大的支毛沟，将干道布置在沟道里。以支毛沟与支沟或干沟的交汇处适当高程点和"悬口"（沟壑与沟掌之连接处，图 5-1）上缘为基准点，选择土质较好的一岸开挖道路。路面宽度 4～5m，横断面呈弓形，以利分散径流，防止路面冲刷。道路靠崖一侧，要修排水沟。道路外侧及排水沟内须植树种草，防止水土流失。

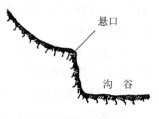

图 5-1　沟道纵断面

田间道路布设：道路布设要解决好 3 个问题，即位置、每条道路控制梯田的适宜长度、道路的结构形式。

a. 道路的形式。道路的形式有 2 种："S"形和"Z"形。在梁嘴、长梁的两端和山峁（山圪塔）等地形上，道路常修成"S"形，这样可使道路始终控制在最合适的位置上，其缺点是急转弯太多。在长梁的两侧、沟间地等地形上，梯田道可规划成"Z"形，这样坡度比较平缓，急转弯少。

b. 田间道路结构。田间道路结构形式也有 2 种：剪刀形和鱼弯形（图 5-2）。

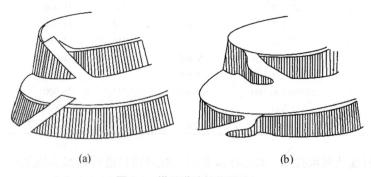

图 5-2　梯田道路结构形式

（a）剪刀形　（b）鱼弯形

剪刀形道路：路体直接插入田中，状似剪刀。这种形式的道路缺点较多，田中积水易流入道路，发生冲刷；伸入田内的道路切断了犁路，产生弃耕区。

鱼弯形道路：路体在梯田埂线外边，梯埂与路分离，因此耕作方便，没有弃耕区，且鱼头部上仰，路面与梯田蓄水埂线齐平。梯田内的积水不会流入道路，侵蚀轻微。另外，这种道路常位于凸形坡部位，路体大部分系挖方，坚固稳定。

　　c. 每条道路控制梯田适宜长度。根据经验和计算分析，每条道路控制梯田的长度最长不超过150m。

　　②黄土高原沟壑区沟坡道路规划　沟坡道路可分为干线和支线。干线以塬面村庄为起点，以流域分水线为基线，直达塬边控制全流域。支线可在干线适当位置选择一点为起点，向下通过沟坡阶地和低阶地间，控制全流域。

　　从便利耕作运输要求出发，沟坡生产单元道路密度以4.0~4.5km/km²较为合适。

　　③南方丘陵山区道路规划

　　a. 干道。为村际、乡际的通道，常沿山麓、分水鞍及山冲沟渠岸边或山冲一侧通过，是通往田间作业、运输的主要通道。

　　b. 支线。由每丘稻田的田塍(田埂)构成，宽度0.7~1.0m，为田间小路。南方水稻产区，寸土如金，有时田塍上还种有瓜、豆等作物，田塍高出田面20~30cm，主要起拦蓄雨水作用。

5.1.2　沟壑治理工程规划

5.1.2.1　沟壑治理措施总体配置原则

　　沟壑治理措施，须坚持上下游、左右岸全面规划、沟坡兼治、统筹配置的原则。沟头上部坡面需修梯田和蓄水工程，沟头处修沟头防护工程，沟缘修沟边埂，支毛沟修谷坊、谷坊群，支沟、干沟修淤地坝、拦泥防洪坝和小水库等，泥石流沟道修拦砂坝。丘陵沟壑区应以淤地坝为主，配置好骨干工程，形成以淤地坝为主的水土保持工程体系，发挥拦泥、防洪、淤地的最大效益。高原沟壑区应以塬坡面梯田和沟道小水库为主，配置好支毛沟谷坊、水库上游拦泥坝和沟坡水平沟、水平阶、鱼鳞坑等。

5.1.2.2　沟头防护工程规划

　　(1)蓄水式沟头防护工程

　　①埂墙涝池式　在道路绕过沟头的地方，可修成埂墙涝池式(图5-3)或埂墙林带涝池式(图5-4)。埂墙高度1m左右，是为行人、车辆和牲畜的安全和阻止水流下沟、围绕沟头修筑的墙或埂，并在其上游适当地点，开挖涝池，拦蓄来水。涝池按拦蓄10年一遇24h暴雨来水量计算。

　　②围埂林带式　在集流面积不大，沟头上部形状为扇形，坡度比较均匀的农田边沿，可采用围埂林带式。其工程措施是：围绕沟头修筑围埂一道，埂高1.0~1.5m，长度视沟头具体状况而定，并每隔20m修一横向土堤，阻止洪水在围埂内侧向流动、集中；围埂与沟缘线之间的破碎地带种植灌木；围埂内侧种植10m宽左右的乔灌混交林；坡面构筑田间工程，使坡面降水就地入渗拦蓄(图5-5)。

　　③多级坝埝式(图5-6)　黄土高原沟壑区和阶地区，沟头上多接胡同，若胡同内无居民，则分段修筑坝埝、蓄水堰，并结合胡同道路布设，坝埝高度与两岸地面等高，以利道路通行，胡同内可种植树木。

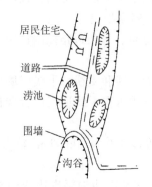

图 5-3　埂墙涝池式沟头防护工程

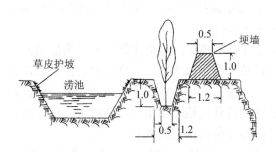

图 5-4　埂墙林带涝池式沟头防护工程

（单位：m）

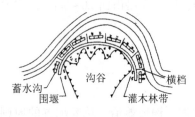

图 5-5　围埂林带式沟头防护工程

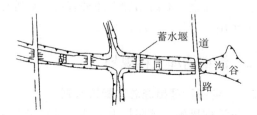

图 5-6　多级坝埂式沟头防护工程

（2）排水式沟头防护工程

在沟头以上来水量较大，或者是沟头侵蚀对村镇、交通要道以及其他重要设施威胁较大，同时又没有条件修建蓄水式沟头防护的地方，可布设排水式沟头防护工程。

（3）胡同墙式沟头防护工程

在黄土塬区，常因两沟沟头之间道路有被切断的危险，这时就需在道路两侧修建土墙进行保护，并在土墙两头修陡坡式排水工程，分散路面径流。这类工程在塬区公路上常可见到。

（4）沟埂片林式防护工程

在集流面积不大，沟床下切不甚严重的宽梁缓坡丘陵区，在沟头开沟筑埂拦截径流下沟，沟坡及沟头成片营造灌木林（如沙棘、柠条、沙柳等），这种沟头防护工程措施在内蒙古鄂尔多斯市黄土丘陵砒砂石区被广泛使用。

5.1.2.3　支毛沟治理工程规划

支毛沟治理工程主要有各种谷坊或谷坊群，如植物谷坊、土谷坊和石谷坊等。

谷坊或谷坊群主要布设在沟底比降较大（10% 以上）、下切侵蚀活跃的支毛沟上游。谷坊的密度以下一个谷坊顶部与上一个谷坊跟部大致等高为原则，使每座谷坊淤平后其淤泥面比降保持到 1%～2%，不再产生冲刷。谷坊一般就地取材，丘陵地区多为土谷坊，土石山区和石质山区多为石谷坊，比较潮湿的沟道，或沟道附近有柳树的，可修柳谷坊。在有些地方还可修竹笼（或铅丝笼）卵石谷坊。

谷坊一般按10~20年一遇24h暴雨设计。土谷坊(或系中间填土的柳谷坊)应设溢水口,石料谷坊顶部可以溢流,填石柳谷坊中间可以透水。

5.1.2.4 主干沟道治理工程规划

(1)淤地坝工程规划

淤地坝主要布设在沟谷比较开阔,坝址口小肚大的沟段,布坝密度须注意下坝淤泥面末端应距上坝坝址10~20m外,避免上坝渗水造成下坝土地盐碱化。

淤地坝的坝高与地形、坝所控制的集水面积内的来水量、来沙量、投资投劳、淤满年限、枢纽工程的组成等情况有关,应综合考虑,合理确定坝高、库容等。建坝顺序一般淤平第一座后,再修第二座,以尽快获得种植效益。避免上下几座坝同时施工,使泥沙来源分散,延迟淤平种地受益时间,并增加坝内蓄水渡汛危险。

要遵循"坡沟兼治"原则,加强坡面工程蓄水拦泥措施,确保沟道坝、库安全运行。

集水面积较小($1km^2$以下),沟道无常流水,淤地坝可只设简易明渠溢洪道,不设泄水洞;有常流水的,可只设泄水洞,不设溢洪道,但需经过水文计算,确保排洪安全。

要加强对泉水和常流水的收集利用,建立健全蓄水和排水系统,防止坝地土壤次生盐渍化,并注意发展坝地灌溉。对已淤平并进行种植的坝地,应规划坝地洪水漫淤、防洪保收、防碱治碱等工程体系,保证坝地高产稳产。

(2)治沟骨干工程规划

根据小流域沟道分布特点,集流面积大小与暴雨洪水情况,治沟骨干工程可布设在沟道上游、中游或下游,其主要任务是依靠较大库容($50×10^4~100×10^4m^3$或更大)拦蓄暴雨洪水,保证淤地坝和小水库或坝系的安全。

治沟骨干工程的设计洪水标准,依照《水土保持治沟骨干工程技术规范》(SL 289—2003)执行。

5.1.2.5 沟道坝系规划

(1)坝系规划布设的一般原则及方法

在沟壑治理中,为实现川台化的要求,在一条流域中所修建的坝库群体称为坝系。一个坝系可以包括若干个子坝系。各坝的作用可以有所不同。淤地种植的称为生产坝,蓄洪调洪的称为拦洪坝,蓄水灌溉的称为蓄水坝。这种以生产、拦泥、防洪、灌溉相结合的一组坝群构成坝系。一个好的坝系应拦泥多,淤地多,防洪保收好,种植早,效益大,综合利用水沙资源好。

①坝系布设的原则 坝系应在小流域综合治理规划的基础上,统筹安排,全面规划;坝系应做到拦、蓄、淤、灌、排相结合,充分发挥坝系的群体作用,使流域内的水沙资源充分得到利用,获得最大经济效益;以小流域为单元,干支沟、上下游、左右岸统筹规划,坡沟兼治,综合治理;各级坝系要自成体系,相互配合,联合运用,并设控制性的骨干坝作为安全中坚工程,为防洪保收提供保障;对分期施工加高的坝,规划时应考虑到溢洪道、放水建筑物在坝高达到最终设计高程时仍能合理地重新布设;形成的

坝系应运用方便、灵活。如排蓄问题、原有泉水利用问题、减少占地和坝地盐碱化问题，以及其他事业(如交通、煤矿开采等)的发展影响问题等，都要尽可能地事先考虑周全。

②坝系布设方法 坝系有干系(干沟上的坝群)、支系(支沟上的坝群)和系组(沟道中分地段划分组的坝组群)3 个类别，每个系都应有控制性的蓄洪拦泥坝和生产种植坝，并在坝系拦泥、淤地、生产、防洪、控制水沙运行中自成体系。

在一条流域中或一条沟道中，什么地方建坝，建几座，哪个坝为控制骨干坝，哪个坝为生产坝，哪个坝为蓄水坝等，都要根据沟道地形、水沙来源、利用方式以及技术经济上的可能性和合理性来确定，这是一个比较复杂的技术经济方案比较问题，应慎重对待，以确定最佳方案。

根据多年实践经验看，比较好的坝系布置形式大体有下列几种：

a. 小多成群，全面利用。这种形式主要适用于流域面积小于 1km² 的无常流水沟道。坝系一般由一个系组、几个小淤地坝组成，并在沟道上游设拦洪坝，保证下游各坝安全生产，其具体布置如图 5-7 所示。图中主沟 1、2 号坝及支沟 5、6 号坝作为生产坝，2、4 号坝及支沟 7 号坝为拦洪坝，主沟 2 号坝淤地面积大，库容大，可得到整个沟道径流泥沙。

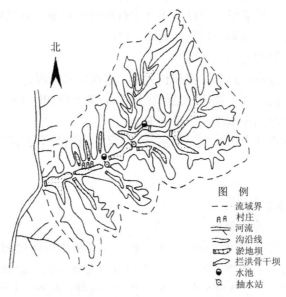

图 5-7 埝汇沟小多成群、全面利用的坝系布置形式

b. 坝、井、地、洞紧密结合，防洪、防碱、蓄水灌溉。这种布置形式较好地处理了淤地、用地和养地与合理利用水沙资源的关系。适用于有常流水和小股泉水小流域。陕西省米脂县对岔沟小流域即属此种坝系布置形式(图 5-8)。该沟流域面积 4.6km²；沟内有泉眼 10 个，常流量 2L /s；沟中建坝 16 座，可淤地 22.67hm²，已淤 18.67hm²，先后在主沟上游和较大支沟上建成 2 座骨干坝(只设泄水涵洞，未设溢洪道)，控制上游洪水泥沙，坝上游兴建 3 个蓄水池，蓄水容积 4.7×10⁴m³，承纳骨干坝下泄和渗出的清水，

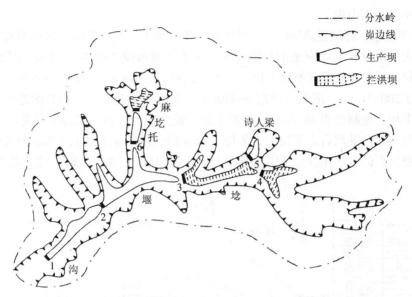

图 5-8 对岔沟流域坝、井、池、洞紧密结合的坝系布置形式

并在沟道下游箍洞(排水,降低地下水位)劈山填沟造地,扩大坝地面积,生产坝一侧接收山坡径流,另一侧开挖排洪渠。这种布设模式,形成坝、井、池、洞紧密结合,防洪治碱、蓄水灌溉,洪水、泥沙、清水都得到充分利用。

　　c. 大小综合,骨干控制,滞洪排清。这种形式适用于 6~10km² 以下的小流域沟道治理,其布置形式如图 5-9 所示。它是陕西省绥德县王茂沟流域坝系,该沟流域面积 5.97km²,共有淤地坝、拦洪骨干坝、水库 20 座,中上游设拦洪骨干坝,"轮蓄轮种,滞洪排清,全部利用"。生产坝按 20 年一遇洪水加 3 年淤积量设计坝高,并修泄水洞以防连续洪水危害;骨干坝采用 50 年一遇洪水设计,以一次洪水总量再加 5 年淤积量作为防洪库容,并修泄水洞。

　　王茂沟坝系共淤出坝地 24.48hm²,堰窝地 6.33hm²,拦泥 119.71×10⁴m³,占流域总流失量的 51%,平均拦泥 6 684m³/km²。它是防洪、拦泥、生产相结合的典型。经验说明,这种类型流域的沟道,坝的密度以 3 座/km² 较为合适,计划淤地面积与流域集水面积之比以 1/20~1/10 为宜。骨干坝设计标准要高,宜采用高坝大洞,大库容拦蓄径流泥沙控制洪水,大洞排清提高坝地保收率和滞洪能力,一次设计分期加高较为经济。

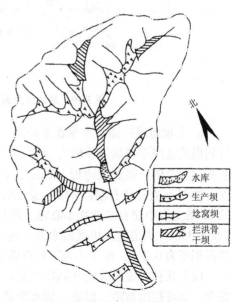

图 5-9 王茂沟坝系布置形式

目前王茂沟坝系，20 座坝平均坝高 15.1m，总库容 265×10⁴m³，可淤地 41.09hm²，已连续多年洪水不出沟。

d. 建库蓄水，打坝拦洪保库，引洪漫地，增强地力，发展灌溉。这种形式适用于流域面积较大且山麓有大片垌地的丘陵地区。坝系规划布设如图 5-10 所示。图 5-10 为靖边县龙洲村流域坝系与引洪漫地工程。该流域面积 24.3km²，1970 年在下游建成土桥水库，库容 2 200×10⁴m³，灌溉荒沙垌地 440hm²。在水库上游大沟岔内打淤地坝 5 座并建成一座拦洪坝，控制面积 18.2km²，保护下游不被淤积，并利用大沟岔与龙洲大垌相连的有利地形，在拦洪坝右岸开挖了一条长 7.5km 的引洪干渠和总长 80km 的支渠。暴雨时将拦洪坝以上的洪水泥沙全部引入龙洲大垌，淤漫农田 196.67hm²，变沙荒为良田。

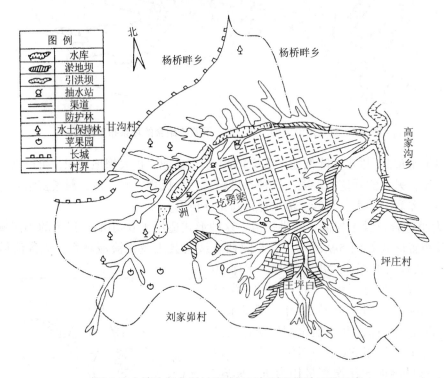

图 5-10 靖边县龙洲村流域坝系与引洪漫地工程示意

e. 上坝滞洪拦泥，水库蓄水灌溉，支沟打坝淤地，坝库结合，综合利用。这种坝系规划模式适应于流域面积较大沟道。图 5-11 所示为流经子洲县和横山县的石窑沟流域坝系布设示意图。该流域面积 192km²，在沟口建有库容为 1 590×10⁴m³ 的电市水库，在水库上游 5km 处修建有坝高 41m、总库容为 1 600×10⁴m³ 的磨石沟拦泥淤地坝，在流域内的 11 条支沟中建有淤地坝 140 座，累计总库容 3 960×10⁴m³。水库为子洲、绥德两县的 1 533.33hm² 川道地提供灌溉水源。电市水库运行 9 年后测量，只淤积泥沙 99×10⁴m³，年淤积率为 0.7%，每年还为下游提供 200×10⁴m² 的灌溉用水。

以上几种布设形式的共同特点是：①均建有一定控制面积的拦洪骨干坝，确保坝系安全。②可拦洪蓄清，淤地，清水灌溉，充分利用水沙资源，防止水土流失。③坡沟兼治，治沟工程措施与坡面工程措施、生物措施、耕作措施紧密结合，相辅相成，以工程养生物，生物护工程，全面规划、综合治理、集中治理、连续治理。

（2）坝系形成和建坝顺序的规划

①坝系形成顺序　顺序应根据工程量、人力、财力及难易程度而定，一般有3种顺序。

a. 先支后干。即先在支沟形成坝系后，再在干沟形成坝系。这种顺序易于实施，比较安全，适合目前户包或联户承包修建。

b. 先干后支。与上相反，即先在干沟形成坝系，然后再在支沟形成坝系。这种顺序开始打坝就要投入较多的人力和财力，它适合于干沟宽阔、支沟狭窄、劳动力多等地方。优点是坝地淤起快，但有一定的风险，要注意坡面上的同步治理，以保证沟中坝系安全。

c. 以干分段、按支分片、段片分治。这种顺序适合于流域内人口较多、工程量不十分大的坝系，分片划段实行包干治理，小集中，大连片。

上述3种顺序应因地制宜而定。

②建坝顺序　坝系中无论是干系、支系或系组，当坝的密度确定后，就要确定建坝的顺序（包括建坝的间隔年限）。一般顺序也有3种。

自上而下，从上游向下游分段建坝，依次形成坝系：这种顺序易于实施，工程规模不大，节节拦蓄比较安全。缺点是坝系形成慢，上游无坝拦蓄洪水，防洪保收不可靠，又无法灌溉。

自下而上，从下游向上游逐座构筑形成坝系：它是从沟口逐渐向上游推进建坝，可以先打一坝，也可同时打两坝，上坝拦泥拦洪，下坝蓄清灌溉川台地。优点是控制面积大，拦泥多，淤地快。缺点是初建坝工程量大，投工、投资大，洪水来量大，有一定风险。

上述2种方式的混合：即在主沟沟口，干沟中、上游都打坝。优点及适用条件介于二者之间。

建坝的间隔年限通过优化分析，一般当下坝集水面积与淤地面积之比为40时即可开始打上坝。因为比

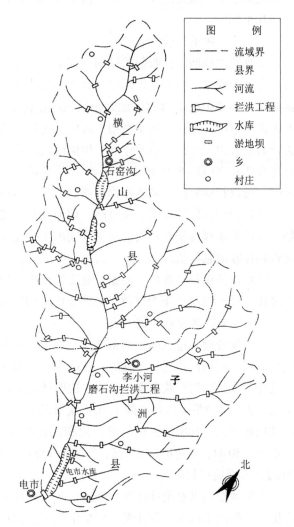

图 5-11　石窑沟流域坝系规划

图　例
- ----- 流域界
- —·—　县界
- 〜〜　河流
- 拦洪工程
- 水库
- □　淤地坝
- ◎　乡
- ○　村庄

值太大时坝地面积尚小，防洪能力差，保收率低；比值小时坝利用时间推迟，效益减少。

关于布坝密度问题，小流域布坝密度与工程规模、防洪标准、淤地速度、利用迟早、收益多少、造价等密切相关。通过优化比较，发现淤地面积、保收面积、工程量随布坝密度的增加而增加，对于 $3km^2$ 左右的小流域，布设 4~6 座坝为合适，以 5 座为最优。

5.1.2.6　坝地防洪保收工程规划

坝地水肥条件较好，是黄土高原重要的基本农田之一。但在黄土高原丘陵沟壑区，汛期降雨多以暴雨形式出现，坝地作物在生长期中常遭受不同程度的洪涝灾害，严重影响到淤地坝工程效益的发挥。在确保淤地坝拦泥的同时，为保证坝地安全生产，需解决下面几个问题：

（1）坝地防洪保收标准

①坝地作物防洪保收的关键期　坝地防洪保收的关键，在很大程度上取决于降雨的时空分布及强度。根据气象部门将日降水量大于 50mm 定为暴雨的标准。黄土丘陵沟壑区的暴雨多集中在 7~8 月，此时正值坝地作物生长发育的旺盛时期，只要这段时间作物不被洪水淹没，则保收基本有望。因此，可将 7 月中旬至 8 月中旬定为坝地防洪保收的关键时期。由于生长季节的差异，坝地防洪保收关键期，晋西可定在 7 月 10~31 日；陕北定在 7 月 20 日~8 月 10 日；宁南、陇中定在 8 月 10~31 日。在进行防洪保收能力分析时，可以相应时段内坝地作物的株高作为分析计算的依据。

②坝地允许的淹水深度及时间　坝地允许的淹水深度，依作物株高而定。对高秆作物，允许淹水深度相对较大。在关键期内可把淹深 60cm、淹水时间 7 昼夜，作为衡量坝地作物保收的临界值。

③坝地防洪保收标准　根据农业灾情标准，坝地淹水后作物实际产量与正常年份产量之比，减产 30% 以下为保收；减产 30%~50% 为基本保收；减产 50% 以上为不保收。

（2）坝地防洪保收工程规划

①布坝密度　适宜的布坝密度，是坝地防洪保收的重要条件之一。布坝密度可通过坝地面积与流域面积之比来反映，该值愈大，说明该流域布坝密度大。坝地面积大，则拦洪能力强，防洪保收率高；反之，说明该流域内布坝密度低，拦洪能力小，防洪保收率低。表 5-2 列举了晋西、陕北几条流域的布坝情况。这些流域已基本实现水沙平衡，达到坝地保收，其坝地面积与流域面积之比都在 1/20 左右。当坝地面积与流域面积之比小于 1/50 时，属初步利用阶段；比值为 1/20~1/50 时，属基本保收阶段；比值大于 1/20 时，属坝地保收阶段。

②坝地排洪洪水设计标准　坝地一侧开挖排洪渠，是坝地防洪保收的关键。排洪渠应按多大的洪水标准来设计呢？根据山西水土保持科学研究所对晋西、汾西等地排洪渠设计洪水与坝地保收效益等研究表明：排洪渠的洪水设计标准，选取 20 年一遇 24h 暴雨产流量较为合适（图 5-12）。

表 5-2　晋西、陕北小流域布坝情况

流　域		流域面积 （km²）	坝数 （座）	布坝密度 （座/km²）	坝地面积 （hm²）	坝地面积与流域 面积之比
汾西县 康和沟 流域	河子沟	0.551	9	16.33	4.267	1/12.80
	寨　沟	0.175	3	17.14	0.667	1/25.00
	南阳沟	0.675	11	16.30	6.400	1/10.50
	井　沟	0.283	9	31.80	2.600	1/10.90
	石泊沟	0.166	3	18.07	0.933	1/18.40
	解角沟	0.147	2	13.61	0.667	1/21.00
	罗罗沟	0.092	4	43.48	1.133	1/8.40
	炭窑沟	2.768	44	15.90	20.867	1/13.30
	独堆沟	0.454	21	46.26	3.533	1/13.00
	支沟小计	5.329	106	19.89	41.067	1/11.23
	全流域	48.800			434.733	1/11.23
离石	王家沟	9.10	21	2.31	35.730	1/25.50
	王家沟（远景）	9.10	21	2.31	46.933	1/19.39
绥德	王茂沟	5.97	20	3.35	28.520	1/20.93
米脂	对岔沟	4.60	16	3.48	18.670	1/24.64
	对岔沟（远景）	4.60	16	3.48	22.670	1/20.29
汾西	白家河	13.34	179	13.42	109.853	1/12.14

③坝地排洪渠规划布设　当坝地面积与其所控制的区间集流面积之比大于 1/50 时，可考虑在坝地一侧开挖排洪渠。排洪渠的渠道应与上坝的涵洞出口（或溢洪道出口）相接，渠尾则与本坝的溢洪道或放水建筑物相接。

排洪渠上应设置引洪口和退水口。引进流量的设计以能满足引洪漫地的要求为依据；退水口的设计以在 5~7d 内能泄完坝地内的积水为限。

对于较长且面积较大的坝地，可垂直排洪渠方向设置格坝。格坝断面尺寸可采用顶宽 1.0~1.5m，内外侧边坡均不陡于 1.0∶1.5，坝高 1.0~1.2m。格坝间距视坝地的纵坡面定，一般以 200m 左右为宜。

对两侧支沟较多或位于两大支沟汇流处的坝地，其排洪渠的设置应根据具体情况通过方案论证比较而定。

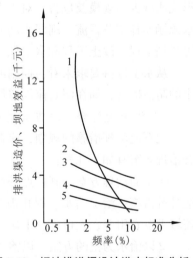

图 5-12　坝地排洪渠设计洪水标准分析
1. 设计洪水与效益关系曲线
2. A=0.02 时设计洪水与投资曲线
3. A=0.05 时设计洪水与投资曲线
4. A=0.10 时设计洪水与投资曲线
5. A=0.20 时设计洪水与投资曲线

5.1.2.7 泥石流防治工程规划

（1）泥石流综合治理原则

泥石流综合治理原则，是指根据泥石流的形成机理、发展状况、基本性质和治理要求而采取的治理措施原则。这些原则归纳起来是：工程措施与生物措施相结合，上、中、下游统一规划，山、水、梯田综合治理。具体要求是：

①全面规划，重点突出　根据泥石流的流域环境和形成条件（流域中上游土、水、地形），上、中、下游全面规划。水体补给区以调节径流为主，土体补给区以稳定土体为主。对泥石流形成的关键区或主灾段，作为全流域治理的重点，集中大部分治理措施。

②工程措施与生物措施相结合　众所周知，水土保持从长远来看，生物措施见效慢，长远作用大；工程措施见效快，但超过使用年限或发生超设计标准暴雨径流，工程会失效或被破坏。故在泥石流的治理上，应取长补短，对已破坏的山体，尤其是滑坡、崩塌活动十分强烈的沟段，应先采取工程措施稳定滑坡，解"近渴"，而后进行造林"根治"。对泥石流活动不强烈、滑坡规模小的沟段，以及山坡坡度较缓的地段，应以造林为主，着眼长远。总之，对于泥石流的防治，应因地制宜，生物措施与工程措施相结合，长远治理措施与近期治理措施相结合，使治理效益达到最佳。

③综合治理，主次分明　泥石流往往是由多种因素作用形成。因此，应采用综合措施来治理。如采取稳定山坡措施、调节洪水措施、造林和改革耕作制度措施等，制止其形成或减少其规模及危害。对水力类泥石流，一般应以治水为主，设置引、蓄水工程和水源涵养林调节径流，削弱水动力，防止其形成。对土力类泥石流，应以治土为主，设置拦挡工程、改土工程和水土保持林稳定土体，防止其形成。

从水土保持要求来看，控制泥沙、石块下泄，阻止水土流失，主要应采用以拦挡为主的防治措施，如在泥石流沟道修建拦砂坝等。

（2）泥石流综合治理方案措施

泥石流治理措施的规划，应在泥石流综合治理方案的基础上进行。常用的泥石流综合治理方案有如下几种：

①全面治理方案　其特点是在整个泥石流流域内，采取蓄水、拦挡、改土、排导和造林等措施；治土治水、制止泥石流的形成，控制其危害。这种方案适用泥石流活跃，流域下游农田多、人口多、工矿企业多的地区。

②以治水为主的方案　以治水为主的方案，首先是用引水、蓄水和截水等工程来控制径流、引排洪水、削弱水动力。其次是修建拦挡工程、植树造林稳定部分土体。这种方案适用于土力类泥石流沟道。

③以生物措施为主的综合治理方案　这种方案适用于坡度平缓、崩塌滑坡少、表土流失强烈，且有局部冲刷的泥石流沟道。国外防治泥石流的方案有亚洲型、欧洲型和美洲型3种类型。亚洲型以日本为代表，以恢复森林植被和防冲、拦蓄工程（谷坊、拦砂坝群）相结合为特点；欧洲型主要以植树造林和防护工程相结合为特点；美洲型以美国

为代表，主要以采取工程措施为特点。这些不同类型措施方案，因各国泥石流地区自然特点及经济条件不同而异。我国是以工程措施与生物措施相结合为特点，与欧洲型、亚洲型基本一致。

（3）拦砂坝布设规划

①用于稳定滑坡的拦砂坝　应布设于滑坡体下游滑坡和滑冲坡脚线最远点处的沟段上，这种拦砂坝在滑坡体未塌以前，可以拦挡一定泥石流淤积体，有助于稳定滑坡；当滑坡体塌滑时，也可减少冲滑力，减轻破坏程度。

②用于拦蓄泥石流的拦砂坝　应布设于泥石流的形成区沟段上，对泥石流频繁发生的沟段，应节节拦蓄，分散冲淤体，以免单坝破坏。

③用于防治冲沟泥石流发展、稳定边坡、保证生物措施尽快收效的毛支沟中的拦砂坝　这种拦砂坝的一般高度小，属谷坊，常以谷坊群的形式布设支毛沟床，拦蓄来自上游的泥沙石块于沟谷中。

④用于防止沟壑侵蚀，减少泥石流的固体物质来源的拦砂坝　这种坝通常布设在侵蚀严重的泥石流沟道上，在侵蚀性沟段建低坝形成阶梯坝群，拦沙不多，主要是减缓纵坡，稳固沟床，保护坡脚。

5.1.3　河道整治及水沙资源利用工程规划

5.1.3.1　河道整治规划的原则及任务

为了使河道给人类的生产和生活带来方便，消除危害，向有利的方向演变，就需要对河道进行整治。但由于生产部门不同，整治的要求也不同。水土保持部门从防洪防侵蚀出发，对河道的要求有：

①每一河段必须有足够的泄洪断面，能通过该河段的设计洪水，不致造成对两岸的淹没、冲刷和破坏。

②河道应通畅且无过分弯曲和过分束窄段，避免顶冲和横向侵蚀，以及因泄洪不畅而招致危害。

③对于不利的河段，塌岸时有发生，危及人民生命财产安全，或有潜在的祸患，应采取适当措施加以整治。

④修建的整治工程，应当坚固耐久，否则，会酿成更大危害和土壤侵蚀。

根据这些要求，河道整治规划应遵循的原则有：

①从全局出发，兼顾上下游、左右岸，综合治理。

②因势利导，重点整治。所谓因势利导，是对时间、地点而言。因为处在变化的河道，对某些地区而言，可能有利或不利，或还在向不利的方向发展，要对不利的情况加以治理，使其转向有利的方向发展。

③发动群众，就地取材，密切与群众的生产、生活相结合，节约资金，调动群众的积极性。

5.1.3.2 河道治导线规划

治导线又称整治线，它是河道经过整治后，在设计流量下的平面轮廓。制定整治线的基本原则是，必须使水流在沿着这样的整治线流动时，产生的侵蚀最小，综合效益最好。整治线的规划极为重要，因为整治线一经确定，治理后河槽的位置、工程建筑的布设也随之确定。于是，工程量的大小以及发挥效益的好坏也就确定，甚至决定工程的成败。

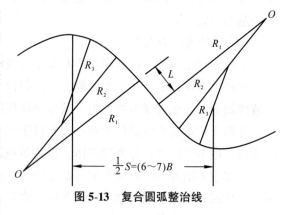

图 5-13 复合圆弧整治线

整治线的形式主要有 3 种，即蜿蜒形、直线形和"绕山转"形。

(1) 蜿蜒形

蜿蜒形河道的河线呈弯曲状，天然河道外表一般都是此种形式。其特点是河身由正反相间的、具有一定曲率的弯曲组成，两弯之间夹有较为顺直的过渡段，如图 5-13 所示。

根据大量实际调查，河道的外形尺寸与河宽 B 之间存在某些经验关系，阿尔图宁建议用下式确定曲率半径的变化。

$$R_1 = (7 \sim 8)B$$
$$R_2 = (5 \sim 6)B \tag{5-1}$$
$$R_3 = 3.5B$$

式中 R_1，R_2，R_3——分别为从连接直线段到曲线顶端的曲率半径(m)；

B——直线段河宽(m)。

直线段 L 不能过长或过短，过长会造成过渡段的淤积，过短会形成环流冲刷。一般可取为：

$$L = (1 \sim 3)B \tag{5-2}$$

整治线 2 个同向弯顶点之间的距离，按下式控制：

$$S = (12 \sim 14)B \tag{5-3}$$

式中 B——整治线间新河槽断面宽度(m)。

根据式(5-3)，可以将整治线设计成蜿蜒形。但在实际工作中，由于受地形、河道现状及其他多方面因素的影响，很难按照理想的几何曲线来布置整治线，而是依据现有河槽的走向和外形，就势采用自然曲率的形式，将上下游平顺地连接起来。对已发挥作用的工程，半径大的弯道尽可能地加以利用，而对曲率半径小的急弯，才采用截弯取直、重新规划整治线。

蜿蜒形河道符合自然规律，整治工程易于持久保存。但河道占地面积较大，滩地造田相应减少，而且沿河土地两岸相间分布，不便于整片经营管理。它一般适用于流域面积大、河谷宽阔、常流水较大的河流。

(2)直线形(顺直线)

整治线基本为一直线,河道在整治线的控制下成顺直河道,规划时根据河道的现状和地形,可以从上游到下游分成若干段,这样可以缩短河长,增加造地面积,便于经营耕作。洪水在直线形河道中流动顺畅,阻力小,顶冲和掏刷没有蜿蜒形河道严重和集中。但是,直线河槽并不符合水流的自然运动规律,势必造成新的顶冲点,一方面因比降的改变不断下移,这样不仅要在两岸修建沿河建筑物,而且对防护和整治工程的布设带来困难。因此,直线形整治线常用于小河流。

(3)"绕山转"形

"绕山转"形实际上是上述2种形式在应用中的变化。人们在改河造地、治沟造地中,往往把河道留在一边,以便取得较大的造地面积和经营管理的方便,这样新成的河道就绕山边回转流出。一般多修在阴坡。这种形式的河道同蜿蜒河道一样需要进行防护,另外工程量较大。

5.1.3.3 水沙资源利用工程规划的原则和特点

水沙资源利用工程规划主要指用洪用沙工程规划,是为了防止水土继续流失所采取的就地洪漫淤农田的工程。利用坡洪、路洪、沟洪、河洪漫灌农田,不仅可提高粮食产量,改良土壤,扩大耕地面积,而且还可减少河流洪水泥沙,变害为利,是水土保持中一项有效措施。

(1)用洪用沙工程规划的原则

用洪用沙,其目的在于用。因此,就地引取洪沙后,应就地利用,重点在于将已经流失的水土资源在当地拦蓄截流后服务于生产。工程规划原则是:用字当头,多引、快引;讲求实效,因地制宜,形式多样;全面引用与重点引用相结合;工程分散与集中相结合;工程项目应作为水土保持综合治理部分措施纳入;安全省工,应用方便。

应当指出,必须注意应用后的洪沙不能再度流失。

(2)用洪用沙方式

用洪用沙方式随水沙来源及地形特点,以及沙洪用途不同,通常有如下几种利用方式:

①引用坡面、村庄、道路的分散洪水淤灌农田　这种方式适用于黄土高原干旱和半干旱地区,沿坡脚修筑拦洪渠,沿村庄道路胡同口修筑引洪渠,将坡面、村庄道路、院场洪水泥沙,就地引入梯田、台地淤灌,变旱地为洪漫地和半水地。规划时主要布置好拦洪渠、引洪渠的位置及计划统一淤漫的农田。

②引用沟洪打坝蓄水、淤地灌溉　这种方式适用于黄土高原丘陵沟壑区,土壤侵蚀严重,土地贫瘠的山坡沟道。在沟道上打坝蓄洪、淤地灌溉,逐年增加沟坝地,充分利用水沙资源,使荒沟、荒滩逐步变为旱涝保收、高产稳产的基本农田。规划通常根据沟壑治理规划,在沟壑坝系规划的基础上提出坝系用洪用沙措施,即将坝系中淤地耕种的生产坝、滞洪拦淤的拦泥坝、发展灌溉的蓄水坝等结合起来,使防洪、拦泥、淤地生产、灌溉相互置换,彼此利用。建成淤、种、蓄、排相结合的坝系,充分用洪

用沙。

③引用河洪漫地和淤灌 对高含沙水流的河道，及时抓好时机抢洪淤漫、淤灌，对减少河道水土流失十分重要。在这方面，黄河中上游群众有丰富的经验。他们沿河道有利地形处，设集中引洪口或分散引洪口（多口引洪），用永久建筑或临时开口的形式，不失时机地引取高含沙水流漫滩、淤灌，扩大农田，改良土壤。淤灌工程规划，要因地制宜，在确保安全的原则下布设工程。河洪引用的方式可以在河道适当处筑坝引取（称有坝引洪），也可不设坝引取（称无坝引洪）。对于漫淤、淤灌位置较高的荒滩、荒沟、梯田、台田以及川台地等，还可利用提水机具抽洪淤漫和淤灌。

工程规划时，关键要选好引洪口的位置、高程、引洪渠线和布设好淤漫地以及田间工程。

a. 引洪口。有坝引洪的引洪口一般选在河床较宽的河段，在满足安全泄洪的前提下，只在河床一部分修建滚水坝，其余部分修不过水的土坝。滚水坝一侧修有进洪闸、冲沙闸。进洪闸底坎要比冲沙闸底坎高，以防非引洪时泥沙堵塞。无坝引水的引水口可按需要布设在河道两岸的不同高程上，大水时各口可同时引洪，小水时各口可部分引洪。引洪口应选在河道较窄、河床稳定、河岸无塌方或滑坡的地方。如果选在弯道段，应位于弯道凹岸顶点下游，以便利用横向环流，把底层泥沙带至凸岸，减少或避免砂石入渠。一般引洪口底部应高出河床 0.3~0.5m。为增加低洪水期的引洪量，各引洪口底部应修导流堤向上游延伸，直至顶端处的水面与引洪口最大过水深的水面高程相平为止。导流堤与水流一般呈 10°~20°的夹角为宜。

b. 引洪渠。引洪渠规划时要考虑到洪水历时短、来势猛的特点，需要在较短的时间内引用完成。故此要求引洪渠应渠线短，比降大，级数少，断面宽浅。一般渠线靠上游宜长、中游次之、下游短；比降应大于 1/1 000；渠线只设一级，一次直接引洪淤漫；断面宽浅，为梯形，宽深大体相等。

c. 淤漫地和田间工程布设。淤漫滩地应根据淤滩面积大小及洪水情况，采用土埂分块或筑格分块淤漫，面积由几亩到几百亩。田间工程主要是分好畦，整理好田块纵坡。另外，布置好进水口、出水口和退水口也是保证质量的关键。

d. 为改良土壤、压碱和灌溉需要，某些地区采用抽洪淤灌农田，也是一种好办法。例如，陕西大荔沙苑"抽渭"（抽取渭河洪水）淤灌盖沙，改良沙荒地；洛川抽洪改良沙板地；渭河抽洪淤沙造田；甘肃环县十八里分抽洪淤灌、压碱等。

上述各措施，目的是为了对各种类型来源的洪水泥沙，力争就地引取、就地利用，保土、保水，防止继续流失。

（3）用洪用沙工程措施规划

根据用洪用沙方式不同，工程措施规划如下：

①坡面、村庄、道路用洪用沙工程 坡面用洪用沙是在集流槽上，自上而下修建蓄水池（涝池）、水簸箕，在弯掌地上并排修建蓄水池，节节拦蓄，并排拦蓄，上下左右拦截，分散拦截，集少成多的方式引用。工程简单，适用性强，效果好。

在傍山沿坡脚修建环山渠或截流土埂，引坡洪入农田，简单易行，引得快，用得快。在村庄道路胡同口修建蓄水池、水窖或闸沟（胡同），节节分洪，节节引洪拦蓄，灵活机动。

对于从荒坡荒沟引用落差较大的洪水时，应解决好集流口冲刷问题。如修建跌水陡坡、草灌跌口等。

②沟道用洪用沙工程　黄土丘陵沟壑区，沟道用洪用沙主要工程是淤地坝库，包括坝、放水洞、溢洪道、排洪渠等。

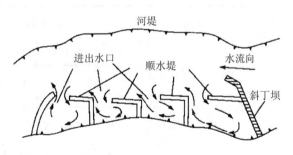

图5-14　河道多口引洪

③河道用洪用沙工程　河道用洪用沙通常和改河造地结合在一起，根据河道比降（陡或缓）和河流两岸地形高低，以及用洪用沙部位高程情况，在河床宽、引洪量较小时可采用无坝引水，或在河床内建临时性导流堤（如木桩堆石、编篱等）引洪；在河床较窄，临时沿河岸开设多口引洪（图5-14）；束河造地引淤，可采用丁坝、顺坝，配以格坝引洪澄地。

5.2　水土保持生物措施

5.2.1　水土保持造林规划

5.2.1.1　林种规划

林种是按森林所起的作用来划分。《中华人民共和国森林法》将我国森林分为防护林、特种用途林、用材林、经济林和能源林5类。水土保持林是防护林的一种，它又可分为许多水土保持林种，如分水岭防护林（或梁峁顶防护林）、沟头沟边防护林、坡面防护林、梯田埂坎林、沟道防护林、护岸护滩林、山地护牧林、缓坡地果园防护林、池塘水库防护林、山地护路护渠林等。

森林具有多种效益，配置合理时，既可起到防护作用，又可生产一定数量的木材和林副产品。但每种森林常常只具有一种或两种主要作用，所以在规划设计时，尽量使每个林种发挥多种效益。

5.2.1.2　树种规划

树种规划主要按照适地适树的原则，兼顾防护和群众的需要来选择树种。在地形、土壤比较复杂的地方，应根据海拔高度、地形部位、坡向、坡度、土壤种类和土层厚度、地下水位、盐渍化程度等影响造林的主要因素，选择适合生长的树种。规划设计必须坚持以当地优良乡土树种为主，乡土树种与引进外地良种相结合的原则，不断扩大造林树种。在树种搭配上，尽量做到针阔结合，乔灌草相结合。不同区域各立地条件类型造林适宜树种见表5-3至表5-5。

表 5-3 晋陕黄土高原沟壑类型区立地条件类型及适生树种

立地质量等级	立地条件类型	适 生 树 种	林 种	建议试验树种
I	沟底川滩塌积冲积土	毛白杨、箭杆杨、小叶杨、15号杨、北京杨、旱柳、白榆、槐树、刺槐、臭椿、泡桐、楸树、核桃、紫穗槐、杞柳、白蜡、桑、花椒	用材林、经济林	青杨、意大利杨（I-63、I-69、I-72、I-214）
II	沟底川滩冲积石砾土	旱柳、紫穗槐、红枣	水土保持林、经济林	
	塬面黄土	泡桐、毛白杨、新疆杨、15号杨、箭杆杨、大关杨、臭椿、楸树、旱柳、白榆、刺槐、柿、合欢、紫穗槐、核桃、花椒、桑、苹果、梨、桃	农田防护林、经济林、四旁林	
	山梁坡、沟坡中下部、黄土阴坡	油松、华山松、河北杨、刺槐、侧柏、杜梨、沙棘、紫穗槐	水土保持林	华北落叶松、紫藤
III	山梁坡、沟坡中下部、黄土阳坡	河北杨、刺槐、核桃、花椒、柿	水土保持林、经济林	杜仲
	山梁坡、沟坡上部、黄土阴坡	油松、华山松、刺槐、紫穗槐	水土保持林	华北落叶松、紫藤
	山梁坡、沟坡上部、黄土阳坡	油松、刺槐、栎类、沙棘	水土保持林、薪炭林	柠条、紫藤
IV	山梁顶黄土	油松、侧柏、山杏、沙棘、狼牙刺	水土保持林	
	山梁坡、沟坡上部、姜石粗骨土阳坡	侧柏、杜梨、山桃、沙棘、黄蔷薇	水土保持林	
V	山梁坡、沟坡中下部、红粗骨土阳坡	河北杨、栎类、沙棘、荆条	水土保持林	
	山梁顶黄土冲风口	侧柏、杜梨、山桃	水土保持林	
	山梁顶姜石粗骨土	侧柏、杜梨、山桃、黄蔷薇	水土保持林	

表 5-4 长江中上游 4 片重点水土流失区的主要立地条件类型及适生树种

类型区	立地条件类型	适生树种
四川盆地丘陵（海拔200～500m，钙质紫色土）	丘陵薄层紫色土、粗骨土	马桑
	丘坡薄层紫色土	马桑、桤木、黄荆、乌桕
	丘坡中、厚层紫色土	桤木、柏木、马桑、刺槐
	低山阴坡中、厚层黄壤、紫色土	柏木、桤木、麻栎、枫香
	低山阳坡薄层黄壤、紫色土	黄荆、马桑、桤木、乌桕
贵州高原西北部中山、低山（海拔900～1 500m）	山坡薄、中层酸性紫色土、山坡薄层钙质土及半裸岩石灰岩山地	光皮桦、栓皮栎、麻栎、枫香、响叶杨、蒙自桤木、毛桤木、马尾松、茅栗、山苍子、胡枝子、马桑、月月青、小果蔷薇、悬钩子、化香树、朴树、灯台树、响叶杨、黄连木

（续）

类型区	立地条件类型	适生树种
四川、云南金沙江高山峡谷区	干热河谷荒坡，海拔 325～1 000m，南亚热带半干旱气候	坡柳、余甘子、山毛豆、木豆、小桐子、新银合欢、赤桉、台湾相思、木棉
	低山山坡，海拔 1 000～1 500m，北亚热带半湿润气候	蒙自桤木、刺槐、马桑、余甘子、乌桕、栓皮栎、麻栎、滇青冈、化香树
	低中山山坡，海拔 1 500～2 500m，北亚热带湿润气候	蒙自桤木、华山松、云南松、刺槐、马桑、栓皮栎、麻栎
	中山山坡，海拔 2 000～2 500m，暖温带湿润气候	云南松、华山松、山杨、灯台树、高山栲、苦槠、丝栗栲、野核桃、山苍子、石栎类
	高中山山坡，海拔 2 500～3 200m，温带湿润气候	云南松、华山松、高山栎、红桦、箭竹
湖南衡阳盆地丘陵	丘陵、低山红壤（一般土层深厚）	马尾松、湿地松、枫香、木荷、栓皮栎、麻栎、苦槠、米槠、白栎、盐肤木、杨梅、山茶、胡枝子、其他灌木类
	低丘钙质紫色土（主要为薄层土）	草木犀（先锋草本）、酸枣、黄荆、六月雪、乌桕、白花刺、小叶紫薇、马桑（试种）、柏木、刺槐、黄连木、黄檀

表 5-5　太行山低山区各立地条件类型及适生树种

立地条件类型	适生树种
海拔 400m 以下阳坡厚土组（土层厚 50cm 以上，下同）	油松、侧柏、刺槐、栓皮栎、元宝枫、黄栌、杜梨
海拔 400m 以下阳坡薄土组（土层厚 50cm 以下，下同）	侧柏、栓皮栎、黄栌、紫穗槐、酸枣、杜梨、黄荆
海拔 400m 以上阳坡厚土组	油松、侧柏、刺槐、栓皮栎、元宝枫、榆树、山杨、杜梨、山杏、黄栌、沙棘、酸枣、黄荆、胡枝子
海拔 400m 以上阳坡薄土组	侧柏、栓皮栎、黄栌、杜梨、紫穗槐、酸枣、黄荆
阴坡厚土组	油松、华山松、榆树、元宝枫、黄栌、山杏、沙棘
阴坡薄土组	侧柏（背风处低山下部）、油松（土层厚 30cm 以上）、榆树、华山松（土层厚 30cm 以上）、山杨、杜梨、丁香、沙棘、黄荆

5.2.1.3　水土保持林配置

（1）分水岭防护林

①石质和土石质山丘梁顶地宜全面造林，沿等高线布设。

②土质丘梁顶农田地带，应带状造林，配置在农田边缘地方。带宽一般不小于 6m。

（2）梁峁原坡防护林

①以涵养水源和水土保持为目的时可全面造林，造林时以混交林为主。也可布设一定宽度的径流调节林带，林带宽度一般为 10～30m。带间距离为带宽的 4～6 倍，最大不超过 10 倍。

②在土层深厚、肥沃、湿润的阳向缓坡，宜营造经济林。

（3）沟头防护林

沟头防护林应与沟头防护工程相结合，林带宽度按沟深的 1/3~1/2 设计。

（4）沟坡防护林

①坡度小于 35°的稳定沟坡地，造林与梁峁坡防护林相同。

②坡度大于 35°的不稳定沟坡地应全面造林，以灌木为主；崩塌严重的应先削坡整地，然后造林，施工不便时，应先封育后造林。

（5）沟底防冲林

①沟道比降小，冲刷不严重的沟底，造林树行垂直水流方向，其形式有：栅状造林，每隔 10~20m 栽植 3~10 排树木；片段造林，每隔 30~50m 营造 20~30m 宽的乔、灌带状混交林或灌木林。灌木应配置在迎水一面，一般 5~10 行。

②沟道比降大，冲刷严重的沟底，必须结合谷坊工程措施全面造林。

（6）水库防护林

①库岸防护林带　岸坡缓，浸水浅，冲蚀不严重的库岸，一般在常水位或周期性水淹的地方布设灌草防冲带，下部为草带，宽 2~3m，上部密植灌木柳或乔木柳。防冲浪带之上为乔灌过滤林带，带宽 20~40m。岸坡陡、浸水深、冲蚀严重的库岸，应结合工程措施，全部栽植灌木，带宽 30~50m；易于崩塌或土层浅薄，基岩裸露的库岸，则应封禁育林育草。

②库区山坡防蚀林　由库岩林带以上第一层山脊的坡地，有条件时可全面造林。

5.2.1.4　造林典型设计

造林典型设计是对各立地条件类型进行造林树种、造林密度、配置方式、混交、整地、造林方法及作业方式等的设计。各项技术措施应在林种和树种规划的基础上，根据当地自然条件、劳力和经济状况，实事求是地进行安排。

（1）树种配置

根据造林目的、立地条件和树种生物生态学特性，选择适生树种，确定主要树种、混交树种、混交比例和方式。

（2）整地

根据造林地的自然条件、当地技术力量和劳动力多少，确定整地方法、季节及技术规格。

（3）造林季节、方法及苗木规格

造林季节分春季、秋季、雨季。造林方法为植苗、直播和分殖造林，但以植苗造林为主。种苗规格指苗龄、苗高及地径，应根据苗木标准确定。

（4）抚育措施

抚育措施包括松土除草、扩穴培土、除蘖、抹芽、修枝、平茬及病虫防治等措施。另外，还包括每年抚育时期、次数等。

（5）补植

根据人工幼林成活率和保存率调查材料，并参考自然条件相似地区的资料，制订补植计划。

(6)种苗、造林劳动力需要量估算

种苗包括造林、补植所需苗木数量；劳动力包括整地、育苗、造林、抚育、补植等。

以上内容一般采用图、表和文字相结合的形式表示，称其为造林类型配置图。举例如下：

例：造林类型配置图式。

造林类型名称：油松×沙棘水土保持林。

立地条件类型：3 号——阳向斜缓坡。

地形：土石荒山，海拔 1 200~1 400m；坡向：阳坡半阳坡；坡度 15°~25°。

土壤：碳酸盐褐土，黄土母质，土层厚 50cm 以上。

植物：狗尾草、白草、蒿类群丛，盖度 50%~60%。

树种配置图式(图 5-15)：

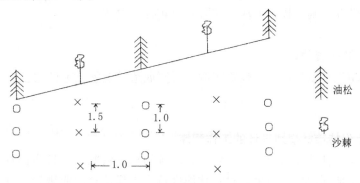

图 5-15 树种配置图式(单位：m)

造林技术措施：

整地时间及方式方法：雨季前反坡梯田整地，宽 1.0m、深 0.3m。带上挖穴，植树穴规格：长×宽×深为 0.5m×0.5m×0.4m。

苗木规格：2 年生油松实生苗，苗高 20cm 以上，地径 0.5cm 以上。沙棘用 1 年生实生苗。

造林时间及方法：春季植苗造林。

树种配置：油松×沙棘行间混交，株行距为油松：1.5m×2.0m，沙棘：1.0m×2.0m。

每公顷苗木、劳动力需要量(表 5-6)：

表 5-6 每公顷苗木、劳动力需要量

树种	混交比(%)	后备树种	每公顷种植点(穴)	每穴种苗数(株)	每公顷苗数(株)	每公顷劳动力需要量(人)			
						整地	造林	抚育	合计
油松	40	侧柏	3 333	2	6 666	100	45	60	205
沙棘	60	紫穗槐	5 000	2	10 000				

5.2.1.5 造林顺序安排

根据规划设计情况和治理实施的原则，结合当地实际情况安排不同林种、不同造林类型的具体造林顺序，为造林年进度安排提供依据。

5.2.1.6 种苗规划

要保证造林规划设计的实现，必须有充足的种苗，种苗规划要根据造林规划中提出的树种和规格要求来安排。规划种苗要尽量减少苗木调运。对外地优良品种应积极引进、扩大繁殖。

5.2.1.7 幼林抚育规划

幼林抚育是巩固造林成果，促进林木生长的重要措施。规划时应按照林地水分、杂草灌木和土壤情况，确定抚育方法、年限及每年抚育次数。

5.2.1.8 投劳和投资预算

根据规划结果和造林投劳、投资定额，对完成造林规划任务的总投劳和总投资进行预算。

5.2.1.9 水土保持造林规划设计的工作程序

通过水土保持林外业综合调查，对规划区域的林草状况有了较为详细的了解，在此基础上，根据土地利用规划结果，对宜林地进行水土保持林内业规划设计，应按以下程序进行工作。

(1)准备阶段

主要包括对规划人员的技术培训和对规划指导思想、规划原则、规划内容、规划要求及有关指标的统一等。

(2)资料的分析研究阶段

首先根据土地利用规划结果具体落实宜林地的面积和位置，然后根据外业调查资料，分析和研究影响当地造林成活及林木生长的主要环境因素，总结造林技术等方面的经验、教训，为具体规划设计提供依据。

(3)规划与设计阶段

包括造林立地条件类型的划分、林种和树种规划、水土保持林配置、造林典型设计、造林顺序安排、种苗规划、幼林抚育规划、投劳和投资预算等，表5-7至表5-10可供规划设计时参考。

(4)规划报告的编写和规划图的绘制阶段

结合造林规划和设计，进行措施上图，并编写规划报告。

5.2.2 水土保持种草规划

由于保持水土和发展牧业的双重需要，在宜草地上要适当规划一定面积的草地。现将水土保持种草规划设计的内容和方法分述如下：

表 5-7 立地条件类型及面积统计

编 号	立地类型名称	面积(hm^2)	主 要 特 征

表 5-8 造林类型规划面积表

地区	立地类型代号	立地条件名称	造林类型		规划小班号	面积(hm^2)
			代号	名称		

表 5-9 造林用工量及经费概算

地点	树种	规划措施及面积(hm^2)	每公顷用工(个)(整地、造林、抚育、封育、次数)	总计用工(个)	人工费(元)	
					单价	总计

注：本表可不分地点统计，亦可分年统计。

表 5-10 种苗需要量及费用概算

树种	造林面积(hm^2)	种苗需要量(kg、株)	单 价(元/株或 kg)	金 额(元)

注：本表可分年统计，种苗需要量按设计需苗增加 5%~10%损耗计算。

5.2.2.1 草地和草带配置

（1）固坡、固沙草地

建立大面积的永久性固定草地一般用于 25°以上陡坡或风蚀严重的沙地。

（2）带状间作、轮作草地

包括草田带状间作、轮作和林草带状间作 2 种类型，带向等高或与主害风向垂直。一般用于 25°以下缓坡或风蚀较轻的沙地。

（3）防蚀草带

①坡地缓冲草带　等高布设在夏季休闲地上，一般 6°~8°坡地草带宽 4~6m，间距 30~40m；10°~20°坡地草带宽 8~10m，间距 20~30m。

②沟边草带　与沟边防护林带和沟边埂相结合，草带宽一般为 1~3m，人少地多的地方可加大宽度。

③沟头防护草带　与沟边防护林带和沟边埂相结合，在沟埂之间布设草带，草带宽一般为 1~3m。

④草皮水道　单独或与谷坊工程相结合，建立草皮水道，保护排水沟渠，固定侵蚀沟道。

5.2.2.2 草种选择

草种应根据其对立地条件的适应性和经济价值确定，一般应该按以下要求来选择：

①营养丰富，适口性好，产量高，经济价值高。

②地上部分生长茂密，能迅速形成草皮和草丛覆盖地面；地下根系发达，能较好地固结土壤，改良土壤，培肥地力。

③抗逆性强，在不良立地条件下能形成多年生的较稳定的草本群落。

④易于繁殖，再生能力强。

5.2.2.3 整地技术设计

（1）整地方式

①全面整地　适用于坡度小或风蚀较轻、土层深厚的地方。

②带状整地　适用于坡度大或风蚀较严重的地方。带向等高或与主害风向垂直，带宽视土质和植被生长情况而定。

（2）整地深度

生荒地主要根据草根层厚度来决定。草根层 10cm 左右，可翻深 15~20cm；草根层在 15cm 以上或熟地，可翻深 20~25cm。

（3）整地时间

一般多在春季或秋季，北方春季干旱时可在雨季前耕翻。

5.2.2.4 播栽技术设计

（1）播种方法

①条播 行距视牧草生长大小而定，一般为 15~35cm。

②穴播 成品字形穴点播，穴距一般在 20cm 以上。

③撒播 适用于大面积山区、沙滩或混播牧草地。

（2）播种深度

播种深度视牧草种类、种子大小、土壤湿度和质地情况而定。一般砂质壤土，小粒种子以 2cm 为宜，大粒种子 3~4cm；中等黏重湿壤土，以 1.5~2.0cm 为宜。豆科植物比禾本科植物应浅一些。

（3）栽植方法

①种子细小直播不易成活者可先行育苗，等幼苗长到 10~15cm 时，裸根或带土移栽。

②有萌蘖能力的地下根茎或地上茎可插埋沟穴内。插深砂质土约 30cm，黏性土约 20cm。地上茎扦插的梢部露出地面 2~3 个腋芽即可。

（4）播栽时间

一般春、夏、秋三季均可。春季播种需地面温度回升到 12℃以上，北方有春旱期的地方不宜进行；地下根茎埋植应于春季解冻后，萌芽前进行；地上茎扦插应在夏季抽穗前进行。秋播不宜过晚，以免幼苗弱小，不易越冬。不易贮存的种子，在秋季可随采随播，土中越冬。温暖的南方，只要条件适合，一年四季均可进行播种。

5.2.3 水土保持林草体系配置

水土保持林草体系的配置应根据不同区域的气候、地质地貌等自然条件和水土流失特点，遵循因地制宜、因害设防和生态与经济统一的原则，选择适宜的树种和草类进行空间配置，合理利用水土资源，获得最大的水土保持效益和生态经济效益。现以黄土丘陵区和南方山地丘陵区为例，阐述水土保持林草体系的配置。

5.2.3.1 分水岭防护林草配置

（1）黄土丘陵区梁峁顶防护林草配置

"梁"和"峁"是黄土丘陵区的主要地貌类型，水蚀比较轻微，但因气温变化剧烈，风蚀严重，土壤干旱瘠薄，除部分宽缓的梁峁顶部作为农田外，一般均应配置防护林。

梁峁顶防护林草的配置，应根据梁峁顶形状、宽窄和土地利用状况而定。在面积较大、土壤侵蚀轻微的平缓梁峁顶部农田，防护林应配置在农田四周。在面积小、风蚀强烈、水蚀比较严重的尖削梁峁，通常作为长期草地。梁峁顶部风力大，干旱缺水，在树种选择上应注意选择抗风和耐干旱瘠薄的深根性乔、灌木树种。防护林可采用疏透结构，乔、灌行间混交，沿等高线布设；或全部列为封育草场或人工刈草等。适于梁峁顶部的树木和草类主要有山杏、白榆、小叶杨、刺槐、柠条、紫穗槐、沙打旺、三芒草、地椒、冷蒿等。

（2）南方山地丘陵区山脊分水岭防护林草配置

该区山脊分水岭一般比较高寒、风大、土壤瘠薄。在较大河流一、二级支流源头和两岸山脊上应布设水源涵养林，含蓄降水，控制径流。在主要山脊分水岭两侧配置水土保持林，以减缓地表径流，控制水土流失。营造山脊分水岭防护林实行乔、灌、草结合，选择耐旱、抗风、根系发达、保土能力强的深根性树种，如马尾松、湿地松、巴山松、栎类、刺槐、合欢、木荷、山毛豆、胡枝子、芒萁等，林带宽度可依山脊分水岭宽度、风害和侵蚀程度而定。

5.2.3.2　坡面防护林草配置

（1）黄土丘陵区坡面水土保持林草配置

梁峁坡指梁顶以下、侵蚀沟以上的坡面，如黄土丘陵区，土壤疏松，多为农田，是水土流失面积大、侵蚀最活跃的地方。坡面按地形特征划分为凸形坡、凹形坡和直形斜坡。凸形坡径流量大，流速快，土壤侵蚀强烈，土壤水分差，坡中上部应营造乔灌混交林，灌木比重占60%以上。凹形坡上部较陡，水土流失集中，下部凹陷，常伴有泥沙沉积，水分条件较好。凹形坡上部营造以灌木为主的护坡林，下部凹地可营造以乔木为主的混交林或果灌为主的混交林。直形斜坡侵蚀较轻，且分布比较均匀，应营造以乔木为主的乔灌混交林。梁峁坡水土保持林草应以带状或块状形式配置，沿等高线布设，以乔灌混交型为最佳。大于25°陡坡以草、灌为主。

适宜于黄土丘陵区坡面的主要树种有油松、侧柏、杜松、樟子松、华北落叶松、小叶杨、刺槐、臭椿、白榆、枣、山杏、楸树、白蜡、沙棘、柠条、花椒、扁桃、火棘、山桃、枸杞、紫穗槐等。

（2）南方山地丘陵区坡面水土保持林草配置

营造坡地水土保持林（草），一般要与整地工程相结合。在25°以上的陡坡，可采用环山沟、竹节水平沟和鱼鳞坑整地。沟内栽种阔叶树，沟埂外坡种植针叶乔木和灌木。在15°～25°的斜坡，可采用水平梯田、反坡梯田整地，沿等高线布设林带，实行乔、灌、草混交。在15°以下的缓坡，可挖种植壕，发展经济林和果、茶，并套种绿肥。在石质山地或土层浅薄的坡面，可围筑鱼鳞坑或坑穴，营造灌木林，或与草带交替配置。有岩石裸露的地方可选用葛藤等藤本植物覆盖地面。

适于坡地栽植的树种有巴山松、湿地松、日本落叶松、柏树、刺槐、杉木、窿缘桉、台湾相思、大叶相思、山毛豆、胡枝子、多花木兰、黄荆、新银合欢、桃、李、枇杷、板栗、杨梅、柑橘、枣、油茶、油桐、茶、山苍子等；草类有马唐、糠稷、雀稗、狗尾草、草木犀、龙须草、百喜草、芒萁、田菁等。

5.2.3.3　梯田埂坎防护林草配置

（1）黄土丘陵区梯田埂坎防护林草配置

坡地水平梯田化是黄土高原治理的主要措施，但梯田埂坎占地较多（10%～25%）。由于地坎边坡陡峻，每遇暴雨，多遭冲刷，甚至造成坍塌。为固定埂坎，保护梯田安全，可在梯田埂坎配置适宜林、草，既能起防护作用，又能增加经济收入。

营造梯田埂坎林,可结合培筑地坎,采用插条、压条等方法,也可采用植苗或直播造林。树种选择应以遮荫小、串根少、林冠一般不高出田面2m的直根系灌木或小乔木为主,并采用矮林经营方式,以减少对作物的胁迫。适于埂坎的树木、草本植物有桎柳、紫穗槐、胡枝子、柠条、文冠果、枣、柿、桑、花椒、黄花菜、金银花等。

(2)南方山地丘陵区梯田埂坎防护林草配置

梯田埂坎一般占山地农田面积的15%~20%,造林既可保护埂坎侧坡不受崩塌,又能增加群众收益。梯田埂坎应栽植冠幅窄的深根性树种,如桑、枣、茶、紫穗槐、胡枝子等。

5.2.3.4　侵蚀沟防护林草配置

(1)黄土丘陵区侵蚀沟防护林草配置

侵蚀沟是各类地貌中水土流失量最大、危害程度最严重的地方。由于地形差别很大,应按照沟头、沟边、沟坡、沟底分别配置防护林草。

①沟头防护林　沟头是径流汇集入沟最为集中的地段,多形成跌水,强烈的水力冲刷和崩塌、洞穴侵蚀,使沟头不断前进,沟床不断下切。为固定沟头,制止溯源侵蚀,应结合沟头防护埂和连续式围堰营造沟头防护林。

沟头上部的沟掌地为沟头侵蚀最活跃的地方。沟头防护林的配置应与沟掌底流水线垂直,并沿沟掌坡等高线进行。沟头防护林带的宽度,主要根据沟掌地面积、径流量和侵蚀程度等确定。当沟掌地面积小,坡度陡,径流量大,侵蚀严重,沟头前进快,或土壤特别干旱瘠薄,不宜农作时,可全面造林;当沟掌地面积较大,坡度缓,径流量较小,侵蚀不十分严重,但沟头仍不稳定时,林带宽度可按沟深1/3~1/2设计;如果沟头两侧及其上部的斜坡为耕地时,林带宽度按10~20m配置。

营造沟头防护林,应注意选择根蘖性强的固土抗冲速生树种,主要有青杨、河北杨、旱柳、刺槐、白榆、桎柳、沙棘、杞柳、紫穗槐、柠条、梨、苹果、枣、桑等。

②沟边防护林　由于坡面径流下泄入沟,危及沟边地带,加剧沟蚀,激发崩塌等重力侵蚀。营造沟边防护林可分散、滞缓径流,固定沟岸,保护农田。

沟边防护林的位置和宽度,应根据集水面积大小、侵蚀沟的沟坡陡缓、沟岸稳定程度以及土地利用情况来确定。集水面积小、沟坡不太陡、沟岸比较稳定的沟边,应沿沟边线配置,林带宽度一般3~5m;集水面积大、沟坡陡峭、沟岸不稳定的沟边,则林带宽度可加大至5~10m。

营造沟边防护林带,应选择抗冲性强、固土作用大的深根性速生树种,如柠条、沙棘、紫穗槐等;条件好的地方可选用桑、山楂、枣、梨、杏、文冠果、枸杞等。

③沟坡水土保持林草　黄土丘陵区沟坡陡峻,坡度多在30°以上,崩塌和滑坡严重且形成切沟和冲沟侵蚀。应结合水平沟、水平阶等整地工程,可全面或带状造林。在46°以上的沟坡可进行全面封育,恢复天然草灌。

营造沟坡水土保持林(草),应注意坡向,选择根系发达、萌蘖力强、枝叶茂密、固土作用大的速生树种。阳坡可栽植喜光、耐干旱瘠薄的刺槐、侧柏、臭椿、白榆、柠条、紫穗槐等；阴坡可栽植青杨、河北杨、小叶杨、油松、胡枝子、沙棘、榛子等。还可种植草木犀、芨芨草等保土草本植物。

④沟底防冲林草 为防止沟底下切，沟壁扩张，拦淤泥沙，并进一步利用沟床土地，可配合淤地坝、谷坊等工程措施，营造沟底防冲林草。

沟底防冲林草的配置应根据沟谷类型、地形部位和侵蚀程度，在比降小、水流缓或无常流水、冲刷下切不很严重的支毛沟沟底，可进行栅状造林、块状造林或全面造林。在比降大、水流急、冲刷下切严重的沟底，必须结合谷坊工程进行造林。

由于沟底地势低洼，径流集中，洪水流量大，营造沟底防冲林应注意选择耐积水、抗冲、根蘖性强的速生树种，如旱柳、青杨、小叶杨、钻天杨、箭杆杨、杞柳、沙棘、乌柳、柽柳，以及草本植物，如香蒲、芭芋、芦苇等，不积水的地方可栽植刺槐。

（2）南方山地丘陵区侵蚀沟防护林草配置

侵蚀沟的林草配置，主要包含沟岸防护林草、沟坡水土保持林草和沟底防冲林草。

①沟岸防护林草 通常布设在沟缘2~3m，以及与沟缘相连接的洼地和沟头，目的在于固定沟岸，滞缓地表径流，防止溯源侵蚀。营造沟岸防护林可采用乔灌混交，应选择萌蘖性较强的树种，如杨、柳、紫穗槐、白蜡、胡枝子等。

②沟坡水土保持林草 沟坡在侵蚀沟面积中占70%~80%，营造沟坡水土保持林为阻止沟岸扩张。沟坡造林要根据坡度和地形部位综合考虑，在30°以下的沟坡以封育为主，结合营造带状林；40°以上的陡坡，可封坡育灌育草。造林树种应选择根蘖性强、易于串根蔓延的植物或藤本植物，如栎类、杨、柳、夹竹桃、金合欢、松、柏木、杉木、龙须草、芒萁、葛藤和竹类等。若沟坡还在崩塌，则造林应结合固坡工程进行。

③沟底防冲林草 结合固沟、拦沙工程，如修建柳谷坊、柳土谷坊和拦砂坝，营造沟底防冲林。适于沟内种植的树草种有黄檀、台湾相思、苦楝、新银合欢、胡枝子、夹竹桃、木豆、黄荆、草木犀、猪屎豆、田菁、芒萁等。谷坊外坡宜用带状灌、草混交，内坡可用草、灌、乔混交，坝顶种草。谷坊淤地和沟口拦砂坝淤地可种植竹子、苦楝等经济植物。

5.2.3.5 水库防护林草配置

营造水库防护林可拦截入库泥沙，削弱风浪对库岸的冲淘，延长水库使用年限。水库防护林包括库岸防护林和进水道挂淤林两部分。

（1）黄土丘陵区水库防护林草配置

库岸防护林应配置在库岸下部易遭冲蚀破坏的地段，从常水位开始向上布设。林带宽度应根据库岸部位、浸水深度和冲刷程度而定，一般为10~20m。在坡度缓、浸水浅、冲蚀不严重的库岸地段，可营造乔、灌、草结合的紧密型林带，这种林带由乔灌带和草灌带上、下两部分组成，多沿岸边呈连续或不连续带状分布。草灌带应种植在库岸下部靠近水边的地段，由于经常遭受风浪冲蚀，应选用抗冲、耐水浸的灌木和草本植物，如芦苇、芭茅、杞柳、乌柳、黄花柳等。在草灌带以上配置乔灌带，主要树种有旱柳、垂柳、青杨、小叶杨、箭杆杨、河北杨、柽柳、刺槐、沙柳等，实行带状混交。

进水道挂淤林常配置在回水线以上、水道两侧的缓坡滩地，一般采用紧密结构，林带宽度和长度视集水区和滩地面积及来水量而定。在集水区面积小、滩地狭窄、来水量不大的沟道里，可营造数条灌木带，带宽 5~10m，带间可布设 2~5m 宽的草带；在集水区面积大、滩地阔宽、来水量大的沟道里，可营造乔灌带状混交林，带宽 10~15m。在冲刷下切严重的进水沟道里，可修谷坊工程，并在谷坊间营造挂淤林。

（2）南方山地丘陵区水库防护林草配置

库岸防护林一般设在常水位以上，采用抗冲和耐积水的柳树、芦苇、霸王草等。在高水位以上可营造乔灌混交林，以巩固库岸。在岸坡下部和河流出口滩地宜选用杨、柳、水杉、池杉、枫杨、白蜡、紫穗槐等耐积水树种。水库边岸上，立地条件较好，可营造速生优质的杉木、马尾松、刺槐、杨树等。岸边周围，地形平缓，可因地制宜发展经济林，如油茶、油桐等。

进水道挂淤林应设置在入库径流和泥沙的主要沟道内。在沟道中结合修筑谷坊，营造挂淤林。沟道上部集水区应划为保护区，实行封山育林。防冲挂淤林以柳树为主，密植成片，并与水流方向垂直。从水库的回水线开始，在进水沟内种植芦苇。

5.3 水土保持耕作措施

水土保持耕作措施主要用来治理坡耕地的水土流失，可分为 3 类：第一类为坡地拦蓄式耕作措施；第二类为地面覆盖式耕作措施；第三类为减免式耕作措施。

5.3.1 坡地拦蓄式耕作措施规划

坡地拦蓄式耕作措施以改变微地形、强化降水就地入渗拦蓄、削减径流冲刷动能为基本原理，主要包括等高耕作（或称横坡耕作）、沟垄耕作、坑田耕作等。

5.3.1.1 等高耕作

等高耕作又称横坡耕作，是指沿坡地等高线方向所实施的耕犁、作畦及栽培等作业（图 5-16）。它是改变传统性顺坡耕作最基本、最简易的水土保持耕作法，也是衍生和发展其他水土保持耕作法的基础。沿等高线进行横坡耕作，在犁沟平行于等高线方向会形成许多"蓄水沟"，从而有效地拦蓄地表径流，增加土壤水分入渗率，减少水土流失，有利于作物生长发育，从而达到增产。

等高耕作所要求的坡度与坡长，随土壤特性（疏松土壤坡长可长些）、作物类型（保护性能好的作物坡长可长些）、地区的降雨特点（暴雨强度小的地区可长些）而变化。美国研究了不同坡度等高耕作的最大坡长（表 5-11）。

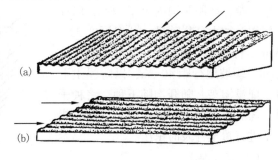

图 5-16 改顺坡耕作为等高耕作

（a）顺坡耕作 （b）等高耕作

表 5-11 等高耕作的坡长限制

土地坡度(°)	最大坡长(m)	土地坡度(°)	最大坡长(m)
1~2	120	13~16	25
3~5	90	17~20	18
6~8	60	21~25	15
9~12	35		

顺坡耕作改为横坡耕作，一般以 3°~10° 的缓坡耕作为宜。如果坡度和坡长过大，保土效果就会逐渐降低。在作业时一定要遵循由下向上进行翻耕，这样可以逐渐使坡度减缓，为加速坡地变梯田创造条件。

5.3.1.2 沟垄耕作

沟垄耕作是在等高耕作基础上改进的一种耕作措施，即在坡面上沿等高线开犁，形成较大的沟和垄，在沟内和垄上种植作物或牧草。因沟垄耕作改变了坡地小地形，将地面耕成有沟有垄，一条垄相当于一个小土坝，一条沟相当于一个小水库，每条沟垄都发挥就地拦蓄水土的作用，同时增加了降水入渗，有效地减小了径流量和冲刷量，增加了土壤含水率，减少了土壤养分的流失，有较好的保水、保土、保肥和增产效果。沟垄耕作是有效地控制水土流失的一类耕作方法，可用于 10°~20° 坡地(图 5-17)，在我国西北地区应用较为广泛。

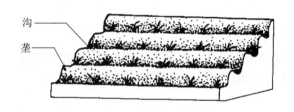

图 5-17 沟垄耕作法示意

沟垄耕作，各地都有很多方法，如黄土高原的陕西、山西等地区推行的水平沟种植法、沟垄种植法、丰产沟种植法，东北地区推行的等高垄作、垄作区田等，均属于沟垄耕作法的范畴。

（1）水平沟种植法

水平沟种植法适用于黄土高原的梁、峁坡面、塌地、弯地，坡度以不超过 25° 为宜。在坡耕地上沿等高线用套二犁开沟，即先犁一犁，在原犁沟内再犁一犁，以加深犁沟，加大其拦蓄量。开沟深度 22~25cm，行距视坡度而定，陡坡行距 50~60cm，缓坡地行距 40 cm，以防浮土下滑，埋没沟垄。随开沟随下种，将种子播在沟底或垄的下半坡。然后用犁再耕一犁进行覆土并及时镇压。

（2）垄作区田

垄作区田是在传统的垄作基础上，在每条沟中每隔 1~2m 修筑小土挡，成

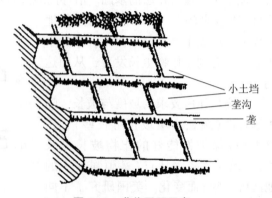

图 5-18 垄作区田示意

为区田，可分散径流，增强降雨入渗。土垱成品字形排列，横垱的高度略低于垄（图 5-18、表 5-12）。黑龙江省水土保持科学研究所研究得出最佳土垱间距 $L(\text{cm})$ 的数学关系式为：

$$L = 165.49\theta^{-0.47} \tag{5-4}$$

式中　L——土垱间距（cm）；

　　　θ——垄向坡度（°）。

垄作区田一般只适用 20°以下的坡地和年降水量在 300mm 以上的地区。应特别注意保墒工作，播种后应进行打土块、镇压等，以利出苗。这种方法在春夏雨水多的地方最为适宜，但有耙耱不便和苗期蒸发量大的缺点。

表 5-12　垄作区田土垱最佳间距和最大间距

坡度（°）	最佳间距（m）	最大间距（m）	坡度（°）	最佳间距（m）	最大间距（m）
1	1.9	7.4	6	0.8	1.2
2	1.3	3.7	7	0.7	1.1
3	1.1	2.5	8	0.6	0.9
4	0.9	1.8	10	0.6	0.7
5	0.8	1.5	15	0.4	0.5

（3）平播起垄

平播起垄又称中耕培垄。它是采取等高条播的播种方法，出苗后结合中耕除草，将行间的土培在作物根部，形成沟垄，并在沟内每隔 1~2m 加筑土垱，以分段拦蓄雨水。此法的优点是，在春旱地区，它可以避免因旱起垄而增加蒸发面积造成的缺苗现象，又能在雨季充分接纳和拦蓄雨水，故蓄水保土和增产作用明显。平播起垄适宜于 20°以下的坡耕地。

（4）圳田

圳田是宽约 1m 的水平梯田。做法是沿坡耕地等高线做成水平条带，每隔 50cm 挖宽、深各 50cm 的沟，并结合分层施肥将生土放在沟外拍成垄，再将上方 1m 宽的表土填入下方沟内，由于沟垄相间，便自然形成了窄条台阶地。此法可采用人畜相结合，以提高工效。圳田在陕北地区推广以来，取得显著效果。据绥德试验站资料，大部分圳田都没有水土流失发生，个别的有径流和冲刷，但较水平耕作减少 90% 以上。圳田一般增产40%~100%。

（5）水平防冲犁沟

水平防冲犁沟是在休闲地和牧坡地上以改变小地形、增加地面糙度，减轻水土流失的一种水土保持耕作法，适于在 20°以下的夏季休闲地和牧坡地上应用。具体操作方法为：在坡面上沿等高线每隔 3~5m，套二犁翻耕一次，形成一条条的犁沟。沟间距大小随坡度而定，陡则密，缓则疏。犁沟宽 30cm，深 17cm。若为双层犁沟，沟宽应为35cm，深 25cm。

（6）蓄水聚肥改土耕作法

俗称丰产沟法。它是山西省水土保持科学研究所史观义等在总结群众坑田、沟垄种植经验的基础上，延伸和发展的新耕作法。针对当地水土流失、干旱缺水和土地贫瘠缺肥3个主要问题，通过改变微地形，集保土蓄水、聚肥改土为一体解决了3个问题，取得了明显的增产效益，较常规耕作法增产40%~200%，并可做到种地养地，获得持续高产。故群众称之为丰产沟法，已在山西省吕梁地区大面积推行。此法由"种植沟"和"生土垄"2个主体部分组成。"种植沟"把耕层表土集中起来，改善耕地的基础条件；"生土垄"把径流就地拦蓄，就地入渗。因此，它是山地、旱地蓄水、改土，迅速提高地力和农作物产量的一项最有效的耕作措施(表5-13)。

表 5-13 丰产沟(蓄水聚肥)耕作法保持水土效益

观测年份	产流雨量(mm)	16°				21°			
		径流量(m³/hm²)		土壤流失量(t/hm²)		径流量(m³/hm²)		土壤流失量(t/hm²)	
		常规耕作	丰产沟	常规耕作	丰产沟	常规耕作	丰产沟	常规耕作	丰产沟
1981	267.0	694.8	0	149.7	0	868.5	65.1	156.9	7.5
1982	63.7	274.7	0	103.9	0	330.5	34.6	134.1	0.2

丰产沟作业可分为人工、人畜结合和机械3种方法。基本操作为：去掉一份表土待用，生土部位挖深坑，取生土培垄，集2份表土填于原一份面积的沟内，即成蓄水聚肥新型的沟垄相间复式耕作体系。

人工作业的具体操作程序如图5-19所示。

第一步，修地埂。距地边30cm处取30cm宽表土层(深15cm)翻到地块内侧[图5-19(a)]，在此生土层下挖取深20cm土层加高边埂，形成第一条种植沟[图5-19(b)]。

第二步，聚肥种植沟。将第一条种植沟底部深翻约15cm[图5-19(c)]，将沟内侧2倍30cm宽、深15cm的表土填入沟内，即完成积聚30cm厚肥沃表土，再加上深翻15cm松土共约45cm的松土层[图5-19(d)]。

第三步，培生土垄。将取走表土宽30cm的地面松翻约15cm深，然后取另一侧30cm宽、深15cm的生土，翻倒外侧深松的生土上，形成第一道生土垄[图5-19(e)]，垄的内、外两侧拍实。取生土后的沟内再深翻[图5-19(f)]，再回填上部60cm宽的表土，完成第二条种植沟[图5-19(g)]。依此类推。种植沟内表土集中，土壤肥沃，又有

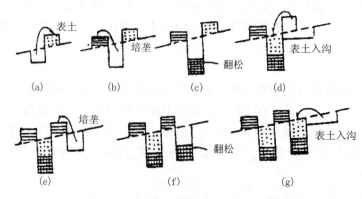

图 5-19 蓄水聚肥耕作人工操作法示意

利于蓄水和集中施肥，适宜种植玉米、谷子等作物。生土垄上宜种植大豆及豆科绿肥作物，既利于土壤改良，又有利于保护土壤免遭降雨径流冲刷。

人、畜配合作业是以山地犁深翻、开沟、结合人工辅助填表土、培生土垄。在坡地自下而上逐级完成。机械化作业采用大型 LF-450 型耕作机，在前一次作业留下的深沟，由前翻土器和后翻土器将深 15cm、宽约 60cm 的表土翻入沟内，然后用松土铲深松已经剥离表土部分右侧 30cm 宽的生土，深松深度 15cm；随后起土筑埂器将已剥离表土部分右侧 30cm 生土，以深度 15cm 翻到右侧深松过的生土上面，形成高出地面 12cm 以上的生土埂；在挖走生土的地方形成一条深、宽各 30cm 左右的沟，由第二深松铲将沟底生土再深松 15cm，即回到前一次作业深沟的程序，依此类推。

史观义等根据多年试验研究，提出丰产沟的最佳耕幅为 80cm，沟垄宽度为 46cm×34cm，便于机械化耕作，能获得最优土地利用率，有利于"生土垄"改造与培肥，并可采用 80cm 宽的地膜覆盖，建立稳产高产基本农田。

（7）抽槽聚肥耕作

按作物（树木）的行距挖成一定宽度和深度的沟壕（或称槽子），然后回填肥土和肥料，再种植作物（树木）。这种方法是保持水土、促进作物（树木）生长、获得丰产的好方法。此法在湖北省黄冈地区得到广泛应用。无论在农业、林业、多种经济林生产上都显示出它的优越性。

5.3.1.3 坑田耕作法

古名区田，也称掏钵种植，是我国水土流失区一种历史悠久的耕作法。它也是我国宝贵的农业遗产的一部分。区田适用于 15°～30° 的土层较厚的陡坡上，它有较大的水土保持作用。具体做法为：在坡耕地上沿等高线划分多个 1m² 的小耕作区，每区掏 1～2 个钵，每钵长、宽、深各 50 cm。掏钵时，先将表土刮出，再将掏出的生土放在钵的下方和左右侧，并拍紧成埂，最后将刮出的熟土连上方第二行小区刮出的熟土全部填到钵内，同时将熟土与肥料搅拌均匀，掏第二行钵时将第三行小区的表层熟土刮到钵内。依此类推。这样自上而下地进行，上下行的坑成"品"字形错开，坑内作物可实行密植。每掏一次可连续种 2～3 年后再掏一次。掏钵 1hm² 约需 45～60 个工。在实践中，群众还创造了人工加畜力的掏钵方法，其具体做法为：在坡地的下方先用犁沿等高线方向耕一犁，然后将翻起来的土在犁沟的下方培埂。这样往返犁 4 次，并将埂加高加厚，即形成宽、深各 50cm 的一条长壕。在做第二壕以前，先将 1m 宽内的表土刮入第一壕内，然后再像第一壕做法那样，按自下而上的顺序进行，即形成 1m 宽的小台阶，每隔 50cm 做一土挡即成。此法比人工掏钵省工 1/3 左右。

5.3.2 地面覆盖式耕作措施规划

以增加地面覆盖为主的水土保持耕作措施，包括间作、套种、草田轮作、等高带状轮作、覆盖耕作等措施。这些措施能够减少降雨对地表的直接击溅，减缓地表冲刷，同时减少地表蒸发，保持土壤水分。

5.3.2.1 间作和套种

间作是指在同一地块，成行或成带(厢式)间隔种植两种或两种以上发育期相近的作物。套种是指在前茬作物的发育后期，于其行间播种或栽培后茬作物的种植方式。

间作、套种作物的选择应具备生态群落和生长环境的相互协调和互补，例如，高秆与低秆作物、深根与浅根作物、早熟与晚熟作物、密生与疏生作物、喜光与喜阴作物，以及禾本科与豆科作物的优化组合与合理配置，尤其在雨季时，作物生长最为繁茂，覆盖率在75%以上，能取得最大的水土保持效益。在黄土高原及东北等北方地区，间作、套种多以等高带状布设；在南方地区实施水土保持耕作时还应考虑必要的排水，多以厢式(长方形带式)结合排水沟布设。

5.3.2.2 等高带状间作和轮作

(1)等高带状间作

又称等高条带种植。它是沿着等高线，将坡耕地划成若干条带，种植不同作物，主要是多年生牧草和作物的草粮带状间作，也包括中耕疏生型作物和密生型谷类、豆类作物的带状间作。这样，在空间上构成带状间作，在时间上作物与牧草轮换种植，可避免农田裸露，又组成草田轮作。此法可减缓径流，拦蓄疏生作物带冲下来的水土；同时，豆科作物与牧草也利于改良土壤结构，提高土壤肥力和蓄水保土能力，并通过逐年耕作，促进坡地向梯田转化。甘肃省环县、镇原等地带状种植历史悠久，经验丰富。在10°~20°的坡耕地上，每隔10~20m，沿等高线种一条苜蓿带，带宽1~2m(最宽3.5m)，把坡地划分成几个坡段，形成生物带坡式梯田，起到截短坡长、减轻冲刷和缓流落淤的作用。通过每年的向下翻土耕作，草带上部逐渐抬高，下部逐渐降低，使坡面的坡度逐渐减缓，原来没有台阶的坡面，逐渐形成1~1.5m高的台阶。草带的间距随坡度增大而缩窄。此法既保持水土，为坡地变梯田创造了条件，又能解决牲畜饲料问题。

设计等高带状种植的最重要因素之一是带的宽度。为了避免过多的径流和侵蚀的发生，中耕作物带的宽度应受到限制，密生型作物带的宽度，以能拦截容纳来自上部条带的径流泥沙为准。美国根据不同地形，推荐的带宽见表5-14。在机械化田间作业下选择带的宽度时，还要求带的宽度应是中耕作物所使用的作业机械工作宽幅的整倍数。假如播种、中耕和收获使用的是行距0.75m的6行作业行，带宽就必须是4.5m的整倍数。

(2)轮作和草粮带状间作轮作

轮作主要指作物与牧草的轮作，或称为草田轮作。是将地面划分成若干面积基本相同的小区，进行作物和牧草的轮作。坡地轮作小区的布设采用等高草粮带状轮作的方式，或称为草粮带状轮作。该种植方式可在大于20°的陡坡地实施，不仅保证地面有良好的植被覆盖，以发挥拦蓄降水、径流和制止侵蚀的作用，而且具有改良土壤和提高作物产量的效益。在大于25°的陡坡上采用草粮带状间作轮作，在提高保持水土效益基础上，既解决了一部分粮食问题，还解决了部分牧草饲料问题，通过草粮轮作也能逐步取得改土效益。该办法对于地少人多，又多陡坡且土壤贫瘠地区，可作为促进陡坡退耕还林还草的过渡性措施。

表 5-14　美国推荐的等高带状种植带的宽度

坡度(°)	饲料作物带最小宽度(m)	中耕作物带最大宽度(m)
2	8	40
5	10	25
8	12	20
12	15	15
18	30	88

5.3.2.3　覆盖耕作

覆盖耕作法是将草类、作物残株或其他材料覆盖在作物株行间或裸露的地表上，以达到减少径流及土壤流失，增进土壤水分含量，抑制杂草，减少中耕除草，调节地温，增加土壤有机质，减少土壤水分蒸发的目的。根据覆盖材料的种类分为残株覆盖、砂石覆盖、青草覆盖和地膜覆盖等。

（1）残株覆盖

残株覆盖又分为留茬覆盖和秸秆覆盖。

①留茬覆盖(残茬覆盖)　适于缓坡地、平地。收割前浇水造墒。收割时留茬高 15～20cm，贴茬抢种，不翻耕。待作物出苗 10d 左右，前茬基部已腐烂，再进行中耕灭茬，前茬即可散铺在地面，形成前茬覆盖层，覆盖层厚度要均匀。

②秸秆覆盖　适于缓坡地、平地。在作物分枝和拔节后，把铡碎的秸秆覆盖在行间，也可结合追肥在行间挖穴压埋，覆盖厚度要均匀。农田覆盖秸秆后，一方面可以使土壤免受风吹日晒和雨水的直接冲击，保护表层土壤结构，提高降水的入渗率；另一方面，可以隔断蒸发表面与下层土壤的毛细管联系，减弱土壤空气与大气之间的交换强度，有效地抑制土壤蒸发。因此，以秸秆为材料进行地面覆盖，干旱季节可以保墒，多雨季节可以蓄水，是农田蓄水保墒的好办法。覆盖实施的时间，最好是新植后及时实施，务必把握时机，争取效益。尤其是秋植，正是雨季，更是越快越好，减少土壤冲蚀，增加土壤水分。

（2）砂石覆盖

砂石覆盖俗称砂田、石田，是我国西北地区群众长期以来与干旱、侵蚀做斗争创造的一种蓄水保墒、抗旱稳产增产的特殊的覆盖免耕方式。主要适用于我国气候干旱、蒸发强烈、风蚀严重、水源紧缺的西北半干旱向干旱过渡地区。砂石覆盖具有独特功能，既没有现代免耕法用秸秆覆盖造成的土温低、病虫害多的缺陷，也没有化学覆盖那种作用时间短、通透不良、成本高的不足。砂石间空隙大，有很好的渗水作用，具保护土壤，滞阻水分蒸发的作用，日蒸发量比裸地减少 70% 以上，而且多吸收太阳辐射，增温快，温差大，促进作物快长早发，有利于作物中蛋白质和果品中糖分含量的提高，增产幅度大。砂石覆盖也是防治土壤水蚀、风蚀的有效措施。

砂石覆盖是以砂或石砾覆盖于农田地表，新砂田多年不再进行耕犁，有一套分石播种的栽培方法。种粮种瓜，皆能在干旱地区得到相对稳定的收成。此法盛行于黄土高原甘肃兰州地区。砂石覆盖根据灌溉条件，可分为水砂田和旱砂田两大类。根据使用寿命，可分为新砂田、中砂田和老砂田。一般旱砂田少于 20 年为新砂田，20~40 年为中砂田，40 年以上为老砂田。水砂田由于砂土易混合，砂田老化快，一般 3~4 年为新砂田，5~6 年为中砂田，7 年以上为老砂田。砂田的质量主要取决于铺砂的技术。

铺砂步骤：①选地。一般应选择土壤肥沃、地形平坦的土地。②精耕细作。平耕土地，将选取好的地先进行平整，然后耕翻耙耱，使土壤松碎绵软，再压实。③施肥。土地整平压实后，即可将肥料撒在土壤表面，不与土壤混合。一般每公顷可施基肥 $3.75×10^4$~$7.50×10^4$kg，要求一次性施足，主要施人粪、羊粪、灰粪、炕土等。④压砂。施肥后即可进行压砂，压砂时间最好在冬季土壤结冻以后。因为土壤表层冻结，可避免压砂时压坏土壤，造成砂土混合。铺砂要求厚薄均匀一致，厚度一般 15cm 左右，每公顷砂田约需砂石 $200×10^4$kg。

砂田的耕作管理比较简单，其特点是既要为作物的生长创造良好的条件，又要尽量防止砂土混合、砂田老化。其管理主要包括 4 个方面：①松砂。一般在作物收获后，播种前进行松砂耕作，特别是旱砂田在大雨、暴雨后，要用秒耧纵横松动砂层，破除板结，便于接纳雨水，减少蒸发，增强防旱抗旱能力。但要注意松砂时耧铲不得入土，只能在砂层中进行；否则，反会造成砂土混合。②播种。砂田播种多采用耧播或隔行垄种。大田作物一般采用耧播，如小麦、谷、糜等。播种时用秒耧将砂层秒开，种子播在砂层与土壤交界处。经济作物、瓜类、蔬菜等，多采用穴播，扒开砂层，挖穴，将种子放入土内，然后覆土盖平、拍实，穴周围用卵石封严，等到出芽时再将上面卵石揭开。③施肥。旱砂田一般多不施肥，水砂田以及种植经济作物、瓜类的砂田，需年年施肥。施肥的方法有穴施和条施 2 种。穴施是根据播种穴的位置，扒开砂层，用手铲将肥料翻入土中，然后耙平拍实，覆盖砂石；条施时先将砂层扒开 60cm 左右的行，扫净细砂，将肥料均匀施入行内，用锨翻入土内 15~20cm，然后将土耙平压实，再将砂层覆盖于原处。基肥一般秋施较好，有利于肥料分解及保墒。④灌水。水砂田灌水切勿用洪水，最好用清水，否则会缩短砂田寿命，使砂田过早退化。

(3) 青草覆盖

青草覆盖是湖北片麻岩山地的一种水土保持耕作法。在中低山区，林草丰茂，山场面积大，在夏秋季节，割青草覆盖茶园地面，厚 10~15cm，覆盖后雨滴打在青草上，避免雨滴直接打在土壤上；同时因青草覆盖，保持了土壤墒情，而且地面又没有野草滋生，减少茶园中耕环节，起到了保持水土作用。

(4) 地膜覆盖

利用塑料薄膜覆盖农田地面的栽培技术，称为地膜覆盖种植法，简称地膜覆盖。农田通过地膜覆盖主要能防止土壤水分蒸发，提高土壤水分的保存率和利用率；另外能提高地温，促进生长发育。日本是世界上研究应用地膜覆盖的最早国家之一，从 20 世纪 50 年代初就开始在蔬菜、花生、烟草等作物上应用；美国、俄罗斯、以色列等国家相继将地膜应用于棉花、蔬菜、烟草等作物。我国地膜覆盖的应用虽起步较晚，始于 20 世纪 70 年代后期，但覆盖面积已占居世界首位，尤其在北方旱作农业区，地膜覆盖不仅应用于蔬菜、瓜果等经济作物，而且玉米、小麦的地膜覆盖面积也有了快速发展。

地膜覆盖作为防止土壤水分蒸发，提高土壤水分利用率的有效措施，已在全国广泛被采用。在黄土高原半干旱地区，地膜覆盖除发挥保持水土、抗旱保墒作用外，还是增加地温、促进苗期发育的一个重要措施。但是必须指出，不是在任何情况下地膜覆盖都能带来增产效益。李凤民的春小麦地膜覆盖试验研究指出，播前土壤水分状况欠佳，又被作物大量利用，加之作物生长后期降水量不足，均可导致作物减产和水分利用率下降。

采用地膜覆盖栽培应注意几个问题：由于地膜覆盖能加速土壤中营养物质的分解转化，促进作物生育，提高产量，因而消耗地力较多，故必须配合增施有机无机肥料，以防生长后期养分供应失衡和肥力下降。目前，在降解膜尚未取代普通膜(非降解膜)的条件下，年复一年地使用普通膜，其残片残留田间会造成土壤"白色污染"，混入土中的地膜残片势必影响土壤通透性，严重阻碍作物出苗和根系生长，成为农田新的污染物质，故在每次地膜用完后应及时清除田间残膜。目前国内已经研制出易降解的地膜和无"白色污染"的黑色液态地膜，正在逐步扩大其推广面积。

5.3.3 减免式耕作措施规划

少耕是指在传统耕作基础上，尽量减少整地次数和减少土层翻动的少耕技术。如将每年深翻一次，改为隔年深翻，或3年深翻一次。

免耕是指作物播种前不单独进行耕作，直接在前茬地上播种，在作物生长发育期间不使用农机具进行中耕松土的耕作方法。免耕法靠生物的作用，如作物的根系、土壤微生物、蚯蚓等活动来实现土壤耕作，用化学除草代替机械除草的一种保土耕作法。免耕法也称零式耕法。免耕和少耕均可避免或减少农机具耕作对土壤结构的破坏。

(1) 少耕法

为了解决因频繁耕作而产生的土壤风蚀问题，美国早在20世纪30年代就开展了少耕法和免耕法的研究，并与带状种植、留茬覆盖等措施相结合，形成了一个水土保持耕作制。60年代时，免耕法技术已得到广泛应用。目前全国已有总耕地面积的25%采用少耕和免耕技术。俄罗斯干旱地区也已有33%的旱作面积实行以免耕和少耕、留茬覆盖、带状种植、种植屏障作物等内容为主的土壤保护耕作制。其他一些国家近年也都采取类似措施并获得良好效益。我国东北地区研究并已推广应用的深松耕法、云南红土区的少耕覆盖耕作法，还有半湿润偏旱的华北及关中地区的硬茬播种少耕法等都属于少耕的类型。

①深松少耕法　是用深松铲取代有壁犁，对土壤只松不翻，并在数年中只进行一次的土壤耕作法。在黑龙江、宁夏等北方地区，一般在肥沃的土地上，沿等高线用深松铲每隔一定年限(5~8年)对土壤深松一次(只松不翻)，深松深度以30cm为宜，播前耙糖一次。深松时间是提高深松效益的关键，伏天深松效益较好。据黑龙江省呼兰农场观测，在2°~3°的坡地上，深松区比对照区的径流减少12.3%~25%，冲刷量减少5.35%~43.3%。

②少耕覆盖耕作法　通过少耕和覆盖2个主要措施，以达到既保持水土又抗旱保墒，既增产又增肥地力的目的。此法适于缓坡及平地。其具体做法为：前茬作物(小麦)收后，不翻地整地，用犁或开沟机沿等高线开出倒茬作物(玉米)播种沟，播种沟土要细碎松软。沟宽20cm，沟深15~20cm，沟距即倒茬作物的行距(玉米)80~100cm，沟间保留残茬，作物出苗后20~30d除草一次，同时每公顷用作物秆$1.125×10^4$ ~ $1.5×10^4$ kg覆

盖地面。或在行间播种牧草作为覆盖物，直至收获不再进行中耕培土。玉米收后，清除地面杂草不翻地整地，用人工开挖深度15~20cm的小麦播种沟，条播小麦，盖上秸秆，5年以后全面深耕一次。

③硬茬播种耕作法　是在半湿润偏旱的华北及关中地区，一年两熟的情况下，于冬小麦收后复种夏玉米时所采用的一种保墒耕作方式。冬麦收后时值当地高温季节，土壤蒸发强烈，而且三夏期间农事繁忙，此时如犁后整地再播种，不仅费工费时，土壤水分损失也较严重，往往导致出苗不齐，或需等再次下雨之后方能出苗，延误时日。因此，常采用硬茬播种，即在冬麦收后的茬地，按照玉米行距，沿麦垄行间用冲沟器(耧子或独犁)冲沟播种。待苗高15~20cm以后，再于行间进行浅耕或深中耕，以接纳伏雨并进入正常管理。这种耕作方式既可减少犁地时的土壤水分散失，又可保证早播及全苗，有利于夏玉米的生长及高产。

(2)免耕法

免耕法是20世纪六七十年代引起世界范围重视的一种新的耕法，现在正在许多国家进行广泛的试验和研究。残茬或秸秆覆盖与除草剂是形成免耕法的2个重要作业环节。以秸秆保持土壤自然构造，增加贮水量，使有益微生物的群落繁殖起来和增加土壤的有机质、水稳性团粒，防止风蚀和水蚀。另一个是以化学的措施(除草剂、杀虫剂、杀菌剂)，代替土壤耕作的除草作业和翻埋害虫及病菌孢子。

免耕法的作业过程：在秋季收获玉米的同时，将玉米秸秆粉碎后覆盖于地表，近冬或早春将硝酸铵、磷肥、钾肥均匀地撒在冻土地上。播种时，用免耕播种机开沟(宽6~7cm，深2~4cm)播种玉米，同时土壤施入杀虫剂与其他肥料，播种后喷撒除草剂。翌春用除草剂杀死返青的杂草，就地作为覆盖物。秸秆覆盖，避免土壤直接与大气接触，避免太阳辐射的直接影响，因此表土湿润日数多。另外，秸秆覆盖降低了雨水落到地面的速度，从而减轻了地面径流和土壤流失。

土壤学家侯光炯教授在总结我国农耕史的基础上，提出了中国式的水土保持自然免耕法。他带领的研究组在四川长宁县进行了旱作稻田与等高沟垄耕作相结合的自然免耕法的试验研究，不仅起到防止水蚀风蚀和地表蒸发的作用，而且还收到了高产的效果。在免耕操作中，首先将田面作成等高沟垄，并使田面处于全面覆盖(残茬、麦壳、糠壳类覆盖物)状况，即垄作覆盖，之后在作物生长发育期间实行长期免耕。经过3年的田间试验表明，采用旱地免耕加覆盖的方法栽种水稻，从插秧到收割，未进行灌溉，垄部土壤始终湿润松软，3年来水稻产量均达到5 250~6 750kg/hm²的高产水平。

5.3.4　水土保持耕作措施规划

水土保持耕作措施规划是在水土流失的坡耕地上，因时制宜、因地制宜地利用耕作措施整地、施肥改土、种植管理，以减少乃至消除水土流失因素，增强土壤抗蚀力。

我国山区、丘陵区面积约占全国总土地面积的70%以上，其中耕地约占全国总耕地面积的一半。为了防止径流的发生，在坡度大于10°的坡耕地上，兴修梯田仍是很有效的水土保持工程措施。但在坡度较缓的坡耕地上如能及时正确地采用水土保持耕作措施，同样可以增加降水入渗，制止径流产生，减少土壤冲蚀，收到保水、保土、稳产增产的效益，而且要比兴修梯田简单易行且投资较少。

通常情况下，在坡耕地水土流失治理中，农业耕作措施可按图 5-20 所示进行配置与组合。

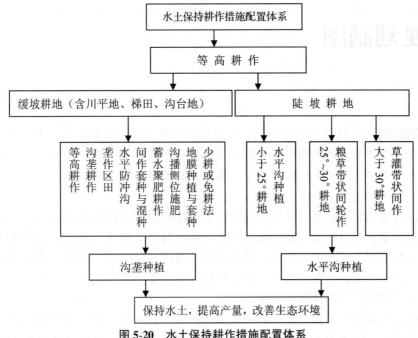

图 5-20 水土保持耕作措施配置体系

思 考 题

1. 坡面治理工程规划的原则和任务是什么？
2. 水土保持工程规划的种类及其特点有哪些？
3. 如何规划沟头防护工程？
4. 坝系布置的形式有哪几种？
5. 简述水土保持林草规划的种类及其特点。
6. 简述水土保持林草的配置方式。
7. 简述水土保持耕作措施的种类及其特点。

推荐阅读书目

1. 水土保持设计手册 . 中国水土保持学会水土保持规划设计专业委员会，水利部水利水电规划设计总院主编 . 中国水利水电出版社，2018.
2. 林业生态工程学——林草植被建设的理论与实践 . 王治国 . 中国林业出版社，2000.
3. 小流域水土流失综合防治 . 于怀良，杜天彪 . 山西科学技术出版社，1995.
4. 水土保持工程学 . 张胜利，吴祥云 . 科学出版社，2012.
5. 水土保持学 . 雷廷武，李法虎 . 中国农业大学出版社，2012.
6. 生态环境建设规划 . 高甲荣，齐实 . 中国林业出版社，2012.

第 6 章

水土保持规划制图

【**本章提要**】水土保持规划制图是以图形反映规划内容的主要方式。本章介绍了水土保持规划制图的编图原则与基本要求、制图资料的收集与分析、水土保持规划数据库建库、计算机制图、图面整饰与制图输出等内容。

水土保持规划制图是水土保持项目在规划设计阶段所进行的重要内容之一，是用于反映水土保持业务专门特征的地图编制。它区别于其他文字资料的特点是将水土保持区域治理、流域治理、生态环境建设等的各项措施通过一定的数学法则，经过缩小概括并以符号的形式直观地表示在平面上，通常使指挥者和工作者实施有方，工作有序，验收有据，起到了其他文字资料所起不到的作用。

水土保持规划图的编制，首先要明确编图的目的和任务，以确定地图的表达内容和所需的制图资料，以此为基础构建水土保持规划空间数据库，然后选用适宜的地图比例尺和表示方法，制定地图编制的具体程序和方法。

6.1　水土保持规划图的编图原则和基本要求

6.1.1　编图原则

水土保持规划图属于专题地图制图的内容之一，其编制原则亦应遵循专题地图制图的基本原则。但由于其本身特有的内容、用途、比例尺和编图资料的多样性，要求其编制原则的内容必须体现自身特点。

6.1.1.1　合理的思想性

编制水土保持规划图的目的是基于规划区域土地利用、植被覆盖、水土流失和治理等现状，通过加强对水土流失的宏观控制，对土地利用进行最优化的空间配置，为国民经济的持续、稳定、高速发展创造良好的土地条件。因而在图件的编制过程中必须体现"预防为主、保护优先、全面规划、综合治理、因地制宜、突出重点、科学管理、注重效益"的方针，且贯彻"十分珍惜和合理利用每寸土地，切实防止和控制水土流失"的规划指导思想。

6.1.1.2　严密的科学性

水土保持规划图的编制依据来源于规划区域本底资料、综合治理规划的各种资料。

一般来讲，这些资料都是科技工作者经过大量的工作，通过对区域内各种自然现象和社会经济情况进行综合分析后得到的，具有一定的科学性、准确性、系统性和规律性。但由于人们对复杂多样的自然、社会和经济现象的认识不一，观点各异，因此在编图前，必须深入细致地对所收集的文献资料进行研究分析，决定采用何种成果为基础，不能在图幅上反映出不同的观点，各类专题信息资料应相互统一、互为逻辑体系。其次，在编图时应本着实事求是的态度，决不能主观臆造，推论也要有充分的科学依据。

6.1.1.3 高度的综合性

水土保持规划图既要反映土地利用各地类的质量、数量及分布特征，又要反映人类活动与土地环境之间的相互作用和影响，进而揭示土地利用的客观变化规律，并充分利用这一规律进行预防和控制水土流失。对制图者来讲，当一幅图的比例尺确定以后，该图的载负量也就随之确定了，即这幅图所表示的事物的数量是有限的；在区域的综合治理中，有的措施具备可制图性因素，而有的措施则不具备这一特点，在图上是反映不出来的；水土保持规划图有其特殊的目的和用途，在制图时，应着重反映那些主要的事物和现象，对一些次要或附带的要素应予删去，突出主题。至于如何综合，则要根据用图的对象和工作需要，以及制图比例尺来确定。因此，这就需要在深入分析的基础上进行准确的综合，从而系统地、全面地反映规划区域内的土地利用、治理措施的特征和趋势。

6.1.1.4 精美的艺术性

水土保持规划图的内容是通过它的特殊艺术形式表达出来的。一幅形式很成功并富有精美艺术价值的水土保持规划图，不仅直观易读，给人以生动的感受，也可更好地传递信息，提高图件的使用价值。

水土保持规划图的精美艺术性，是通过整饰手段来实现的，整饰的对象不仅包括科学内容的外表和它的形式，还包括内容的图解、着色、字体、地理基础，以及其他辅助表达要素，如图廓、标题、符号表、略图、图形、注记等。图件的图例符号系统要严格按照国家颁布的规划规程的要求绘制，做到标准化、规范化，为以后实现制图自动化奠定基础。

6.1.1.5 生产实用性

水土保持规划图的目的，是服务于生产实践的。这一目的往往通过两种手段来实现：①确定合适的空间尺度或制图比例，一幅图件所表示内容的多少和详细程度与其确定的空间尺度或成图比例尺的大小密切相关，一般来讲，空间尺度越小、成图比例尺越大，所表示的内容各要素就越详细，精度也越高；随着空间尺度增大、成图比例尺的缩小，地图内容的概括程度越大，精度也越低。我国普通地图通常按比例尺分为大、中、小3种空间尺度，一般以1∶10万和更大比例尺的地图称为大比例尺普通地图；1∶10万至1∶100万的称为中比例尺普通地图；小于1∶100万的称为小比例尺普通地图。水土保持规划图所表示的内容越详细、精度越高，对生产部门的指导意义越大。小流域综合治理规划制图通常采用大比例尺制图。②水土保持规划图所表示的内容和指标必须满足水土保持部门的工作要求，体现其实用性。

6.1.2 基本要求

水土保持规划图是一种专题性很强的图件，因此据其本身的特点还应对工作底图、总体设计、比例尺、图符显示确定等内容进行专题设计与安排。

（1）正确选择地理基础底图

水土保持规划图质量的高低与制图时选择的地理基础底图密切相关。因为地理基础底图对专题内容的表示有以下两方面的作用：

①具有确定地理方位的骨架作用　地理基础底图能够提供经纬网格、水文、居民点和其他要素等内容，为正确显示各种专题内容的空间分布，进行合理的图面配置提供了科学依据，故它是转绘专题内容的控制系统。

②阐明专题内容与底图要素的相互联系　地理基础底图能再现制图区域地理景观的本来面目，便于理解各种专题内容的分布规律，明确所要表达的目的。因此，地理基础底图是编制水土保持规划专题图的先行图件。地理基础底图有两种：一是工作底图，通常选用与所编规划图比例尺相同的地形图；二是专题信息底图，按照图种和比例尺的要求编制而成，它既要求能阐明专题内容的地理环境，有助于规划图使用，又要求清晰易读、不致干扰主题内容，编制方法一般是先在地形图上标绘出所需内容，然后清绘，得到专题底图。

（2）进行总体设计和图型研究

水土保持规划图在编图时需要进行总体设计和图型研究，在充分掌握制图资料的基础上，设想出编图的纲目，全面表达水土保持规划专题要素，一次性展现制图信息，避免因漏项或错项而导致返工和造成浪费。

地图编辑人员根据制图任务或者课题需要，首先明确编制水土保持规划图的目的意义和基本用途，这是进行总体设计的出发点。然后确定地图的选题内容，制图区域范围和成图比例尺。由于编图的目的与用途的不同，地图的内容详细程度和表示方法就有很大差别。地图比例尺的确定除考虑地图用途外，还要考虑所掌握制图资料的详细程度以及图面大小与纸张规格。比例尺一般应为简单整数比。整个制图区域必须有比成图比例尺大一些的编图资料，或地图上能够表示的行政单元的统计资料。根据预先考虑的大致比例尺，在充分利用幅面的前提下，根据制图范围的大小，确定地图开幅。地图幅面一般分全开、对开、四开、八开等。如果制图区域范围较大，可采取多幅地图拼接。一般大于两全开地图，多采取对开多幅拼接。

（3）正确拟定各项指标和图例

在深入分析专题信息的基础上，要求正确拟定专题图斑信息质量、数量特征和动态变化的指标，并拟定好图例。

（4）选择合适的表示方法

水土保持规划图的表示方法，是在深入研究各种专题信息表达与展现（包括影响制约因素），以及图幅的用途和使用场合的基础上进行的。那么表示方法如何选择呢？首先是图幅的用途要求；其次是专题内容的特点；再次，工艺、印刷设备条件；最后，内容的主次关系。

(5) 制图工作者具备的专业知识

制图工作者不仅要精通制图理论和技术，还要具备必要的专业知识，并能将必要的专题信息以图件符号与展现方式呈现在图件当中，只有两者有机地结合，才能编制出高质量的图件来。

6.1.3 制图程序和方法

水土保持规划制图的程序与方法如图 6-1 所示。

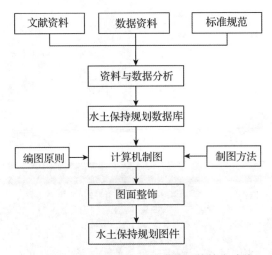

图 6-1　水土保持规划图编制的总体技术路线

6.2 制图资料的收集与分析

制图资料是编制地图的基础，对编图质量影响很大。制图资料的搜集、分析和整理是编辑准备工作的重要一环。对制图资料的质量进行准确评价，不仅可鉴定其可利用的内容和应用的程度，还可指明其存在的缺点和如何克服及补充的办法，以便在制图过程中克服和消除缺点或错误。

6.2.1 制图资料的种类

制图资料按照资料的形式可以分为底图数据资料、文献数据资料、统计表格资料、制图依据和其他资料四类。各类基础资料可按照水土保持数据库构建规则，将相关专题图件、文献及其他资料录入水土保持规划数据库，并利用数据库空间分析功能，合理筛选、统计、分析、处理相关资料，为科学规划、快速制作水土保持专题图件奠定基础。

6.2.1.1 底图数据与资料

（1）测绘地理信息成果

根据所编制专题地图比例尺的需要而选定相应的测绘地理信息成果，作为编制水土保持规划图的地理基础或某些专题要素的基础。数据主体是国家测绘地理信息成果，主要包括矢量形式的地图数据（digital line graphic，DLG）、栅格形式的地图数据（digital raster graphic，DRG）、数字高程模型数据（digital elevation model，DEM）、数字正射影像数据（digital orthophoto map，DOM）4种类型（图6-2）。

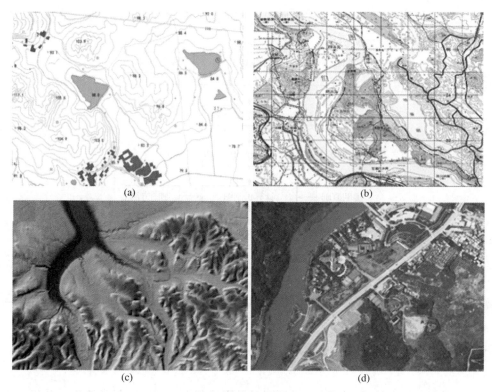

图6-2 测绘地理信息成果样例

（a）DLG （b）DRG （c）DEM （d）DOM

（2）专题地图

与水土保持规划制图有关的各种大、中、小比例尺专题地图都很重要，一般依据所编图幅比例尺大小而选择。水土保持专题信息主要是土地利用现状、土壤侵蚀、植被覆盖度、坡度、综合规划、措施布局等信息。

（3）影像资料

影像资料包括各种航空像片、地面摄影相片、卫星影像以及无人机影像，它们常常是编制综合治理规划图的重要信息来源，特别是遥感技术的迅速发展，高光谱和彩色摄影及连续动态资料的提供，是今后综合治理规划图的主要信息源。

需要注意的是，在编制中小比例尺地图时，应搜集整个制图区域最新的航测大比例尺地形图，或利用航测地形图编制的中比例尺地形图(如1：2.5万，1：50万或1：100万地形图)作为基本资料；对于编制大比例尺地图时，航空高分辨率的卫星影像(包括多波段、黑白、雷达影像)的分析利用是主要的。

6.2.1.2 文献数据与统计资料

文字资料对于了解制图区域与制图对象的特点和分布规律，有重要的参考作用。对已搜集的各种资料，都要进行分析评价，以确定其利用的程度。

(1)统计资料

包括自然、社会经济、工农业、交通等统计资料。

(2)文字资料

包括科学研究论文、报告、文集等有关的文献资料，特别是综合治理规划报告尤为重要。

6.2.1.3 制图依据

(1)法律法规

主要包括《中华人民共和国水土保持法》《中华人民共和国环境影响评价法》《中华人民共和国土地管理法》《中华人民共和国水法》《中华人民共和国环境保护法》《中华人民共和国水土保持法实施条例》《建设项目环境保护管理条例》等。

(2)部委规章及规范性文件

主要包括《生产建设项目水土保持方案管理办法》《水土保持生态环境监测网络管理办法》《开发建设项目水土保持设施验收管理办法》《水土保持监测资格证书管理暂行办法》《关于贯彻落实全国水土保持规划(2015—2030年)的意见》《关于印发全国水土保持区划(试行)的通知》等。

(3)标准与规范

主要包括有关水土保持的国家、行业、地方标准与规范等。例如：

《水土保持综合治理 规划通则》(GB/T 15772—2008)

《水土保持综合治理 验收规范》(GB/T 15773—2008)

《水土保持综合治理 效益计算方法》(GB/T 15774—2008)

《水土保持综合治理 技术规范 坡耕地治理技术》(GB/T 16453.1—2008)

《水土保持综合治理 技术规范 沟壑治理技术》(GB/T 16453.3—2008)

《水土保持综合治理 技术规范 小型蓄排引水工程》(GB/T 16453.4—2008)

《土地利用现状分类》(GB/T 21010—2017)

《土壤侵蚀分类分级标准》(SL 190—2007)

《水利水电工程制图标准水土保持图》(SL 73.6—2015)

《输变电项目水土保持技术规范》(SL 640—2013)

《水土保持遥感监测技术规范》(SL 592—2012)

《水土保持数据库表结构及标识符》(SL 513—2011)

《土地利用动态遥感监测规程》(TD/T 1010—2015)

6.2.1.4 其他资料

主要包括有关土地利用、城镇体系规划、区域发展战略、生态环境保护领域的资料或数据等。例如，土地利用总体规划、主体功能区规划、控制性详细规划、国民经济和社会发展规划纲要、土地利用总体规划、城市总体规划、城镇周边基本农田举证划定成果及全域基本农田划定、土地利用变更调查成果、生态空间、农业空间、城镇空间、生态保护红线、永久基本农田保护红线、城镇开发边界资料或数据等。

6.2.2 资料与数据分析

（1）需求分析

了解水土保持规划的工作流程和数据特点，分析水土保持规划目标、原则与任务内容，根据标准化工作的需求，为形成水土保持规划数据库以及专题地图图件确定基本思路与技术路线。

（2）文献资料分析

对收集到的数据、文献、图件资料以及国内外现行的数据库标准、制图标准及标准研究文献，统计分析资料数据、数据库标准、制图标准的种类和数量。了解掌握其中存在的问题。

（3）野外实地调研

主要目的是了解水土保持规划区现状，分析研究其现状、问题以及现有标准在水土保持规划制定过程中的缺失与不合理之处，在此基础上构思更富有针对性、实用性和创造性的水土保持规划空间数据库与专题地图制图标准。

6.3 水土保持规划数据库构建

水土保持规划空间数据库是在空间技术和环境信息系统发展的基础上产生的，其特征是将水土保持规划相关数据资料按照一定的空间地理坐标系统，以统一格式输入计算机数据库中进行建库，以便用户查询、检索使用，具有空间分布性质和图象处理等功能。建库工作中，如何将信息数据有机地组织，有效地存储、管理和应用，具有十分重要的作用和意义，它直接影响数据库乃至水土保持规划空间数据库信息系统的应用效率，直接影响到系统的组织、系统间数据的联接、传输和共享，以及系统的质量（图 6-3）。在规划工作开展之初，即可建立水土保持规划空间数据库，以全面收集、管理、汇总规划工作所需各项资料，为科学、有序开展水土保持规划制图工作提供数据资料基础。

6.3.1 数据库建库的数学基础

水土保持规划空间数据库的数学基础，是地理信息数据表达格式与规范的重要组成部分，是描述地理数据空间位置的基础，它主要包括地理空间数据的大地基准面与高程

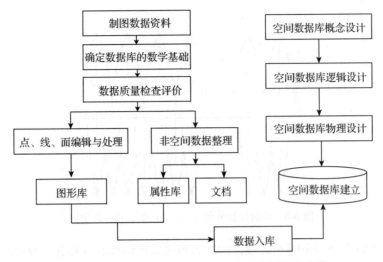

图 6-3 水土保持规划空间数据库建库主要技术路线

系、地图投影与分带系统几方面。

(1) 大地基准面与高程系

大地基准面是指利用特定椭球体对特定地区地球表面的逼近，椭球体与基准面之间是一对多的关系，基准面是在椭球体基础上建立的，椭球体能定义不同的基准面，但椭球体不能代表基准面。因此，每个国家或地区均有各自的大地基准面。我国现有大地基准面分别是：北京 54 坐标系、西安 80 坐标系、2000 国家大地坐标系（China Geodetic Coordinate System 2000，CGCS2000）。按照当前水利部各项水土保持工作信息化发展要求，为实现各类水土保持数据无缝对接与共享，一般采用 CGCS2000 地理坐标系；高斯—克吕格投影坐标系和 1985 国家高程基准坐标系。

(2) 地图投影与分带系统

地图投影是利用一定的数学法则把地球椭球面的经、纬线转换到平面上的理论和方法。按照国家规定，我国基本比例尺地形图除去 1∶100 万外均采用横轴等角切圆柱的"高斯—克吕格投影"（图 6-4），为了控制变形以及保证一定的精度，采用分带投影办法，规定

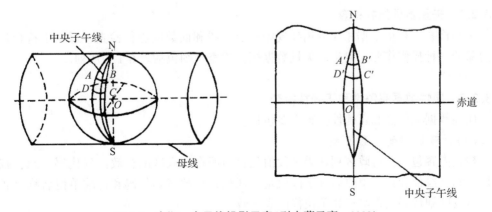

图 6-4 高斯—克吕格投影示意（引自蔡孟裔，2008）

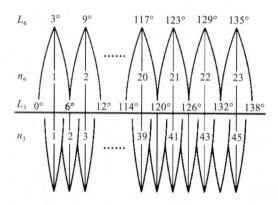

图 6-5 地图投影分带系统(引自蔡孟裔, 2008)

1：2.5 万~1：50 万地图采用 6°分带, 1：1 万或更大比例尺地图采用 3°分带(图 6-5)。

6.3.2 入库数据信息的质量检查评价

在数据进行入库操作之前, 必须对已收集到的各类图件、文献、统计图表等数据资料完整性和准确性进行分析、编辑与处理。入库数据信息的编辑与处理主要包括：矢量数据几何精度检查、拓扑检查、属性数据完整性和正确性检查、图形和属性数据逻辑一致性检查, 以及接边完整性检查等；检查方法可以采用计算机自动检查和人机交互相结合的方式进行, 形成检查结果并修正数据错误。

6.3.2.1 矢量数据几何精度检查

主要包括：①矢量化精度检查：矢量数据采集过程中是否严格按照标准并依比例尺采集各图层要素, 并是否表示准确；②转换精度检查：要求数据转换过程中点、线、面实体无遗漏和多余, 要求转换前控制点和转换后控制点坐标保持一致, 要求数据转换过程中实体的属性内容不丢失、精度不降低；③影像数据在格式转换过程中, 应保证图像分辨率不降低。

6.3.2.2 矢量数据拓扑检查

拓扑检查, 是指根据相应的拓扑规则对点、线和面数据进行检查, 返回不符合规则的对象的一种操作作业。典型的矢量数据拓扑检查规则包括表 6-1 中所列。

6.3.2.3 属性数据完整性和正确性检查

属性数据完整性和正确性检查主要包括：

(1) 行政区编码一致性检查

检查内容包括：行政区划代码字段值是否与所在行政区的行政区划代码一致；权属单位编码字段值和权属单位名称字段值是否匹配；行政区划代码和行政单位名称是否匹配；行政区划代码是否与权属单位代码表一致。

表 6-1 典型的矢量数据拓扑检查规则、图示及说明

拓扑规则	图示	说　明
点数据集内部无重复点		检查点数据集中的重复点对象,如消防站、学校等公共设施,在地图上通常以点数据集的形式存在,在同一位置只能存在一个。重复的点对象将作为拓扑错误生成到结果数据集中
线数据集内部无交叠		检查一个线数据集中相互有重叠的线对象,如城市街道,单条街道或多条街道之间可以相交但不能出现相同的路线。重叠部分将作为拓扑错误生成到结果数据集中
线数据集与线数据集无交叠		检查两个线数据集之间的线对象是否有重合的部分。如交通路线数据中公路和铁路不能重叠。重叠部分将作为拓扑错误生成到结果数据集中
面数据集被面数据集包含		检查面数据集中是否存在没有被参考面数据集的面包含的面对象。对于如动物活动区域必须在整个研究区内这种属于包含关系的面数据,可以用此规则检查。未被包含的面对象整体将作为拓扑错误生成到结果数据集中
面数据集被面数据集覆盖		检查面数据集中是否存在没有被参考面数据集的面覆盖的面对象,此规则多用于按某一规则相互嵌套的面数据,如区域图中的省域必须被该省内的所有县界完全覆盖
面数据集内部无交叠		检查一个面数据集中相互有重叠的面对象。此规则多用于一个区域不能同时属于两个对象的情况。如行政区划面,相邻的区划之间要求不能有任何重叠,行政区划数据上必须是每个区域都有明确的地域定义
面数据集和面数据集无交叠		检查两个面数据集中重叠的所有对象。此规则检查第一个面数据中,与第二个面数据有重叠的所有对象。如将水域数据与旱地数据叠加,可用此规则检查

注:引自北京超图软件股份有限公司产品支持 http://support. supermap. com. cn/DataWarehouse/WebDocHelp/iDesktop/Features/BigData/TopologyValidator. html。

（2）代码名称一致性检查

检查内容包括：规划地类代码字段值和规划地类名称字段值是否匹配；规划用途代码字段值和规划用途名称字段值是否匹配；用途分区代码字段值和用途分区名称字段值是否匹配。

（3）编号唯一性检查

检查内容包括：基数地类图斑层图斑编号字段值在座落单元内是唯一编号；规划地类图斑层地类地块编号字段值在座落单元内是唯一编号；规划用途地块编号字段值在座落单元内是唯一编号。

6.3.2.4 图形和属性数据逻辑一致性检查

主要包括：检查数据图形和属性表达的一致性，包括图层内部图形和属性描述的一致性，以及图层之间数据图形和属性描述的一致性等。

6.3.2.5 接边完整性检查

主要包括：相邻图幅间接边，接边线之间的误差、接边实体误差、接边点位精度应符合标准要求；不同比例尺矢量数据接边时，低精度数据应服从高精度数据。

6.3.3 空间数据库构建

6.3.3.1 数据库概念设计

可以采用 Power Designer 设计分析软件进行处理，该软件是目前常用的分析设计软件，可以对数据库中的需求分析、对象设计和数据设计进行有效的对接，并能够在合适的工作运作环境中完成分析设计和模型建立，形成重要的面向对象模型、概念模型和物理模型等。其中概念模型主要根据计算机特点，还有水土保持规划功能需要，通过实体—关系模型（Entity-Relationship Model，E-R Model）进行描述的概念模式。最后通过物理存储，设计索引，形成内部模式。

6.3.3.2 数据库逻辑设计

数据库的逻辑设计构成主要是为了实现水土保持规划信息功能的实现，而要保证功能的实现，就要首先满足数据库所要求的数据采集、数据输入、数据存储、数据计算和数据应用等方面的需求，还要保证各个数据库形成逻辑上的独立运行。可以划分为空间数据和代码数据，其中空间数据指的是基础信息库、水土保持规划库，一般是具体的数据支持；而代码数据是将数据转换为计算机语言的一种数据，最后的数据都要进行分析管理，通过数据处理、计算和分析，对信息进行发布，主要是水土保持监测和水土保持的预警。对数据库的分层可以对数据的独立运行提供保证，可以减少空间存储的浪费。

6.3.3.3 数据库物理设计

数据库物理设计是后半段。将一个给定逻辑结构实施到具体的环境中时，逻辑数据模型要选取一个具体的工作环境，这个工作环境提供了数据存储结构与存取方法，这是数据库的物理设计。物理结构依赖于给定的空间数据库系统和硬件系统，因此设计人员必须充分了解所用数据库的内部特征、存储结构、存取方法。数据库的物理设计通常分为两步：第一，确定数据库的物理结构；第二，评价实施空间效率和时间效率。

确定数据库的物理结构包含下面四方面的内容：①确定数据的存储结构；②设计数据的存取路径；③确定数据的存放位置；④确定系统配置。

数据库物理设计过程中需要对时间效率、空间效率、维护代价和各种用户要求进行权衡，选择一个优化方案作为数据库物理结构。在数据库物理设计中，最有效的方式是集中地存储和检索对象。

6.3.4　空间数据库建立

目前，随着信息化水平进一步深化，空间数据库构建应用已经随处可见，与之相对应的软件平台种类也越来越多。其中最具有代表性的国外平台有美国环境系统研究所公司（Environmental Systems Research Institute, Inc., ESRI），国内平台有北京超图公司、武汉中地数码公司以及武汉吉奥信息工程公司等。

由于 ESRI 具有深厚的理论及工程技术底蕴和强大的技术开发力量，在不断创新的同时对用户反馈的大量信息进行分析、整理，并对产品体系结构及技术进行优化和重构，使其在行业保持领头羊的地位。本节内容以 ESRI ArcGIS ArcCatalog 作为数据管理平台，ArcSDE 作为空间数据引擎，与 Oracle 关系数据库管理系统融合存储空间数据为例，简要介绍空间数据库的建立过程。

6.3.4.1　ArcGIS 数据模型——GeoDatabase

GeoDatabase 是一种采用标准关系数据库技术来表现地理信息的数据模型。GeoDatabase 支持在标准的数据库管理系统（DBMS）表中存储和管理地理信息。GeoDatabase 支持多种 DBMS 结构和多用户访问，且大小可伸缩。从基于 Microsoft Jet Engine 的小型单用户数据库，到工作组，部门和企业级的多用户数据库，GeoDatabase 都支持。该数据模型

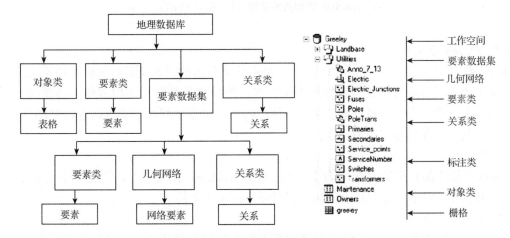

图 6-6　GeoDatabase 数据组织结构

主要包括4种数据模型：①描述要素（feature）的矢量数据；②描述影像（image）、专题格网数据和表面的栅格数据；③描述表面的不规则三角网络（TIN）；④地理寻址的 addresses（地址）和 locator（定位器）（图6-6）。

6.3.4.2　空间数据库引擎

空间数据库引擎（Spatial Database Engine，ArcSDE），即数据通路，是 ArcGIS 的空间数据引擎，它是在关系数据库管理系统（RDBMS）中存储和管理多用户空间数据库的通路。从空间数据管理的角度看，ArcSDE 是一个连续的空间数据模型，借助这一空间数据模型，可以实现用 RDBMS 管理空间数据库。在 RDBMS 中融入空间数据后，ArcSDE 可以提供空间和非空间数据进行高效率操作的数据库服务。ArcSDE 采用的是客户/服务器体系结构，所以众多用户可以同时并发访问和操作同一数据。ArcSDE 还提供了应用程序接口，软件开发人员可将空间数据检索和分析功能集成到自己的应用工程中去（图6-7）。

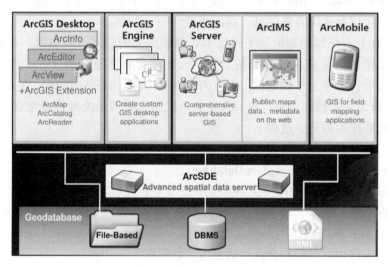

图 6-7　ArcSDE 管理策略示意（注：引自 ESRI）

6.3.4.3　Oracle 数据库

Oracle 数据库（Oracle RDBMS，Oracle），是甲骨文公司的一款关系数据库管理系统。作为目前世界上流行的关系数据库管理系统，该系统可移植性好、使用方便、功能强，适用于各类大、中、小、微机环境。它是一种高效率、可靠性好的、适应高吞吐量的数据库方案。其特点及优势主要表现在：

（1）开放性

Oracle 数据库能在所有主流平台上运行（包括 windows），完全支持所有工业标准，采用完全开放策略使客户选择适合解决方案对开发商全力支持。

（2）可伸缩性及并行性

Oracle 并行服务器通过使组结点共享同簇工作来扩展系统能力，提供高性能和高伸缩性簇解决方案，能满足用户对数据库并行运算需求，对各种平台集群机制都有着相当高集成度。

（3）安全性

Oracle 提供了基于角色分工的安全保密管理，在数据库管理功能、完整性检查、安全性、一致性方面都有良好的表现，已获得最高认证级别的 ISO 标准认证。

6.3.4.4 ArcSDE 和 Oracle 的空间数据库应用体系建立

首先，安装 Oracle 数据库服务器，然后创建并初始化数据库，设置一个数据库实例，并启动 Oracle 数据库相应服务；其次，安装 ArcSDE，建立 ArcSDE 与 Oracle 服务器的连接以登陆 Oracle 数据库服务器，在服务器页面查看表空间信息；最后，上述工作完成后，可以通过 ArcCatalog 客户端直接查看空间数据，并在 ArcCatalog 中通过数据库连接设置之后，操作连接的 Oracle 空间数据库。

6.4 计算机制图

计算机制图是指利用电子计算机的处理分析功能及一系列自动制图设备编绘地图。以传统的地图制图原理为基础，以计算机及相关的外围设备（输入/输出）为工具，通过运用数据库技术和图形数字处理方法，实现地图信息的获取、变换、传输、识别、存储、处理、显示和输出的应用技术科学。

水土保持规划专题图是用于反映水土保持业务的专门特征的图件，其术语、运用"符号构成"分类方法等与其他专题地图相比有独特之处。水土保持图符号的表示也体现着自身的专业特色，通常遵循图形与字母符号脚注形式或填注形式联合构建图例的原则，这是根据我国多年的水土保持实践总结出来的表示方法。考虑应用和专题研究内容的不同，一般将水土保持图划分为专题水土保持图和综合水土保持图。与传统手工编制水土保持规划图相比，在现代信息技术条件支撑下，计算机技术、数据库技术和 GIS 技术在水土保持领域的广泛应用，也给水土保持规划制图带来了新的思路和机遇。

6.4.1 计算机制图特点与优势

与传统手工制图相比，其主要优点有：可分要素用数码存储在介质中，便于提取、更新、处理和应用；使地图内容转绘、投影转换与比例尺变换简化；能精确、快速地解决复杂的表示问题；大大减轻劳动强度。计算机辅助制图是当代地图制图的一个新的发展方向。

①易于编辑和更新　数据易于编辑和更新，且允许同样的数据可进行不同方式的表示。

②提高绘图速度和精度　便宜、自动化的引入使整个生产过程工时节省和技术革新。

③容量大且易于存储　改变了仅以印刷地图作为空间数据存储介质的现状，增大了载荷量，因而减少了数据压缩分类和数据综合对质量的影响。

④丰富地图品种 能生产特殊用户需要的地图，能生产手工方法难以生产的地图，如三维地图，立体地图。

⑤便于信息共享 大量无损失复制，可通过网络进行传播。

⑥便于数据管理 对于原有数据库中信息内容可直接引用，减少重复工作，亦便于将各类成果图件录入数据库中长期保存，便于后期工作应用。

6.4.2 计算机制图主要流程

为了使计算机能识别、处理、贮存和制作地图，关键是要把地图图形转换成计算机能识别处理的数据，即把空间连续分布的地图模型转换成为离散的数字模型。事实上，地图本身就是按照一定的数学法则，经过地图概括，运用特有的符号系统将地表上的事物显示在平面图纸上的一种"图形模型"。地图要素在由空间转绘到平面上之后，仍然保持着精确的地理位置和平面位置，而且图面上所有要素的空间分布，都可以理解为点的集合。因此，计算机地图制图的原理就是通过图形到数据的转换，与计算机进行数据的输入、处理和最终的图形输出。地图编制过程就是地图的计算机数字化、信息化和模拟的过程(图 6-8)。

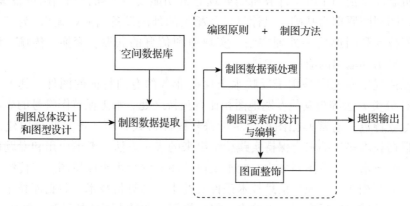

图 6-8 计算机制图主要流程

6.4.2.1 制图总体设计和图型设计

地图编辑人员根据制图任务或者研究需要，首先明确编制水土保持规划图的目的意义和基本用途，这是进行总体设计的出发点。然后确定地图的选题内容，制图区域范围和成图比例尺。由于编图的目的与用途的不同，地图的内容详细程度和表示方法就有很大差别。地图比例尺的确定除考虑地图用途外，还要考虑所掌握制图资料的详细程度以及图面大小与纸张规格。比例尺一般应为简单整数比。整个制图区域必须有比成图比例尺大一些的编图资料，或地图上能够表示的行政单元的统计资料。根据预先考虑的大致比例尺，在充分利用幅面的前提下，根据制图范围的大小，确定地图开幅。地图幅面一般分全开、对开、四开、八开等。如果制图区域范围较大，可采取多幅地图拼接。一般大于两全开地图，多采取对开多幅拼接。

其中，图面设计主要包括幅面、图名、投影与比例尺、图廓、附图、图例及各种说明的范围大小和安放位置等的设计。

（1）幅面

图纸幅面尺寸是指绘制图样所采用的纸张的大小规格，在计算机辅助制图时，幅面设定是基于图纸打印输出需求，而设定的图幅区域。为了便于管理和合理使用纸张，绘制图样时应优先采用表6-2所规定的基本幅面。

表6-2 图纸基本图面尺寸 mm

图幅代号	A0	A1	A2	A3	A4
B×L	841×1189	594×841	420×594	297×420	210×297
e	20			10	
c	10			5	
a	25				

必要时也可根据图幅的用途与要求，选用与基本幅面短边成正整数倍增加的加长幅面。图6-9中，粗实线所示为基本幅面，细实线和虚线所示为加长幅面。

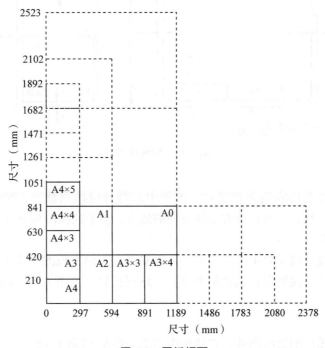

图6-9 图纸幅面

（2）图名

图名要求简明，含义应当明确、肯定，并反映制图区域和地图类型。图名排列以横排较佳，一般放在图廓外的正中，也可放在图廓内左上角或右上角。竖排可安放在图廓内左上角或右上角。字体要与图幅大小相称，以等线体或美术体为主。

（3）投影与比例尺

在水土保持规划制图中多采用等积投影和等角投影，具体设计时采用何种投影，要视地图的用途和要求而定。当前多采用的投影坐标系为高斯—克吕格投影。

比例尺的设计应考虑图幅的用途和要求，根据制图区域形状、大小，充分利用纸张有效面积，并将比例尺数值凑为整数。比例尺有两种表示方法：一是用文字（如一比四百万）或数字（如 1：4 000 000）表示；二是用图解比例尺表示。图解比例尺间隔也有两种划分方法：一种是按单位长度划分，表明代表的实际长度；另一种是按实地千米数划分，每格是按比例计算在图上的长度。比例尺一般放在图例的下方，也可放置在图廓外下方中央或图廓内上方图名下处。

（4）图廓

又称图框，是地图图形的范围线，一般由内图廓、分度带和外图廓组成。图框线用粗实线绘制，一般情况标题栏位于图纸右下角，也允许位于图纸右上角。标题栏中文字书写方向即为看图方向（图 6-10）。

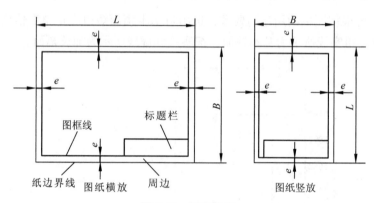

图 6-10 图纸格式

（5）图例

图例符号是专题内容的表现形式，图例中的符号应排列整齐，且与图内符号的内容、尺寸和色彩一致。一般在读者阅读方便的地方，多半放在图幅下方。

（6）文字说明

文字说明和统计数字要求简单扼要，一般安排在图例中或图中空隙处。其他有关的附注也应包括在文字说明中，包括制图资料、地图投影、编图工艺、编绘年月、出版机构等。

（7）附图

附图是指主图外加绘的图件，它的作用主要是补充主图的不足。

小面积规划附图主要有：水土流失现状图、土地利用现状图、水土保持措施现状图与水土保持措施规划图，图件比例尺为 1：10 000～1：5 000。

大面积规划附图主要有：行政区划图、水系分布图、水土流失类型分区图或水土保持工作分区图、重点防护区重点监督区与重点治理区分布图、重点治理小流域与治理骨干工程分布图，根据不同的规划面积分别采取不同的比例尺，见表 6-3 和表 6-4。附图放置的位置应灵活。

表 6-3　规划面积与比例尺

规划面积 （×10⁴km²）	<1	1~10	10~20	20~100
比例尺	1:5×10⁴~1:10×10⁴	1:10×10⁴~1:100×10⁴	1:100×10⁴~1:200×10⁴	1:200×10⁴~1:400×10⁴

表 6-4　不同层次水土保持规划设计应附的主要图件

图件名称	全国性	大江大河	省级	专项	支流	县级	小流域
土壤侵蚀类型区图	√	√	√	√	√	√	√
水土流失现状图	√	√	√		√	√	√
水土保持现状图	√	√	√	√ 项目现状	√	√	
综合防治规划图	√	√	√	√ 项目规划	√	√	

（8）图表

有两种，一种是补充性统计表，一种是量图用的图表。附图和图表不宜过多，以免充塞图面，且要配置适当。图面设计示例如图 6-11 所示。

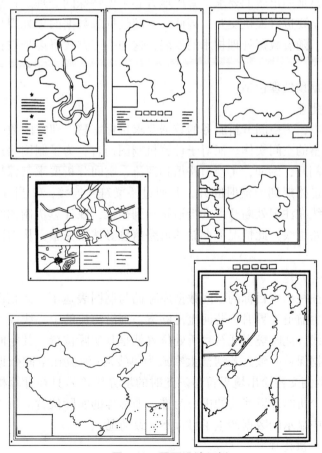

图 6-11　图面设计示例

6.4.2.2 从空间数据库中或现有数据文件中提取制图数据

水土保持规划图件制作过程中，利用空间数据库或现有文件资料提取制图数据时，要根据地图生产的要求，利用一定的软件来进行。如果成图比例尺和地图数据库的比例尺相同，成图的内容又与地图数据库中的内容相近，这方面的问题要小些，否则提取什么样的内容、怎样提取，取舍指标怎样控制、其他内容怎样补充都需要研究，并要进行充分的试验。

6.4.2.3 制图数据预处理

完成空间数据库数据向计算机制图数据的转换，即利用计算机软硬件把空间数据库数据按地图图示规范转换成计算机制图数据。空间数据库数据和计算机制图数据虽然是一脉相承，二者有本质的联系，但又有很大差异。主要表现在：空间数据库数据更强调空间地理环境怎样用数字形式来表述，而计算机制图数据则是空间地理环境信息的抽象化、概念化和可视化的图形符号模型。广义地讲，计算机制图数据是空间数据库数据的一种。但空间数据库数据按地图图示规范自动转换成计算机制图数据目前还有许多困难，还无法直接满足地图出版的要求。有些地方必须做特殊的处理。特别是各地图要素空间关系的处理甚至要进行人机交互。因此，空间数据库数据的预处理是数字环境下地图制图的主要方式。随着数据处理技术的发展，这种手工方式将逐步被自动或半自动数据处理所代替。

常用的制图数据预处理包括：

（1）完整性预处理

在空间数据库中，为空间分析服务的数据要求目标完整，即空间数据库中一条完整的记录对应一个完整的空间实体。而对于计算机制图而言，为了制图表达的需要，通常需将完整的目标分割开，例如，①当道路遇到河流，空间分析要求其保持连通性，而在计算机制图中要求道路遇到河流时断开，并通过桥梁符号连接；②当等高线遇到注记，数字制图要求等高线在注记处断开；③当道路遇到街区，在计算机制图时，通常以街区的房屋边线作为道路边线，此情况下存储的道路信息必然不完整，从而影响空间分析的正确性。

（2）目标一致性处理

计算机制图时往往出现目标的空间数据库存储与制图表达不一致情况。例如，当境界以河流中心线或主航道为界时，若河流足够宽，则沿河流的中心线或主航道线精确且不间断地绘出境界线。此时境界线符号所处位置就是其实际位置，其空间分析数据与计算机制图显示的数据保持一致。若河流太窄或为单线河（河流在空间数据库中存储为线要素），则在河流两侧交替绘出境界符号。此时的境界线符号只在计算机制图中具有说明作用，而在空间分析时却以河流的中心为准，即境界的实际位置。所以境界线的空间数据与计算机制图中显示的数据产生了目标不一致情况。

（3）结构一致性预处理

一方面，计算机制图时的结构不适用于利用空间数据库进行空间分析。在计算机制图中，多注重图幅的可视效果，而忽略了目标间的实际关系，通常出现目标重复采集（如共边）、目标压盖、目标移位等目标间拓扑关系混乱的现象。这种错误的目标关系，势必引起利用空间数据库进行空间分析的错误结论。另一方面，空间分析所用拓扑结构应用于计算机制图时显得过于复杂，必须先将复杂的拓扑关系数据转换为面向实体的拓扑关系数据，再将面向实体的拓扑关系数据转换为坐标数据，最终实现计算机地图绘制。

6.4.2.4 制图要素的设计与编辑

地图设计是根据用户的需求以及地图的用途和资料的情况对地图符号系统进行设计，确定截幅范围和图面配置式样，进行地图色彩的设计，确定各要素的印刷用色和压印关系。

地图制图要素的设计与编辑是按所设计的符号系统对地图内容进行符号化。在符号化的过程中，符号的大小、色彩、粗细以及相互之间的关系最好反映实际情况，严格按所要求的尺寸来显示和记录，这样作业人员才能准确地处理好地图上各要素相互之间的关系，解决诸如压盖、注记配置、移位、要素共边等问题，保证所制作出来的地图质量。

6.4.2.5 编辑修改与绘图检查

由于图形符号和地理信息还不完全相同，所以再好的符号化软件，再高质量的地图数据所形成的符号化地图仍然需要采用图形编辑的方法进行调整。

由于在计算机屏幕显示地图与纸质地图存在色彩显示、字号符号显示、线型线宽显示等差异，在计算机屏幕上对地图内容进行检查较为困难，所以大多采用绘图的方法绘在纸张上对地图内容进行检查。

6.4.2.6 图面整饰与地图输出

图面整饰是表达地图内容重要手段之一，它依据所编规划图的用途和内容，通过符号和彩色的设计来显示地图内容的特征，使地图不仅具有丰富的科学内容和准确的定位精度，并有美观而又清晰易读的图面艺术效果。而地图输出处理是将编辑修改后的地图内容按地图出版要求进行处理，形成可被输出设备接收的分色数据，同时它还能生成彩色打样图像供内容检查使用。

6.4.3 制图要素的设计与编辑

6.4.3.1 底图设计

水土保持规划图质量的高低与制图时选择的地理基础底图密切相关。因为地理基础底图对专题内容的表示有以下两方面的作用。首先，它具有确定方位的骨架作用。地理基础底图能够提供经纬网格、水文、居民点和其他要素等内容，为正确显示各种专题内容的空间分布，进行合理的图面配置提供了科学依据，故它是转绘专题内容的控制系统。其次，它能阐明专题内容与底图要素的相互联系，再现制图区域地理景观的本来面目,便于理解各种专题内容的分布规律,明确所要表达的目的。因此,地理基础底图是编制水土保持规划图的先行图件。地理基础底图有两种:一是工作底图,通常选用与所编规划图比例尺相同的地形图;二是出版底图,按照图种和比例尺的要求编制而成,它既要求能阐明专题内容的地理环境,有助于规划图使用,又要求清晰易读、不致干扰主题内容,编制方法一般先在地形图上标绘出所需内容,然后清绘,得到出版底图。

6.4.3.2 制图要素表示方法

水土保持规划是一项多学科、多行业的综合性的工作,其涉及的资料相当广泛,具体表现为农、林、水各项措施的综合配置,在这些措施中有的具有可制图性,而有的则相反。对具有可制图性的措施在空间分布上具有三方面的特点,一是分布在很小的面积上,在图幅上仅能以定位的点表示,如涝池、水窖等措施;二是分布呈线状或带状,在图上以线状表示,如沟边埂等措施;三是分布呈面状,其中有的是间断状分布在较大面积上的,如水土保持林等,而有的是在大面积上分散分布的,如农作物、果树等。因此,在图面上需要采用多种方法表示这种特征。其表示方法主要有点、线、面3种。

1)点状分布要素的表示方法

定点符号法是以不同形态、颜色和大小的符号,表现呈点状分布的地理资源的分布、数量、质量特征的一种表示方法。这种符号在图上具有独立性,能准确定位,为不依图比例尺表示的符号,这种符号可用其大小反映数量特征,可用其形态和颜色相配合反映质量特征,可用虚线和实线相配合反映发展态势。通常以符号的大小表示数量的差别,形状和颜色表示质量的差别,而将符号绘在现象所在的位置上。符号按其形状可分为几何符号、文字符号和艺术符号3种,其中以几何符号应用最广,如图6-12所示。

应用符号法编绘综合治理规划图时,上述3种符号类型也可以配合使用,以反映措施的类别。

图6-12 定点符号的种类

符号的形状和颜色是用来表示措施的质量。一般情况下颜色的差别较形状的差别更为明显，故常以颜色表示措施的主要差别，以形状表示措施的次要差别。

符号面积大小如果与所表示措施的数量有一定的比率关系，这种符号称为比率符号，否则称为非比率符号。比率符号还可以分为绝对比率符号和任意比率符号。

绝对比率符号是指符号面积的大小与它所代表的措施的数量呈正比关系。在计算表示每个数量指标的符号面积时，需要规定符号的准线和比率基数。由于符号准线长度的平方与符号面积呈正比。这样，措施的数量也必定与准线长度的平方呈正比。如知道准线长为1mm的符号所代表的数量指标，则可求出表示任何数量指标符号的准线长度。

任意比率符号面积的大小只是在一定程度上反映现象的大小或多少，而不与所代表的措施的数量指标呈正比关系。在计算条件比率符号的准线长度和确定符合面积时，既要使图上最小的符号可以看清楚，又要使最大符号不致过大，能与图上总的内容相协调。

无论是绝对比率符号或任意比率符号，其符号半径长短的变化都可以是连续的或分级的(图6-13)。连续比率符号是随所代表的数量变化而连续变化的，分级比率符号是将数量进行分级，同属一级的数量均用同样大小的符号表示。

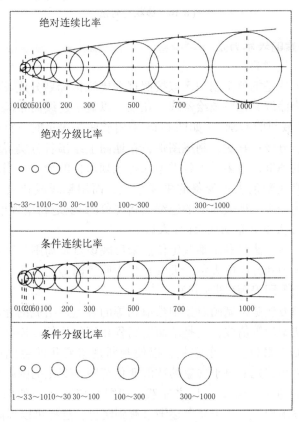

图6-13　符号的比率

2)线状分布要素的表示方法

表示成线状或带状延伸分布的物体符号称为线状符号。线状符号在水土保持规划图上，主要用来表示沟边埂、水系、道路、境界线等。

线状符号既能反映线状地物的分布，还能反映线状地物的数量与质量；既可以用颜色和图形表示措施的质量特征，也可以反映不同时期措施的变化。该方法一般不表示对象的绝对数量指标，符号的粗细只代表等级的差异。在编制水土保持规划图时，如果需要用线状符号法表示措施的数量特征，可附注文字、数据说明。线状符号的定位线，是单线的在单线上，是双线的在中线上。常见的线状符号如图 6-14 所示。

图 6-14 线状符号法

3)面状分布要素的表示方法

(1)布满制图区域现象的表示

①质底法　该方法是把整个制图区域按照规划措施指标划分成不同区域或类型，在各界线或类型范围内涂以颜色或填绘晕线、花纹，以显示连续而布满全制图区域的现象的质底差别(或各区域间的差别)。如图 6-15 采用质底法表示时，首先，按措施内容性质决定措施的分类、分级；其次，制成图例，在地图上绘出各分类界线；最后，在各分区界线内根据拟定的图例符号表示出各类型或各区划单位的分布。当用质底法显示两种性质的现象时，通常用颜色表示现象的主要系统，而用晕线或花纹表示现象的补充系统。这种方法可以用于表示地表面上的连续面状现象(如土地利用现象)、大面积分布的现象(如土壤覆盖)或大量分布的现象(如人口)。

②定位图表法　该方法是利用某些定位点来反映该点及周围某种现象的总特征或总趋势，如气候图中风力和方向的表示，天气预报中晴、雨等的表示。常用的图表有柱状图表、曲线图表、玫瑰图表等(图 6-16)。

③等值线法　该方法是指制图对象中数值相等的各点连结成的光滑曲线。地形图上的等高线就是一种典型的等值线，它是地面上高程相等的相邻点连结成的光滑曲线。等值线的数值间隔原则上最好是一个常数，以便判断现象变化的急剧或和缓，但也有例外。等值线间隔的大小首先取决于现象的数值变化范围，变化范围越大(以等高线为例，地貌高程变化越大)，间隔也越大；反之亦然，如图 6-17 所示。如果根据等值线分层设色，颜色应由浅色逐渐加深，或由寒色逐渐过渡到暖色，这样可以提高地图的表现力。

(2)间断呈片分布现象的表示

范围法亦称区域或面积法，是用轮廓线、着色、晕线、注记、符号等整饰方法，在

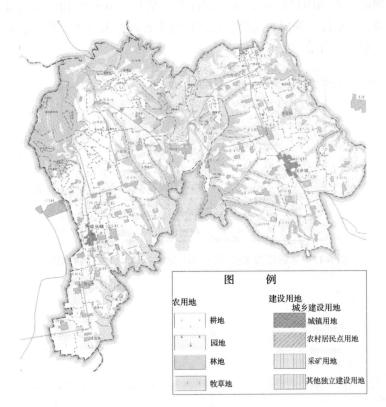

图 6-15　质底法示例

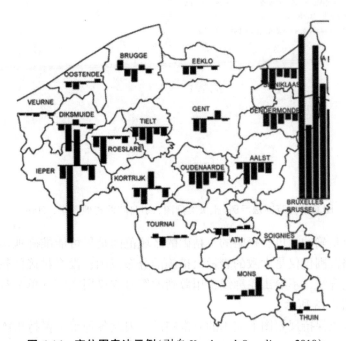

图 6-16　定位图表法示例(引自 Kraak and Ormeling，2010)

图上表示规划措施在制图区域内具有一定面积、呈片状分布的物体和现象，例如，森林、煤田、湖泊、沼泽、油田、动物、经济作物和灾害性天气等。可见，此法在图面上标明的不是个别点，而是一定的面积。

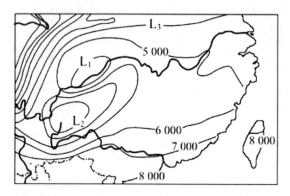

图6-17 等值线法示例（我国部分地区≥10℃积温等值线图）

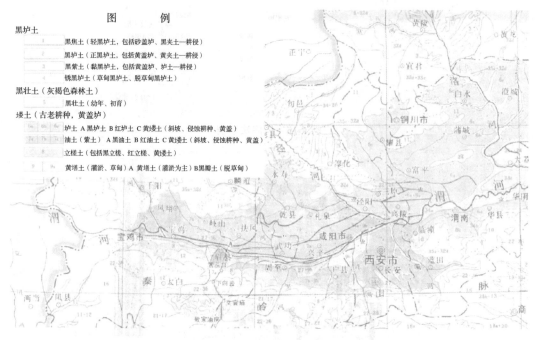

图6-18 范围法示例（土壤类型图，引自陕西省地图集，2009）

区域范围有精确的，也有概略的。精确的区域范围是尽可能准确地勾绘出措施分布的轮廓线。概略范围仅仅是大致的表示出措施的分布范围，没有精确的轮廓线，常用虚线、点线表示轮廓线，不绘出轮廓线，用散列的符号或仅用文字、单个符号表示现象的分布范围，如图6-18所示。

范围法在水土保持规划图上应用的非常广泛，因此各种水土保持措施常常在同一区域相互交叉，构成复合措施，且这种措施又不是布满整个区域，而是呈间断成片分布。

（3）分散分布现象的表示

①点值法 用"点子"的不同数量来反映地理资源分布不均匀的状况，而每一个"点子"本身大小相同，所代表的数量也相等。这种方法广泛用来表示人口、农作物及疾病等的分布，通过点的数目的多少来反映数量特征，用不同颜色或不同形状的点反映质量特征。影响点值法图画效果的主要因素是"点子"的大小、点值和"点子"的位置。"点子"的大小和点值是表示总体概念的关键因子，两者要合理选择。"点子"过大或点值过小，易产生"点子"重叠；反之，则使图面反映不出疏密对比情况。点值 A、总量 S 和点数 n 三者的关系为：

$$A = \frac{S}{n} \tag{6-1}$$

合理选择 A 和 n，则图面清晰易读，如图 6-19 所示。点值法是质底法和范围法的进一步发展。质底法和范围法只能反映现象的分布范围及其质量特征，点值法则可以表明现象的分布和数量特征。点值法有两种方法：一是均匀布点法，即在一定的区划单位内均匀地布点；二是定位布点法，即按照现象实际所在地布点。

②分级比值法 又称为色级统计图法或分级统计图法，常用于统计制图，它是把整个制图区域分成若干小

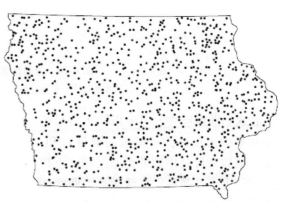

每个点代表 100 个农场（2000 年）

图 6-19 点值法示例

的区划单位（通常按行政区划分区），然后按各区现象集中的程度（密度或强度）或发展水平划分级别，最后按级别的高低分别填上深浅不同的颜色或粗细、疏密不同的晕线，以显示现象地理分布的差别（图 6-20）。

计算相对指标时一般是将各区划单位内某项绝对指标除以该区划单位的面积，或是将某绝对指标除以该区的人口总数，或播种面积总数。如人口密度（人口数/区划单位面积）、耕地占全区土地的百分比（耕地面积/全区土地面积）、某种作物平均亩产量（总产量/种植亩数）与工农业人均产值等。

分级比值法是按照各区划单位的统计资料，根据现象的密度、强度或发展水平划分等级，然后依据级别高低，在地图上按区划分别填绘深浅不同的颜色或疏密不同的晕线，以显示各区划单位间的差异，适于表示相对的数量指标。分级统计图上级别的划分，取决于编图目的、现象的分布特点和指标的数值，可采用等差分级（0~10、10~20、20~30 等）、等比分级（5~10、10~20、20~40 等）、逐渐增大分级（0~20、20~50、50~100 等）或任意分级（0~20、20~25、25~30 等）。

③分区图表法 该方法是将制图区域分成几个区域单位（通常按行政区划、流域等），在每个区域单位内，按其相应的措施类型和数量指标，绘成不同形式的统计图形，以表示各区域单位内水土保持综合治理的总体措施内部结构及其动态。

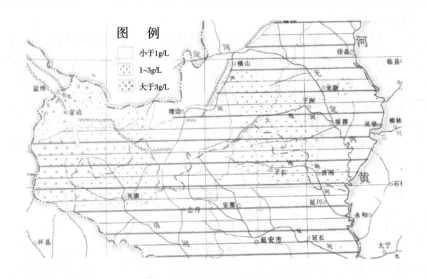

图 6-20　分级比值法示例

（潜水矿化度，引自《陕西省地图集》，2009）

在规划图编制中，通常以图形符号的大小和多少来反映治理措施的数量总和；以图形结构来反映措施的类型结构；以扩张图形的大小及颜色、柱状图表、曲线图表来反映治理措施的发展动态。这种图形符号不是点符号，而是配置符号，定位于面即可。这种方法最适宜采用绝对指标，也可采用相对指标，它要求底图必须有正确的区划界线，常常用在中小比例尺的治理规划图上。如图 6-21 所示。

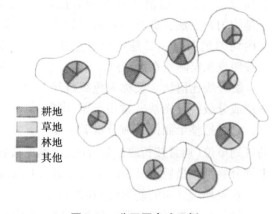

耕地
草地
林地
其他

图 6-21　分区图表法示例

在地图制图中采用较多的是线状统计图形——柱状和带状等，其长度与所比较的数值呈正比；面积统计图形——正方形、圆圈等，其面积大小与所比较的数值呈正比；立体统计图形——立方体、圆球等，其体积与所比较的数值呈正比。

6.4.3.3　图例设计

水土保持规划图的图例设计，应注意以下几点：

①根据一个或一个系统特征确定内容要素的分类分级系统，在此基础上设计图例的内容、符号和颜色。图例本身内容必须完备，图内的全部内容要素都应用图例表示出来。

②图例应有一定的逻辑结构和排列顺序。水土保持规划图的图例应先列出规划内容，后列底图内容（如各种行政界）。规划内容的图例可以按不同措施顺序排列，如农业耕作措施、工程措施、植物措施、园林式种植措施，然后列出近期规划控制线、远期规划控制线。

③图例中符号的大小和文字说明的字体、大小，要根据图例的内容和主图外图例部位的范围大小进行恰当的安排。

④在制图区域内使内容要素分布的情况一定能适应已确定的图例，以显示内容要素分布的典型特点、数量和质量，并确定与其他现象的关系。

综合治理措施的分类是图例设计的前提，在分类的基础上，根据所编图的比例尺、用途和制图区域特点进行逐级综合，最后再过渡到图上的图例分类。分类要求简单明了、合乎逻辑。

在图例设计的过程中，要求做到图例符号和彩色简明、精致、易绘易读，力求具有象征意义，反映区域特色，点、线、面和彩色结合使用，使图例丰富多样；图例符号的尺寸大小视图的比例尺而定，尽量提高地图的载负量和清晰度，彩色的色相和明亮度紧密配合图幅内容的性质和特点，同一性质的图例设色必须自成系统，大面积用明调，小面积用暗调，尽量做到既符合科学内容，又协调美观；尽可能采用一般惯用符号的彩色。

图例设计的步骤为：①根据所编图幅内容要素的科学分类系统来制订图例。并应在编制作者原图时就着手解决。②图例拟定后，要进行试验，内容包括符号的图形、大小、线划规格和彩色等。一般采用全幅或典型区试验，以示成图的面貌。符号的大小和位置安排，应在试验中加以调整，要求做到位置准确，图面清晰。线划符号的分级，经过多次反复试验，提出几个线划符号方案，加以比较，选取最佳方案。点、线符号除了大小之外，还应规定其分布密度和角度。③图例试验取得最后方案后，为进行编绘，清绘整饰和制印工艺的拟定，应将符号、彩色和说明统一编印成图例目录表。建议采用国家颁布的专门的水土保持制专业图例，如《水利水电工程制图标准 水土保持图》(SL 73.6—2015)，示例见表6-5。

表6-5 水土保持专业图例(水土流失/土壤侵蚀类型图例)

名称	图例	名称	图例
水蚀		重力侵蚀	
面蚀(含细沟侵蚀)		滑坡(含山剥皮)	
沟蚀		崩塌(含边坡坍塌和塌落)	
河(沟)岸侵蚀(冲沟)		泻溜	
海岸侵蚀		崩岗	

6.4.3.4 符号与色彩

符号由形状、尺寸、定位点、文字等要素构成，是地图的语言，同时地图符号记录着制图对象空间分布的信息，是对应地物的信息载体，反映着地物的数量、质量特征，是地图表达的关键。符号有以下特点：它是根据实际事物的具体特征而来，外形简单美观，由符号很容易联想到实际事物，容易记忆；符号之间具有明显的差异性，以便于视觉上区分不同事物；同一类事物的符号具有相似性，有利于分析各类事物的总体分布情况及其之间的相互联系。

用于表达地物的符号的种类非常多，按制图对象的几何特征可以分为：点状符号、线状符号、面状符号。按视觉特征分为：形象符号和抽象符号；前者主要描述空间事物的形态特征，其象征性和约定性较强；抽象符号注重符号的几何形状和色彩，约定性差，能体现量的变化。按定位情况分为定位符号和非定位符号；前者在地图上位置确定，不可以任意移动，根据图上符号位置便能确定对应实体的实地相对位置；非定位符号位置不确定，用于指示一定范围内地理要素的质量特征。

色彩对于地图的可视化表达起着关键性的作用。首先，颜色丰富了地图的内容，并且使得地图内容的表达更具有科学性，同时使得地图要素的分类、分级变得更加直观。其次，使得地图的符号系统得到简化，如同一种细线，赋予不同颜色就可以代表不同要素，蓝色可以代表水域界线，黑色代表路边界等。最后，合理地使用颜色使得地图语言的视觉效果得到改善，地图的审美价值也显著提高，颜色令地图要素容易辨别，使地图符号清晰易懂。

6.4.3.5 地图注记

地图注记的构成要素有：字体、字号、字色、字间隔、排列方向。不同的颜色和字体可代表不同事物；不同的大小和等级可表现实体对象的分级和重要程度；不同的位置、字间隔和排列方向可反映实体对象的位置、分布范围和伸展方向。在地图注记的辅助下，读图者能够更加快速清楚地获取地图的各种信息。

地图注记从表现形式可以分为三大类：名称注记、数字注记和说明注记。我国标准制图规范对地图注记样式有着严格的规定，要保证地图的高质量，地图注记要做到含义明确、定位精准、清晰美观，起到标识、关联和符号的作用。

6.4.3.6 制图综合

地图制图综合是指在编制地图过程中，根据编图的目的，对编图资料和制图对象进行选取和概括，用以反映制图对象的基本特征和典型特点及其内在联系的方法。它是制图作业的一个重要环节，成图质量的好坏及其在科学上和实用上的价值，主要取决于这一步骤。

制图综合按其在编图中的目的和要求，从对制图物体的大小、重要程度、表示方法和读图效果的角度分为比例综合、目的综合和感受综合 3 种。比例综合是指因地图比例尺缩小而引起图形轮廓无法表达时，需要进行选取和概括的一种综合手段。目的综合是指事物的重要程度并不完全决定图形大小和简单的比例关系，而是以编图目的和事物本身的重要性，以及制图者对其认识为转移的综合方法。感受综合是指制图者研究制图综合时，不能只从作者出发，还要考虑读者在对地图观察感受中产生的一种意识综合。

常用的制图综合方法主要包括：①制图对象轮廓(形状)的概括；②制图对象数量特征的概括；③制图对象质量特征的概括；④制图对象的取舍；⑤以各个制图对象(概念)的集合符号(种的甚至是类的概念)代替各单个地物(概念)。

6.5 图面整饰

图面整饰是表达地图内容的重要手段之一，它依据所编规划图的用途和内容，通过符号和彩色的设计来显示地图内容的特征，使地图不仅具有丰富的科学内容和准确的定位精度，并有美观而又清晰易读的图面效果。无论何种类型的地图，图面整饰都要注意以下几点：①底图内容用色宜少，且色调不可太深，以免干扰主题内容的表达；②区外底色要比区内浅淡，以免喧宾夺主；③图边形式以及图面上所有辅助配置的彩色整饰，应服从主图的内容和表示形式，使图面主题突出、生动协调，给人以明快的感觉。

6.6 专题地图输出

水土保持规划空间数据在系统中经过处理、分析后形成各类专题成果，必须以某种可感知的形式输出，供用户使用。目前，制图输出的主要形式有地图、图像、统计图表、文字和多媒体等。

(1)地图

地图是空间实体的符号化模型。它遵循一定的数学法则，将现实世界所传递的地理信息通过概括总结，并运用特定的符号表示在一定载体如纸张、计算机显示器上用以传递地理空间中地物实体的质量、数量和时空特征及其发展变化规律。只要不特别说明，地图产品皆是指矢量数据形式的地图。

(2)图像

栅格图像通过画面每个细部的明暗或色调来表现周围实体的界限和形态，具有丰富的表现力，如经过一定整饰的卫星影像和数字航测图像等可直接作为产品输出。

(3)统计图

统计图利用图形来表示实体的属性特征及属性间的相互关系。由于采用可视化手段使用户对这些信息有全面、直观的了解，它通常被结合到专题地图输出中表现点状地物、面状地物，有时也表示线状地物的属性统计特征、属性间相互关系或数量变化。

(4)文字和表格

例如，地理信息系统有时也输出单纯的文字。

(5)数字或表格

例如，输出一段的土地法令、法规文件等。

(6)多媒体

包括多媒体视频、音频等。

6.7 几种主要专题地图的制作

6.7.1 坡度图

坡度图是表示地面倾斜率的地图。主要用晕线或颜色在图上直接表示出坡度的大小或陡缓。坡度倾角(α)的计算公式是：

$$\tan\alpha = \frac{h}{l} \tag{6-2}$$

式中 h——高差；

l——水平距离。

坡度数值的形式，通常用一个倾斜面对水平面间的夹角，即倾斜角度表示；也有用地面比降分数式或百分率表示。编制坡度图要借助于带有等高线的地形图，一般大比例尺图图廓下方多附有坡度尺，可用其所标示的各级坡度值所对应的等高线之间的水平距，量出各级坡度。实际作图时，往往用等高线密度尺在地形图上进行坡度分级。其分级标准，多根据人们改造和利用自然实际需要的坡度临界极限，或各地貌类型自然界限值进行确定。坡度图对水土保持规划有重要实用价值（图 6-22）。

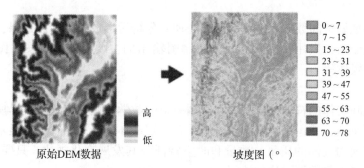

图 6-22 基于 DEM 的坡度计算结果

（1）坡度分级标准

耕地坡度分为≤2°、2°～6°、6°～15°、15°～25°、>25°五个坡度级（上含下不含）。坡度≤2°的视为平地，其他坡度级分为梯田和坡地两种类型（表6-6）。

表 6-6 耕地坡度分级及代码

坡度分级	≤2°	2°～6°	6°～15°	15°～25°	>25°
坡度级代码	I	II	III	IV	V

注：上含下不含。

（2）基于 DEM 的坡度计算方法

基于 DEM 的坡度计算一般采用拟合曲面法。拟合曲面一般采用二次曲面，即 3×3 的窗口，如图 6-23 所示。

e5	e2	e6
e1	e	e3
e8	e4	e7

图 6-23　基于 DEM 的坡度计算(3×3 窗口)

每个窗口的中心为一个高程点。图 6-23 中，中心点 e 的坡度和坡向的计算公式如下：

$$Slope_{we} = \frac{(e_8 + 2e_1 + e_5) - (e_7 + 2e_3 + e_6)}{8 \times Cellsize} \tag{6-3}$$

$$Slope_{sn} = \frac{(e_7 + 2e_4 + e_8) - (e_6 + 2e_2 + e_5)}{8 \times Cellsize} \tag{6-4}$$

式中　$Slope_{we}$——X 方向的坡度；

　　　$Slope_{sn}$——Y 方向的坡度。

6.7.2　土壤侵蚀图

土壤侵蚀是地球表面土壤和母质被剥离、搬运的过程。土壤侵蚀的发生导致土壤肥力的下降，改变土壤的理化性质，导致土地荒漠化，加剧洪涝和干旱的发生。被剥离的泥沙造成河流、湖库、坑塘的淤积，引发一系列次生灾害。土壤侵蚀的空间分布格局是不断地演替和发展的，遥感和 GIS 技术是探索土壤侵蚀动态演变的主要手段。遥感技术适用于大面积多时态土壤侵蚀监测研究，利用 GIS 技术将不同时期土壤侵蚀分布图层或其他专题图与土壤侵蚀分布图进行叠加分析，能够挖掘出土壤侵蚀的时空变化规律以及它与土壤侵蚀影响因子的相关关系。

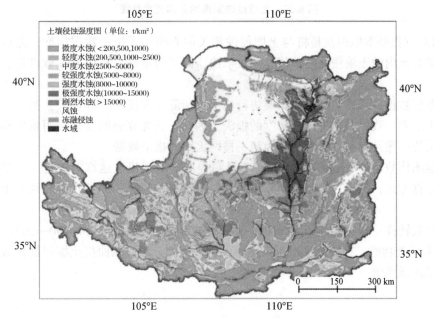

图 6-24　黄土高原地区土壤侵蚀强度

注：引自黄土高原水土保持专业数据库。

土壤侵蚀制图主要是通过分析土壤侵蚀影响因子与土壤侵蚀模数的关系，了解不同因子对土壤侵蚀程度影响的大小，为决策部门制定防治措施提供参考依据（图 6-24）。

通用土壤流失方程（USLE）最初由美国研制，是一个基于小区实验数据开发得来的计算土壤侵蚀模数的经验模型，目前在计算草地、坡面等地方的流失量上应用非常广泛。该模型从 20 世纪 30 年代提出，发展到现在，经多次修改和完善，1956 年正式出版，后又进行了多次重大修订。该模型为水保行业和土地资源管理行业提供了大量支持，计算思想也影响着各国后来经验模型的开发，为土壤侵蚀相关研究提供了一套系统的解决方案。我国从引进该模型以后，就投入大量人力物力对其进行研究和扩展，取得了不错的成效。

使用 USLE 计算土壤侵蚀强度的基本过程如下（图 6-25）：

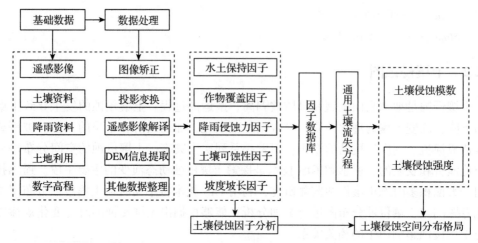

图 6-25　土壤侵蚀制图的总体技术路线

USLE 方程基本原理就是将与土壤侵蚀相关的影响因子统一数据标准，然后连乘即可获得研究区内的土壤侵蚀模数值，单位取决于因子的量纲。利用 GIS 软件进行计算步骤如下：

①栅格数据重采样　栅格数据要进行空间分析除了要统一坐标以外，另一个要点就是栅格大小要一致，否则将造成精度的损失。因此，首先要做的就是利用重采样功能将六个图层统一像元大小，将其转换为统一格网大小的栅格数据。

②地图代数运算　ArcGIS ToolBox 工具箱提供了地图代数运算，这是一种基于像元的模型运算方式，将统一像元大小以后的图层进行连乘运算，即得到研究区的土壤侵蚀模数。

③模数转换　根据水利部颁布的《土壤侵蚀分类分级标准》（SL 190—2007），利用 ArcGIS 重分类功能，按照该标准进行土壤侵蚀模数的分级，从而把土壤侵蚀模数图转换为土壤侵蚀强度图。

6.7.3 土地利用现状图

土地利用现状图是表达土地资源的利用现状、地域差异和分类的专题地图。它是研究土地利用的重要工具和基础资料，同时也是土地利用调查研究的主要成果之一。在编制土地利用图的基础上，对当前利用的合理程度和存在的问题、进一步利用的潜力、合理利用的方向和途径，进行综合分析和评价。因此，土地利用现状图是调整土地利用结构，因地制宜进行农业、工矿业和交通布局、城镇建设、区域规划、国土整治、农业区划等的一项重要科学依据。

就内容而言，土地利用现状图包括：土地资源开发利用程度图、土地利用类型图、土地覆盖图、土地利用区划图和有关土地规划的各种地图。此外，还有着重表现土地利用某一方面的专题性土地利用现状图，如垦殖指数图，耕地复种指数图，草场轮牧分区图，森林作业分区图，农村居民点、道路网、渠系、防护林分布图，荒地资源分布和开发规划图等。要求如实反映制图地区内土地利用的情况、土地开发利用的程度、利用方式的特点、各类用地的分布规律，以及土地利用与环境的关系等(图6-26)。

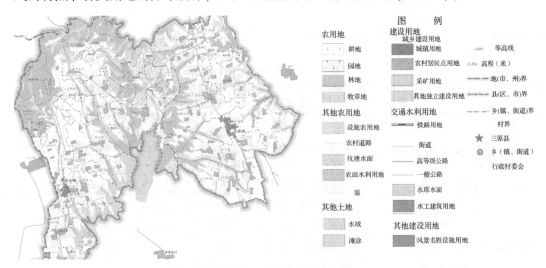

图6-26 土地利用现状图样例

6.7.4 土地利用规划图

土地利用规划图是在一定区域内，根据国家经济社会可持续发展的要求和当地自然、经济、社会条件对土地开发、利用、治理、保护在空间上、时间上所作的总体的战略性布局和统筹安排，从全局和长远利益出发，以区域内全部土地为对象，合理调整土地利用结构和布局；以利用为中心，对土地开发、利用、整治、保护等方面做统筹安排和长远规划。目的在于加强土地利用的宏观控制和计划管理，合理利用土地资源，促进国民经济协调发展(图6-27和表6-7、表6-8)。

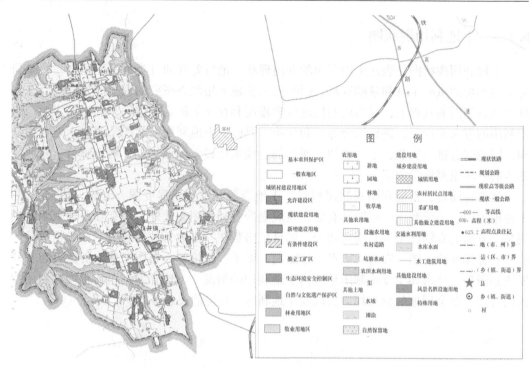

图 6-27 土地利用规划图样例

表 6-7 土地利用总体规划图表达的规划要素及含义

类别	名称	含 义
土地用途分区	城镇村建设用地区	是为城镇(城市和建制镇,含各类开发区和园区)和农村居民点(村庄和集镇)建设需要划定的土地用途区
	独立工矿区	是指为独立于城镇村之外的建设发展需要划定的土地用途区
	基本农田保护区	是对基本农田进行特殊保护和管理划定的区域
	一般农地区	是在基本农田保护区外、为农业生产发展需要划定的土地用途区
	林业用地区	是为林业发展需要划定的土地用途区
	牧业用地区	是指为畜牧业发展需要划定的土地用途区
	风景旅游用地区	是指具有一定游览条件和旅游设施,为人们进行风景观赏、休憩、娱乐、文化等活动需要划定的土地用途区
	自然与文化遗产保护区	是对自然和文化遗产进行特殊保护和管理划定的土地用途区
	生态环境安全控制区	是指基于维护生态环境安全需要进行土地利用特殊控制的区域
建设用地管制分区	允许建设区	城乡建设用地规模边界所包含的范围,是规划期内新增城镇、工矿、村庄建设用地规划选址的区域,也是规划确定的城乡建设用地指标落实到空间上的预期用地
	有条件建设区	城乡建设用地规模边界之外、扩展边界以内的范围。在不突破规划建设用地规模控制指标的前提下,区内土地可以用于规划建设用地的布局调整
	限制建设区	辖区范围内除允许建设区、有条件建设区、禁止建设区外的其他区域
	禁止建设区	禁止建设用地边界所包含的空间范围,是具有重要资源、生态、环境和历史文化价值,必须禁止各类建设开发的区域

表 6-8　土地利用总体规划可选择图件内容说明

图件种类	可选择图件名称	主要内容
现状图	区位图	采用轴线等方式，反映县域在重要发展区域内的空间位置、主要社会经济联系、与周边市县的关系等
	遥感影像图	区域现状遥感影像。通过航空或卫星遥感影像直接反映区域土地覆被情况
	数字高程模型图	区域数字高程。反映区域地势情况，以便于对土地利用布局的合理性进行判断
	中心城区土地利用现状图	需要表达的内容包括中心城区现状用途、中心城区规划控制范围、主要的河流、湖泊、山体、自然保护区、风景名胜区、文物古迹、贯穿中心城区的铁路、高速公路、国省干道及代号、水利设施、机场、港口码头、高压走廊、管道设施等
规划图	中心城区土地利用规划图	需要表达的内容包括中心城区规划用途分类、中心城区规划控制范围、建设用地空间管制分区(允许建设区、有条件建设区、禁止建设区等)、区域重要基础设施(现状、规划)、中心城区规划控制范围内地块的现状用途等
	中心城区建设用地管制分区图	反映中心城区建设用地的空间布局情况，包括中心城区范围内的城镇、独立建设用地、农村居民点等允许建设区与规模边界、有条件建设区与扩展边界、限制建设区以及禁止建设区范围与边界
分析图	土地利用结构调整分析图	反映规划期内各主要地类规模、空间变化的分析图。可采用统计图表、轴线等方式表达规划期内土地利用结构的调整
	土地生态适宜度分级图	根据生态适宜度分级的结果，反映出县域范围内土地的生态保护程度差异的分析图，可分为严格保护区、中度保护区、适度保护区、轻度保护区和不评价区
	土地开发适宜度分级图	根据土地开发适宜度分级的结果，反映出县域范围内土地的适宜性程度差异的分析图，可分为优先开发区、适度开发区、控制开发区、不宜开发区和不评价区
	景观生态用地空间组织图	包括山体基质、水体基质、城镇斑块、廊道和生态节点等。反映区域核心生态网络体系，形成基本的国土生态屏障
	耕地占用与补充分析图	包括现状耕地、耕地增加区、耕地减少区。反映出规划期间耕地的动态变化情况，以达到切实保护耕地的目的
	基本农田调整分析图	包括基本农田的调入区、调出区。反映基本农田的调入调出的动态变化情况
	城镇用地空间组织图	包括中心城区、重点中心镇、一般中心镇和城镇发展轴等，反映城镇发展形成的城镇体系格局
	交通用地空间组织图	包括现状及规划的交通用地等

6.7.5 水土保持综合治理措施规划图

水土保持综合治理措施是指对自然因素和人为活动造成水土流失所采取的预防和治理措施，是防治水土流失，保护、改良与合理利用水土资源，改善生态环境所采取的工程、植物和耕作等技术措施与管理措施的总称。

水土保持综合治理根据治理对象分为坡耕地治理措施、荒地治理措施、沟壑治理措施、风沙治理措施、崩岗治理措施和小型水利工程六大类。各类治理对象在不同条件下分别采取工程措施、植物(林草)措施、耕作措施，以及这些措施的不同组合综合起来即综合措施。

（1）工程措施

为防治水土流失危害，保护和合理利用水土资源而修筑的各项工程设施，包括治坡工程(各类梯田、台地、水平沟、鱼鳞坑等)、治沟工程(如淤地坝、拦砂坝、谷坊、沟头防护等)和小型水利工程(如水池、水窖、排水系统和灌溉系统等)。

（2）植物措施

为防治水土流失，保护与合理利用水土资源，采取造林种草及管护的方法，增加植被覆盖率，维护和提高土地生产力的一种水土保持措施，又称林草措施。主要包括造林、种草和封山育林、育草；保土蓄水，改良土壤，增强土壤有机质抗蚀力等方法的措施。

（3）耕作措施

以改变坡面微小地形，增加植被覆盖或增强土壤有机质抗蚀力等方法，保土蓄水，改良土壤，以提高农业生产的技术措施。例如，等高耕作、等高带状间作、沟垄耕作少耕、免耕等。

思 考 题

1. 利用计算机技术完成水土保持规划制图一般包括哪些阶段内容？
2. 水土保持规划制图的数据源有哪些？
3. 简述地图制图要素设计与编辑的方法与内容。
4. 简述水土保持规划空间数据库的建库思路和方法。
5. 使用计算机制图软件完成一幅你所在省土壤侵蚀空间分布图的编制工作。

推荐阅读书目

1. 现代地图学教程(第 2 版). 袁勘省. 科学出版社, 2014.
2. 地图设计与编绘. 祝国瑞，郭礼珍，尹贡白等. 武汉大学出版社, 2010.
3. 专题地图编制. 黄仁涛，庞小平. 武汉大学出版社, 2003.
4. 水利水电工程制图标准 水土保持图(SL 73.6—2015). 中华人民共和国水利部. 中国水利水电出版社, 2016.

第 7 章

水土保持措施综合效益分析与估算

【本章提要】水土保持措施综合效益是指为防治水土流失而采取各项治理措施后的生态效益和实现了其他再生自然资源而获得的经济效益和社会效益的总称。本章简要介绍了水土保持效益的特点、内容和原则，重点叙述了水土保持生态效益、社会效益、经济效益的估算方法。

7.1 概述

水土保持效益是指在水土流失地区通过保护、改良和合理利用水土资源及其他再生自然资源所获得的生态效益、经济效益和社会效益的总称。

7.1.1 水土保持措施综合效益的特点

7.1.1.1 直接效益与间接效益

直接效益是指由水土保持措施直接获得的收益，如修造水平梯田后粮食产量增加，实施林草措施后由林草产品带来的直接收入等。间接效益是指由水土保持措施间接获得的收益，包括各类产品就地加工转化增值的效益和种植基本农田比种植坡耕地节约土地、劳工而产生的间接收益等。

7.1.1.2 近期效益和长远效益

近期效益是实施水土保持措施后立即或近几年来所能获得的效益。如修建水平梯田后农作物产量增加的价值就属近期效益。与此相对应的是在若干年后或长期的永久效益，如水资源利用、土地资源保护等效益属长远效益。由于水土保持直接关系到农民群众的切身利益，所以首先要搞好当前的近期效益，否则会降低群众搞好水土保持工作的积极性；同时，水土保持又是一项长期性的工作，所以也要考虑长期目标和远期效益，以反映水土保持的全部作用和重大意义。

7.1.1.3 单项效益与综合效益

每类水土保持治理措施中由于其存在的形式及作用不同，又可分为几项单项措施，如工程措施中可分为梯田、蓄水池、沉沙池、沟渠、谷坊、坝、库等。这些单项措施有各自的不同效益，称单项效益。在某一范围某一流域，这些单项措施又有机地组合在一起，构成综合防治体系，必然带来与单项措施不同的综合效益。综合效益并不是各单项效益的简单相加，而是有机的、高层次的综合，更能全面地、深入地、系统地反映水土保持措施效益的本质。水土保持是综合性的工作，其效益也是综合性的，但综合效益是由单项效益组成的，因此，既要重视综合效益，又要重视单项效益。

此外，水土保持离不开其他生产活动，其效益常与水利、种植业、交通、工矿、环保、国土整治等效益相结合和交叉。因此，分析时应合理划分，加以说明。

7.1.2　水土保持措施综合效益的研究内容

水土保持措施综合效益包括生态效益、经济效益和社会效益三大类。

7.1.2.1　生态效益

水土保持措施生态效益指调水保土效益和它对生态环境的改善效果。蓄水保土效益主要包括增加土壤入渗、拦蓄地表径流、减少土壤侵蚀及拦截坡沟泥沙，它可以通过水肥折算法计算为现值效益。生态效益还包括改善农业生产基本条件（水土资源及小气候），增加林草覆盖，减轻自然灾害造成的损失，为人类生存提供良好的环境，且为野生动物提供栖息之地，保护与改善生物多样性等。

7.1.2.2　经济效益

经济效益反映实施水土保持措施后对项目区或国民经济所创造出的经济财富。它主要包括直接经济效益（有实物产出的效益）及间接经济效益。直接经济效益指种植业、林业、草业、果园及养殖效益；间接经济效益指上述产品加工后所衍生的效益和节约生产成本的价值。

7.1.2.3　社会效益

社会效益反映实施水土保持措施后减轻自然灾害和促进当地社会进步的作用，一般只作定性描述。

减轻项目区自然灾害主要表现为：①减轻水土流失对土地的破坏；②减轻沟道、河流的洪水、泥沙危害；③减轻干旱对农业生产的威胁；④减轻滑坡、泥石流的危害。

促进社会进步主要表现为：①完善农业基础设施，提高土地生产率；②增加农村剩余劳动力的社会就业机会，提高劳动生产率；③调整土地利用结构与农村产业结构，使人口、资源、环境与经济发展走上良性循环；④促进群众脱贫致富奔小康；⑤提高环境容量，缓解人地矛盾；⑥改善群众生活条件，改善农村社会风尚，提高劳动者素质等。

7.1.3　水土保持效益估算的原则

进行水土保持效益估算时，常遵循以下原则：

①效益计算期根据治理措施的使用年限确定，一般取 20~30 年；对于某些使用年限

较短的措施，可用几个周期计算。

②计算采用的数据应经分析、核实，翔实可靠。在引用其他流域的调查观测资料时，应注意两者的自然和社会经济条件基本一致或有较好的相关性。规划阶段最好采用某一地区的规范定额。

③各项治理措施均从开始生效之年计算效益。

梯田、保土耕作措施和小型蓄水保土工程的保水、保土效益，保土耕作措施的增产效益，自实施之年开始计算；梯田的增产效益，在生土熟化后，确有增产效益时开始计算。

植树、种草采用水平沟、水平阶、反坡梯田等整地工程的，其保水、保土效益从实施之年开始计算；没有整地工程时，一般灌木从第三年起计算，乔木从第五年起计算，种草从第二年起计算。其经济效益应在开始有果品、枝条、饲草等收益时才开始计算。封禁治理的保水、保土效益和经济效益，可从封禁后第三年计算。

④对多个项目产生的综合效益，应根据水土保持措施的作用和效果确定其效益分摊系数。

7.2　生态效益

在生态效益的分析中，调水保土效益是一项重要内容。它包括了单项措施的调水保土效益，如梯田、造林等单项措施实施后所取得的调水保土效益；同时还包括某一地区或某一流域实施治理措施后的总体调水保土效益。

7.2.1　单项措施调水保土效益

单项措施调水保土效益的计算通常采用对比分析的方法进行，计算公式如下：

$$I_W = 1 - \frac{\overline{W'_{\overline{w}}}}{W_w} \tag{7-1}$$

$$I_S = 1 - \frac{\overline{W'_{\overline{s}}}}{W_s} \tag{7-2}$$

式中　I_W，I_S——某治理措施调水保土效益指数；

$\overline{W'_W}$，$\overline{W'_S}$——实施某治理措施后的产流、产沙平均数量；

W_W，W_S——未实施治理措施(对照)的产流、产沙平均数量。

7.2.2　综合措施(流域治理)调水保土效益

7.2.2.1　水保法

水保法是应用水土保持单项措施来综合计算流域的调水保土效益的方法。该方法假定流域水土保持措施减流、减沙总量等于各单项水土保持措施减流、减沙量之和，它以试验和调查资料为依据，计算简单，应用方便。

（1）流域实施治理后减沙、蓄水量计算

计算公式如下：

$$W_w = W_{wb} + W_{wg} = \sum (M_{wbi} \cdot A_i \cdot I_{wi}) + \sum (V_{wi} \cdot a_i) \tag{7-3}$$

$$W_s = W_{sb} + W_{sg} = \sum (M_{sbi} \cdot A_i \cdot I_{si}) + \sum (V_{si} \cdot a_i) \tag{7-4}$$

式中　W_w，W_s——流域实施治理后的蓄水、保土总量（m^3，t）；

W_{wb}，W_{sb}——流域坡面治理后的蓄水、保土总量（m^3，t）；

W_{wg}，W_{sg}——流域沟道治理后的蓄水、保土总量（m^3，t）；

M_{wbi}，M_{sbi}——坡面未治理情况下的径流模数、侵蚀模数[$m^3/(km^2 \cdot a)$，$t/(km^2 \cdot a)$]；

A_i——坡面治理各措施实施的面积（km^2 或 hm^2）；

I_{wi}，I_{si}——坡面治理各措施减水、减沙指数；

V_{wi}，V_{si}——沟谷各治理措施平均蓄水、拦泥的体积（m^3）；

a_i——沟谷治理各措施的数量。

利用式（7-3）和式（7-4）计算减流、减沙量的关键是确定减水系数 I_{wi} 和减沙系数 I_{si}，计算时必须根据当地试验研究资料认真分析确定。据有关水土保持试验站的研究资料显示，不同措施和同一措施不同质量时减流、减沙系数不同（表7-1）。

表 7-1　黄土高原水土保持单项措施减沙系数

措施	高质量水平梯田					高质量坡式梯田			10 年生以上人工林					人工草地						高质量坑田、垄作区田
资料来源	山西所	绥德站	天水站	延安站	平均	山西所	绥德站	平均	山西所	绥德站	天水站	延安站	平均	山西所	绥德站	天水站	彬县站	澄城站	平均	陕西省水土保持局
I_{si}	0.93	0.97	1.0	0.96	0.96	0.69	0.67	0.68	0.89	0.38	0.83	0.55	0.66	0.78	0.7	0.8	0.83	0.76	0.77	0.8

注：山西所全称为山西水土保持科学研究所。

（2）流域实施治理前总径流量、产沙量计算

①实测资料法　通过治理前流域内多年来的实测资料（一般在 15 年以上），统计计算出多年平均产流量和产沙量。若此法所计算出的产沙量仅包括悬移质，可用推悬比求出推移质的数量，两者相加即为流域的总产沙量（假定输移比为 1:1）。

②查图法　根据流域自然情况和水土流失情况，划分出不同的水土流失类型区，然后在有关的径流模数图上查出各分区的径流模数、输沙模数，由此乘以相应的面积即得分区的径流量和输沙量，各分区相加即得全流域的多年平均年径流总量和产沙量。

③调查法　流域多年平均径流量可通过流域内控制性工程观测资料来推算。

流域多年平均输沙量是通过对流域内或相似流域建成多年的坝库进行泥沙淤积量测定，用下式计算：

$$W_{sb} = \frac{V \cdot r}{N} \cdot \frac{A}{A_0} \tag{7-5}$$

式中　　V——坝、库多年淤积总量(m^3);

　　　　r——淤积物容量(t/m^3);

　　　　N——淤积年限(a);

　　　　A——欲求流域面积(km^2);

　　　　A_0——调查坝、库所在流域工程控制面积(km^2)。

当坝库有排沙情况时,可调查排沙量,计入坝库淤积量内。

(3)流域实施治理后调水减沙及削峰效率计算

①调水减沙效率计算

$$\eta_w(\%) = \frac{\overline{W_w'}}{W_w} \times \left(\frac{H_n}{H_{cp}}\right)^n \times 100 \tag{7-6}$$

$$\eta_s(\%) = \frac{\overline{W_s'}}{W_s} \times \left(\frac{H_n}{H_{cp}}\right) \times 100 \tag{7-7}$$

式中　　η_w,η_s——调水减沙效率(%);

　　　　$\overline{W_w'}$,$\overline{W_s'}$——流域治理后各措施调水拦沙总量(m^3,t);

　　　　W_w,W_s——流域治理前的年径流量和年产沙量(m^3,t);

　　　　H_n——治理后流域某年汛期降水量,也可用流域内或附近流域的某年汛期降雨量计算;

　　　　H_{cp}——治理前多年汛期平均降水量,也可用流域内或附近流域的逐年汛期降水量平均所得;

　　　　n——年径流量、年土壤流失量与汛期降水量的相关指数,也可采用当地实际分析值。

②削峰效率计算　　削峰效率 η_H 是指在相同暴雨量条件下,治理措施削减的洪峰量值与治理前洪峰流量的比率。计算公式为:

$$\eta_H(\%) = \frac{Q_m - Q}{Q_m} \times 100 \tag{7-8}$$

式中　　Q_m,Q——治理前、治理后的洪峰流量(m^3/s)。

7.2.2.2　水文法

水文法又称水文统计相关法。它是以水文站或径流站等实测的降雨、径流和泥沙资料为依据,用统计相关分析的方法来计算全流域实施水土保持治理后的蓄水、减沙效率。该方法以实测资料为基础,所以资料系列越长,分析精度越高。根据资料系列的长短,水文法分为两种。

(1)相关分析法

当具有较长系列的水文资料时,首先根据该流域在未治理前的降雨、径流和泥沙资料,分别建立径流—降雨、产沙—径流的相关关系,然后用此关系,对已实施治理后的流域降雨资料计算,求得该流域在相同降雨而未治理的情况下的径流量和产沙量。由此,与实施治理后相应年份实测径流量、产沙量比较,得到治理措施的蓄水、减沙效率及削洪效率。

（2）水文系列对比法

当水文资料系列较短时，可用该流域实施治理前、后的降水量或暴雨性质相似的两系列实测治理直接比较，然后再用降水指标进行校正，以此可以推算出治理措施的蓄水、减沙及削洪效益。

7.2.2.3 流域对比法

流域对比法是对两个相似流域进行横向分析对比，即对已实施治理的流域和临近自然条件相似的未治理流域实测径流与输沙量进行对比计算，经过用两流域的面积和降雨校正，最后分析计算得出已治理流域的减洪、减沙效益。计算式如下：

$$W_s = \beta W_s' - W_s' = \frac{P'A'}{PA}W_s - W_s' \tag{7-9}$$

$$W_w = \beta W_w' - W_w' = \frac{P'A'}{PA}W_w - W_w' \tag{7-10}$$

式中　W_w，W_s——实施水土保持治理流域的减沙、减流量；

　　　β——考虑到两流域在面积、降水量不同时的校正系数；

　　　W_s，W_w，P，A——未治理流域的产沙、产流、降水量、面积；

　　　W_s'，W_w'，P'，A'——实施水土保持治理流域的产沙、产流、降水量、面积。

例：应用此法分析计算陕北韭园沟流域1962—1964年平均减沙效益为54.8%，见表7-2。

表 7-2　流域对比法估算韭园沟流域减沙效益

对比流域	流域面积（km²）	年输沙模数[t/(km²·a)]				平均减沙效益（%）
		1962	1963	1964	平均	
非治理流域裴家沟	41.2	3.669	10.300	33.580	15.850	
治理流域韭园沟	70.1	1.296	6.237	13.900	7.161	54.8

注：由于两流域降水性质很相似，所以不进行降水量校正。

7.2.2.4 其他方法

（1）地区性的经验公式法

该法是在大量观测和调查的基础上，对产流、产沙的因子进行成因分析，运用统计学原理，建立适合某地区自然条件的产流、产沙经验公式，以此计算在自然条件下流域的产流、产沙量（自然条件即指未实施治理的现状），然后，再与实施水土保持措施后流域实测的径流、产沙量作比较，计算出流域治理的减洪、减沙效益。

（2）地质地貌学方法

地质地貌学方法是从历史地理学角度出发，研究大范围长时期的侵蚀及变化特征，具有宏观框算的性质，不可能提出具体特定区域、具体时间的精确侵蚀量，但对其他方法的估算具有控制作用，同微观途径相辅相成。

该法首先根据不同时期河流冲积扇的面积、河道沉积物的厚度、河口地区泥沙沉积比、泥沙比重以及河道迁徙时间等参数确定全流域的堆积量，其中不同时期冲积扇的范围、厚度是依据地质剖面地层结构、岩性、历史文物考证、河道演变规律及形态特征来确定；河口地区泥沙沉积比，是根据现代河口陆上三角洲、水下三角洲和外海三者之沉积比来确定；这样可以计算出某一时段内河道年平均堆积量。其次，估算流域实施水土保持综合治理后的拦沙量（如水库、淤地坝的淤积量，梯田、林草等措施的拦沙量等）。最后，根据流域未治理的产沙总量=堆积量+各措施拦沙量，则可推算出实施治理后的减沙效益=拦沙量/产沙总量×100%。

叶青超研究了黄河下游河道演变后，估算了黄河流域1949年后大规模水土保持治理的减沙效益为27.0%（表7-3）。水土保持的其他生态效益往往是通过治理前后的实例与对比分析而进行的，这里不再赘述。

表 7-3　地质地貌学方法估算黄河流域减沙效益

时段	年堆积量（×10⁸ t/a）					水土保持措施年平均拦沙（×10⁸ t/a）	流域年产沙总量（×10⁸ t/a）	流域治理减沙效益（%）
	冲积扇	陆上三角洲	水下三角洲	外海	合计			
1949—1980	4.00	2.46	4.92	4.92	16.30	6.03	22.33	27.00

水土保持项目通过植树造林、封禁治理等措施，增加林草面积，提高林草覆盖度，净化了空气，改善当地小气候及生态环境，为野生动物提供了良好的生存空间，维持了生物多样性；同时还改良了土壤结构，改善了土壤理化性质，提高了土壤肥力，大大增加了土壤入渗，使大量的地表水变为地下水，从而达到削减洪峰、减少洪水灾害的目的。这部分减沙效益一般只从流域尺度上进行定性分析，不进行具体的定量计算。

7.3　社会效益

各项水土保持措施调水保土的结果将产生两个方面的作用：一是增加了当地人民的经济收入，即提高了经济效益；二是减轻了泥沙、洪水对下游地区人民生产、生活的威胁，减少下游地区的农业、工业、交通、电信等部门损失，节省防洪、防沙开支，亦即水土保持产生的社会效益。因此，对于减洪、减沙而产生的这一双重效益都应该加以计算或定性描述。为了能全面、直观地反映出水土保持措施的社会效益，我们将由减沙、防洪、森林涵养水源而产生的社会效益用等效替代法折算成货币形式来体现，其他目前难以定量计算的效益用社会系列效益指标来反映。下面分别介绍由减沙、防洪、森林涵养水源所产生的社会效益计算方法。

7.3.1　林草措施的社会效益

7.3.1.1　水源涵养效益

林草措施的水源涵养效益计算的基本思想是将林草措施涵养水源效益当成一座地下水库，可用下面3种方法计算：

（1）以林草地土壤非毛管孔隙饱和含水量为主体的计算方法

$$W = (A \cdot H \cdot P \cdot R - Q)I \tag{7-11}$$

式中　W——林草措施的水源涵养效益；

　　　　A——林草地面积；

　　　　H——土壤渗透的峰面厚度，大量研究表明，在黄土高原地区此厚度为 0.5m
　　　　　　　左右；

　　　　P——林草地土壤非毛管孔隙度；

　　　　R——非毛管孔隙的持水率；

　　　　Q——林草地蒸散量；

　　　　I——修建水库的单位水量建设费。

在利用式（7-11）计算单位面积林草地的水源涵养量时，应该注意：①确定林草地的蒸散量是一项比较复杂的工作，需要进行林草地的蒸散量观测，或利用有关确定林地蒸散量的公式进行计算。②林草地土壤的水源涵养量与当地的降水形式密切相关，在计算林草地的水源涵养量时，需要就不同的降水量和降水形式下的林草地非毛管孔隙持水率进行必要的实验观测，以确定不同降水条件下的林草地水源涵养率或土壤渗透率。③不同的林型和草地的水源涵养效果不同，因此，有必要对不同的林种、树种、林分密度、不同草种、不同覆盖情况下的林草地的土壤渗透率、非毛管孔隙的持水率进行实验研究，以确定不同林种、草种的水源涵养能力。④地形是影响林、草地土壤水源涵养量的重要因素，主要包括坡形、坡度、坡长、坡向等。因此，必须通过实验确定各种地形条件的水源涵养作用，根据各种不同地形的水源涵养效果，综合计算其水源涵养量。⑤地质条件也是一个影响林、草地土壤水源涵养作用的基本因素。在计算林、草地的水源涵养价值时，需要认真考虑地质条件，否则，难以得出正确的评价。

（2）以流域实验方法计算林草地的水源涵养效益

按照式（7-11）计算林、草地水源涵养量存在着许多限制条件。因此，在采用单位面积或个别实验确定某一流域的林、草地水源涵养量过程中，存在着许多不确定性，可能产生较大误差。为解决这一问题，可以采用流域实验对比的方法，以流域水量收支关系计算林、草地的水源涵养效益。下面是这种方法概念化计量模型。

$$W = 1\,000\big[(R_1 - E_1) - (R_2 - E_2)\big] \cdot I \tag{7-12}$$

式中　W——林草流域的水源涵养效益$[元/(km^2 \cdot a)]$；

　　R_1，E_1——农地流域的径流量、蒸散量（mm/a）；

　　R_2，E_2——林地或草地流域的径流量、蒸散量（mm/a）；

　　　　I——水库单位水体的建设费（元/m³）。

（3）按中小型水库单位容积造价近似进行计算

水土保持林涵养水源效益＝生产周期内每 20 年每亩水土保持林平均减少径流量×中小型水库单位容积造价。

这样计算似乎夸大了涵养水源效益的价值，因为中小型水库能为人们控制，而水土保持林所涵养的水源则较难控制。但水土保持林生产周期按每 20 年计，比中小型水库几年就淤满要长的多，所以，虽然按中小型水库单位容积的造价计算，但实际上则低得多。

7.3.1.2 防洪效益

林草措施防洪效益的计算，可以采用两种办法：一种是对等措施替代法；另一种是洪水淹没损失替代法。下面分别予以介绍。

（1）对等措施替代法

这种方法是以其他防洪措施（如水库、设置滞洪区等）代替森林的防洪效能，而以此替代措施的投资定额计算措施的防洪效益值。依据是当集水区下游有水库的情况下，集水区的林草措施等于提高了水库的防洪标准，于是即可以用提高标准所增加的效益作为林草措施的防洪效益值。而当下游拟建水库的情况下，集水区的林草措施，可以使水库的设计防洪标准降低，这样，所节省的工程费用，即可作为林草措施的防洪效益值。一般来说，作为水土保持措施之一，小型防洪工程的设计标准都比较低。在计算水土保持林草措施的防洪效益时，可以根据小流域的典型实验，求得具有林草措施与无林草措施的两流域之间单位面积的洪水总量和洪峰流量的差值，此差值即为水土保持林草措施的防洪效益。公式如下：

$$P = (Q_1 - Q_2) \cdot A \cdot I \tag{7-13}$$

式中　P——林草措施的防洪效益（元）；

Q_1——无林流域的洪水总量（m^3/km^2）；

Q_2——林草流域的洪水总量（m^3/km^2）；

A——某较大流域的林、草地面积（km^2）；

I——当地小型水库的防洪库容的投资定额（元$/m^3$）。

这种计算方法在水土保持措施或防洪措施的选优以及区域性土地利用规划、水土保持综合治理规划中具有积极的意义。因为通过计算比较，可以选择投资节省、防洪效益良好和效能持久的措施。

（2）淹没损失替代法

由于施行水土保持林草措施，使环境拥有更大的防洪抗灾能力，使下游地区的农业、工业、交通、电信等部门减少了损失，节省了防洪开支，从而给这些部门的有关单位带来超额利润。因此，林草措施的消减洪峰流量、洪水总量的效益，可以按照减少的洪灾损失计算。根据河南省的资料，如果黄河花园口的洪峰流量超过 $1.5 \times 10^4 m^3/s$，就必须开金堤泄洪，由此造成 40 亿元人民币的损失，这比黄河中上游的全部水土保持治理投资大许多倍。而且，随着近几年来经济的迅速发展和人口的增加，这种损失也将会不断增加。

其计算方法可用下式表示：

$$\Delta C = C_1 - C_2 \tag{7-14}$$

式中　ΔC——林草措施的防洪效益值（元）；

C_1——无林草措施时某流域的洪水淹没损失（元）；

C_2——有林草措施时某流域的洪水淹没损失（元）。

使用上述方法计算水土保持林草措施的防洪效益时，可以先分别计算出无林草措施和有林草措施的实验小流域的单位面积洪峰流量(例如,按 50 年一遇的防洪设计标准)。当以此推算某一较大流域的洪峰流量时,应乘以一个小于 1 的系数,这是因为河道的滞洪效益等使众多小流域的洪峰流量不可能为简单的算术叠加关系。然后再以这两种情况下的洪水淹没损失相比较,计算出林草措施的防洪效益值。还可以对某一较大流域的河流(最好具有水文观测站)的洪峰流量分时段进行比较,可以使用不同时期同一河流 2 次降水量、降雨强度基本一致的降雨所产生的洪峰流量以及现有条件下所能造成的损失进行比较,确定林草措施的防洪效益。需要注意的是,2 个时段内,流域的林草面积具有较大的变化,同时还要扣除其他滞洪措施对洪峰流量的影响。因此,两时段的洪峰流量的变化量可用下式计算:

$$\Delta Q = Q_1 - Q_2 - \sum_{i=1}^{n} \Delta q_i \tag{7-15}$$

式中 ΔQ——流域内由于林草措施发生明显变化而导致的两个时段的洪峰流量的变化量(m^3/s);

Q_1——第一时段的洪峰流量(m^3/s);

Q_2——第二时段的洪峰流量(m^3/s);

Δq_i——两时段间(水库、设置滞洪区等)防洪措施的滞洪(防洪)量差值。

根据 ΔQ 便可比较有无林草措施时洪水淹没损失的差值。此时,也可以用同一场暴雨来计算 2 个不同时段的林草措施的防洪效益值。如使用甲时段的某场暴雨,扣除乙时段因林草措施增加所减少的洪峰流量 ΔQ,再以此洪峰流量时的淹没损失与甲时段洪水淹没损失进行现值比较,计算出林草措施的防洪效益值。

还可以采用统计分析的方法,对影响洪峰流量的各种因素进行回归分析,建立回归方程式,以计算机模拟的方法,计算林草措施的面积变化(或覆盖度),求得在其他条件不变的情况下,林草措施对洪峰流量的影响程度,进而计算其防洪效益值。

总之,可以用多种方法求得林草措施的防洪效益值。根据当地的现实条件和可能选择合适的方法进行。应该指出的是,采用对等措施替代法和淹没损失替代法所计算的林草措施的防洪效益值可能会出现较大的差异,这就需要对该流域的现实情况作出如实判断。如果该流域下游的工农业生产比较发达,人口集中,防洪具有极其重要的意义,而该流域采用其他防洪措施的困难很大,则建议采用淹没损失替代法计算林草的防洪效益。

7.3.1.3 减沙效益

在目前的技术水平条件下,对于一个不太大的流域来说,可以只计算泥沙对水库的淤积危害,而其他方面暂时不作计算。

泥沙淤积除了具有负效益外,在某些情况下,如果利用得当,还可以形成某些正效益,如引洪水漫地肥田、拦沙造田、采掘建筑用沙石等,这些正效益只是在有条件利用的情况下存在的,而负效益则是在任何情况下都是存在的。所以,在计算水土保持林措施的减沙效益时,应该把这一被利用的部分从总量中扣除。

在计算水土保持林草措施的减沙效益时,首先是如何取得林草措施的拦沙量,一般可以通过两种办法来实现。一种是进行小流域的对比试验，确定实施林草措施的小流域的产沙率与对照小流域的产沙差值，然后进行计算；另一种是采用林草措施实施前后的下游小型水库的泥沙淤积量之差进行计算。

减沙效益的计算，可采用小型水库死库容的建筑费定额作为拦沙效益的计算标准。以小流域实验为基础和以小型水库淤积调查为基础的水土保持林草措施的拦沙效益计算公式如下：

(1)以小流域实验为基础的计算公式

$$P = \sum_{i=1}^{n} (S_{1i} - S_{2i}) A_i \cdot B \cdot C \qquad (7\text{-}16)$$

式中　P——林草措施的拦沙效益(元)；

　　　S_{1i}——对照小流域产沙量(m^3/km^2)；

　　　S_{2i}——实施林草措施小流域的产沙量(m^3/km^2)；

　　　A_i——某一较大流域的林草地面积(km^2)；

　　　B——泥沙输移比；

　　　C——小型水库死库容或拦砂坝的建筑费用定额(元/m^3)；

　　　n——林草措施的生产周期(a)。

(2)以小型水库或拦砂坝的淤积调查为基础的计算公式

$$P = (S_1 - S_2) \cdot N \cdot C \qquad (7\text{-}17)$$

式中　P——林草措施的拦沙效益(元)；

　　　S_1——林草措施实施之前，水库或拦砂坝的泥沙淤积量的多年平均值(m^3/a)；

　　　S_2——林草措施实施之后，水库或拦砂坝的泥沙淤积量的多年平均值(m^3/a)；

　　　N——实施林草措施的时间(a)；

　　　C——小型水库或拦砂坝的建设费用定额(元/m^3)。

需要注意的是，应用式(7-17)时应从 S_1、S_2 中扣除该流域内其他拦沙措施的拦沙量。

(3)由各种措施拦沙保土减少了下游河道清淤

可用下式计算其效益：

$$B = \Delta S_n \cdot P \qquad (7\text{-}18)$$

式中　B——减少下游河道清淤的效益；

　　　ΔS_n——水土保持措施逐年拦沙保土量相当于减少下游河道的清淤量或加堤土方量；

　　　P——清除河道每立方米泥沙或加高河堤单位土方量的造价，采用当地调查值。

7.3.2　工程措施的社会效益

7.3.2.1　防洪效益

坡面工程措施和沟道工程措施的修筑目的和运行方式不同。坡面工程措施的防洪效益是一种间接作用效果，是农田基本建设过程中带来的效益，这种效益一般并不是被投资者得到，而是被系统外的部门得到。对于坡面工程措施防洪效益计算，可以修建其他防洪工程时的投资费用作为计算标准,即以当地水库防洪库容的单位水体的投资作为计量的等价物计算其防洪效益值。而小型水库等沟道工程措施的防洪效益值,建议采用淹没损失替代法计算。由于小型水库等沟道工程措施的修筑,其自身就往往兼有防洪的考虑,而这种考虑,主要是在测算洪峰流量和洪水总量可能对水库下游造成淹没损失的基础上,设计该水库的防洪库容,所以,以水库下游在某一设计洪水情况下的淹没损失作为小型水库等工程措施的防洪效益计算值,是比较恰当的。

(1)坡面水土保持工程措施(以水平梯田为例)防洪效益计算

首先,以小区对比实验的资料,求出梯田在某一场暴雨或几场暴雨过程中,减少径流的数量,再与当地小型水库防洪库容的投资定额相乘,得到单位面积梯田的防洪效益值。

对于一个小流域来说,为了求得梯田等坡面工程措施的防洪效益值,不能简单以上述方法计算的货币价值作为梯田的防洪效益值。我们知道,洪水在流动的过程中,由于流路的贮留、渗透以及部分蒸发(一般在计算洪水流量时不考虑),一个流域内的洪峰流量或洪水总量总要比根据小区测验资料的计算值小,所以,需要给小区实验资料乘某一小于1.0的系数,才能用以计算其价值,否则,结果可能偏大。某一小流域内水平梯田的防洪效益值可以按照下述公式计算。

$$P = \Delta Q \cdot A \cdot I \cdot C \tag{7-19}$$

式中 P——梯田防洪效益(元);

ΔQ——梯田减少洪水水量(m^3/hm^2)($\Delta Q = Q_P - Q_T$),其中:Q_P 为该流域平均坡度时的坡耕地暴雨径流量,Q_T 为水平梯田的暴雨径流量;

A——水平梯田面积(hm^2),当为其他坡面工程措施时,A 为该工程措施的控制面积;

I——沟道滞洪系数(小于1.0);

C——当地防洪工程的造价标准(元$/\text{m}^3$)。

根据许多研究,在黄土地区的沟道,贮留作用较小,而且越是较小的流域,贮留作用越小。因此,在小流域梯田防洪效益计算时,I 值可以稍大一些,如0.80左右。

(2)沟道水土保持工程措施(以小型水库为例)防洪效益计算

如前所述,沟道水土保持工程的防洪效益以淹没损失替代法进行计算。为此,首先需要调查在某一设计洪水条件下,不采取任何防洪措施时,可能对下游造成水害的范围和规模。

①水害调查项目

堤岸的破坏状况:在河流洪水灾害中,堤岸的破坏对诱发洪水灾害的扩大具有决定性的作用。对于河流管理人员和防灾部门来说,防止堤岸的崩塌是防止洪水灾害的第一步。因此,在堤岸毁坏发生的过程中,正确分析和掌握其物理状态是非常重要的。毫无疑问,对于洪水灾害损失的经济分析来说,判明其工程建筑物的毁坏和物理状况,也非常重要。在山区流域,把握水土保持工程毁坏的具体情况也有一定的困难,这种情况下多以调查推测来确定,通过访问附近的居民和其他目击者,取得第一手资料。一般来说,水土保持工程的毁坏多在洪水漫溢、冲刷等流水作用下发生,对这些过程的情况调查也很必要，同时还需要调查河道的状况、工程建筑物的维护管理水平、工程的施工质量、设计洪水的大小等基本资料。

洪水泛滥状况：由于工程建筑物的破坏，洪水在工程区内造成的泛滥和对下游形成的洪水泛滥危害，所造成的水害范围比无工程措施时的危害范围和程度都要大很多。因此，调查洪水灾害的范围，必须考虑上游工程措施的有无，以及破坏状况。洪水泛滥状况的调查项目有洪水泛滥范围，洪水的流向、流速、洪水水深和持续时间、洪水的夹沙状况和沉积状况等。

桥梁的破坏状况：洪水常常对桥梁造成很大的破坏，因此，一般情况下，当调查洪水灾害时，都要调查桥梁的破坏情况。需要调查的项目有桥梁建设年代、型式和构造、洪水对桥梁的状态(包括洪水水位、交通状况)与漂流物的关系、桥梁上下游的河相与河道的关系、既往毁坏史等。

堤防的毁坏状况：洪水对下游护岸等工程的破坏是最为直接的。因此，需要调查其破坏程度。调查项目包括护岸工程的种类、构造、维护管理水平，同时还要调查护岸工程附近的情况，以便给前面的调查提供一些佐证。

其他河道建筑物的毁坏状况需要对河床固底工程，取水堰堤、水闸、取排水机械及附属设备的毁坏状况进行调查，了解其设计条件、维护管理水平等。

人员伤亡状况调查：洪水灾害中的死亡人数、失踪人数以及受伤人数，一般都可以通过乡村政府统计出来，同时还能统计出死亡人员的年龄、性别、职业、收入等情况。除此而外，为了解这些伤亡事件所发生的场所、时间、伤亡的直接原因，还需要对事故周围的情况进行详细的调查。就目前我国的防灾能力来说，要想在水灾发生时保证不出伤亡事件几乎是不可能的。因此，调查水土保持沟道工程修筑之前的洪水伤亡情况，可以为水土保持沟道工程的防洪效益计算提供基础资料。

房屋毁坏状况调查：房屋毁坏状况一般多以院内进水、屋内进水的高度，房屋的全毁、半毁等调查为主。房屋毁坏的调查中，需要调查当地水灾发生的频率、程度以及当地利用方式的变化情况。在农村水灾调查中，房屋多在较高的部位建筑，一般受水害的情况较少，可以从以往洪水痕迹来推测当地洪水对房屋的威胁程度。这种调查分析中，旧建筑物可以成为极好的对照物。

农作物受灾调查：在山区流域，沟口往往是当地主要农作物产地。洪水最直接地危害着农作物，造成农作物减收或无收。在调查农作物被害情况时，需要就受灾面积、受灾程度进行详细调查；同时，需要对不同受灾地减产程度作出客观估计。不同的农作物在遭受同等洪水侵害情况下，其减产程度及补救的可能性不一样，这些都需作出详细的调查。

交通、通信设施的受害调查：交通和通信事业越发达的地方，洪水对这些设施的危害越大，交通和通信设施的毁坏可以造成一系列的损失。有时，诱发的次生损失远大于交通、通信设施自身毁坏的价值。由于这些次生损失的不确定性，实际工作中难以统计。所以，在统计交通、通信设施的受灾情况时，只考虑这些设施本身损坏而需要维修或更换的费用。

②防洪效益计算　根据上述受灾状况的调查，以沟道工程的设计防洪标准及其投资

为基准，比较无工程措施的淹没损失，得到沟道工程措施的防洪效益。可以用如下公式表示：

$$P = D - C \tag{7-20}$$

式中 P——某一暴雨重现期时，沟道工程的防洪效益值(元)；

D——无沟道工程时，某一暴雨重现期的洪水灾害损失(元)；

C——沟道工程的防洪部分投资(其中应包括所增加的库区淹没损失部分)(元)。

由此可见，沟道工程的防洪效益，并不是每年都具有同样的效益值，而是在设计暴雨和设计洪水发生时，才具有的防洪价值，即其价值的实现也存在着一个"重现期"的问题，这一点不同于其他水土保持工程，也不同于沟道工程的其他效益，在实际工作中应予充分考虑。

7.3.2.2 拦沙效益

工程措施，尤其是沟道工程措施，具有良好的拦沙效益。在其价值的计算中，用于拦沙的工程措施，因其修筑的主要目的是拦淤泥沙，减少泥沙对下游河道、水库、道路、房屋、工厂、农田等的淤积危害，只计算拦沙效益，以当地小型水库每立方米土方量的修筑费用作为替代物计量。公式如下：

$$P = \sum_{i=1}^{n} M_i C_i \tag{7-21}$$

式中 P——某工程措施的拦沙效益值(元)；

M_i——第 i 年的拦沙量(m^3)；

C_i——第 i 年当地小型水库土方量的建筑费用(元/m^3)；

n——有效拦沙期，一般可取 10 年。

在这里，我们把工程措施的有效拦沙期 n 取 10 年，主要是考虑到在严重侵蚀区，由于泥沙含量很大，一般的小型拦沙建筑物在短期内就可能被淤满，从而失去继续拦淤泥沙的作用。当然，n 取几年为好，应视当地的实际情况而定，不必求统一。

7.3.3 耕作措施的社会效益

耕作措施产生的社会效益虽没有林草、工程措施产生的社会效益明显，但它对防洪、减沙也起着潜在的作用。水土保持农业耕作措施也具有良好的减沙效益，它对泥沙的就地拦蓄作用减少了对下游河床、水库、塘坝的淤积，减少了水库等水利设施的淤积损失，延长了它们的有效利用时间，具有重要的经济价值。

水土保持农业耕作技术措施减沙效益计算，可以用当地小型水库或淤地坝每立方米土方的修筑费用作为等价物折算。严格来说，应以小型水库或塘坝的清淤单价作为比价进行计算，但考虑到小型水库和塘坝的实际运行状况，可以粗略地把这些水利措施的土方建筑费用作为比价计算。用公式可描述如下：

$$P = (A_1 - A_2) C \tag{7-22}$$

式中 P——某单项水土保持农业耕作技术措施的减沙效益(元/hm^2)；

A_1——非措施区的产沙量(m^3/hm^2)；

A_2——实施措施区的产沙量(m^3/hm^2);

C——当地小型水库或塘坝的修筑费用定额(元/m^3)。

7.4 经济效益

7.4.1 经济效益参数的确定

水土保持经济效益计算是否准确合理,在很大程度上取决于各项效益参数指标是否准确。经济效益参数主要指各项措施的有效增产定额、投入定额以及产品价格等。

经济效益各项参数一般通过试验区观测资料所得,没有资料时,可参照类似地区资料来确定。

(1)投资定额确定

同一措施在不同时期的单位投劳差别不大,取同一值;单位投物差别较大,分别取值;同一措施在不同地区的单位投劳和投物,差别较大,分别取值。投劳、投物折款均根据当时当地市场价格来确定。

(2)运行费定额确定

同一措施在不同地区和不同时期(治理期前后)的单位运行费差别都很大,分别取值。

(3)增产定额确定

同一措施在不同时期的取值相同,在不同地区分别取值。

(4)各种农产品价格确定

粮食、果品等农产品的价格主要根据国家统计局颁布的有关价格规定以及各地区各时期农产品市场现行价格来确定。

由于受市场调节的经济分析比较复杂,涉及的因素很多,有些经济效益参数指标难以准确定量,波动性很大,为了分析不稳定参数对经济效益指标的影响,需根据各项参数指标的可能浮动范围,进行敏感性分析后,方可使用。

7.4.2 技术经济指标计算

水土保持规划中的技术经济指标,包括投入、进度与效益三个方面,既直接指导规划实施,又是规划可行性论证的主要内容之一。

7.4.2.1 投入指标的计算

投入指标包括投入劳工、物资和经费三个方面,在计算单项措施三个方面投入指标基础上,累加求得综合治理的总投入。

(1)单项措施投入指标的计算

单项措施投入指标的计算:先求得每项措施三个方面的投入定额,分别乘上各项措施规划期内新增的数量。以梯田为例,按下式进行计算:

$$N_t = n_t M_t \tag{7-23}$$

$$V_t = v_t M_t \tag{7-24}$$

$$J_t = j_t M_t \tag{7-25}$$

式中　N_t——投入劳工总量(工日)；

　　　n_t——投入劳工定额(工日/hm²)；

　　　V_t——投入物资总量(t)；

　　　v_t——投入物资定额(t/hm²)；

　　　J_t——投入经费总量(元)；

　　　j_t——投入经费定额(元/hm²)；

　　　M_t——规划期新增措施量(hm²)。

(2)综合治理投入指标的计算

按上述方法分别算得各项治理措施的投入劳工、物资、经费指标，再将各项措施三方面的指标分别累加，求得综合治理三个方面的投入指标。

7.4.2.2　进度指标的计算

进度指标包括规划期间新增各项措施的开展(实施)数量、保存数量、年均治理进度、累计治理程度等 4 项。

(1)规划期内各项措施的开展数量 M 与保存数量 M_c 计算

$$M_c = KM \tag{7-26}$$

式中　M_c——某项治理措施的保存数量(hm²)；

　　　M ——某项治理措施的开展数量(hm²)；

　　　K ——该项措施的保存率(%)。

不同措施在不同地区的保存率不同，应根据各地的自然条件和社会经济情况，通过实际调查分别确定。

(2) 年均治理进度 y 计算

$$y = \sum M_c / n \tag{7-27}$$

式中　y ——年均治理进度(km²/a)；

　　　n ——规划实施期(a)；

　　　$\sum M_c$ ——规划实施期内各项治理措施保存面积之和(km²)。

(3)累计治理程度 p 计算

$$p = \left(M_b + \sum M_e \right) / A_e \tag{7-28}$$

式中　p ——累计治理程度(%)；

　　　M_b——规划期初原有各项治理措施保存面积(km²)；

　　　$\sum M_e$ ——规划期内新增各项治理措施保存面积(km²)；

　　　A_e——未治理前规划范围内原有水土流失面积(km²)。

本项计算中各类面积的单位都将 hm² 折算为 km²。有关投入与进度指标计算的具体要求详见《水土保持综合治理 规划通则》(GB/T 15772—2008)。

7.4.3 经济效益的类别

水土保持的经济效益分为直接经济效益与间接经济效益两类，分别采取不同的计算方法。表达经济效益的指标主要有：年增产量、年增产值、累计增产量、累计增产值、产投比和回收年限等。

7.4.3.1 直接经济效益的类别

直接经济效益是指实施水土保持措施土地上生长的植物产品(未经任何加工转化)产量和产值，按以下几个方面进行计算：

①梯田、坝地、小片水地、引洪漫地、保土耕作法等增产的粮食与经济作物；

②果园、经济林等增产的果实、种子及可开发利用的根、茎、叶等；

③种草、育草和水土保持林增产的饲草(树叶与灌木林间放牧)和其他草产品；

④水土保持林增产的枝条和木材蓄积量。

7.4.3.2 间接经济效益的类别

间接经济效益指产生直接经济效益的同时连带产生的经济效益，包括以下两方面：

①基本农田增产后，促进陡坡退耕，改广种薄收为少种高产多收，节约出的土地和劳动力。计算其数量和价值但不计算其用于林牧副业后增加的产品和产值。

②直接经济效益的各类产品，经过一次性加工转化后提高的产值(如饲草养畜、枝条编筐、桑叶养蚕、果品加工和粮食再加工的产品等)，计算其间接经济效益。一次性加工以上的再次加工，其产值不再计入。

7.4.4 直接经济效益的计算

直接经济效益计算以单项措施增产量与增产值的计算为基础，然后将各个单项措施算得的经济效益相加，即得到综合措施的经济效益。

7.4.4.1 直接经济效益中单项措施增产量与增产值的计算

单位面积年产量与年增产值的计算。当计算对象为增产有效面积时应按以下 3 个步骤进行：

①产品(实物)的每年单位面积增产量 ΔP(治理前后种植同一作物)

$$\Delta P = P_a - P_b \tag{7-29}$$

式中 ΔP——该项措施实施后每年单位面积增产量$[kg/(hm^2 \cdot a)]$；

P_b——该项措施实施前每年单位面积产量$[kg/(hm^2 \cdot a)]$；

P_a——该项措施实施后每年单位面积产量$[kg/(hm^2 \cdot a)]$。

②年单位面积毛增产值 Z

$$Z = y\Delta P \tag{7-30}$$

式中 Z——年单位面积毛增产值(元)；

y——上述措施的产品单价(元/kg)(为便于对比研究，应采用不变价格)；

ΔP——该项措施实施后每年单位面积增产量[kg/(hm^2·a)]。

③年单位面积净产值 j

$$j = Z - \Delta u \tag{7-31}$$

$$\Delta u = u_a - u_b \tag{7-32}$$

式中 j——年单位面积净产量[元/(hm^2·a)]

Δu——该项措施实施后单位面积年增加的生产费用[元/(hm^2·a)]；

u_b——该项措施实施前单位面积年生产费用[元/(hm^2·a)]；

u_a——该项措施实施后单位面积年生产费用[元/(hm^2·a)]。

将式(7-32)和式(7-30)代入式(7-31)可得：

$$j = (y_a P_a - u_a) - (y_b P_b - u_b) \tag{7-33}$$

式中 y_a——治理后作物产品单价(元/kg)；

y_b——治理前作物产品单价(元/kg)。

即单位面积年净增产值等于实施后年净产值减去实施前年净产值。

7.4.4.2 治理(或规划)期末单项措施有效总面积年增产量与年增产值计算

有效面积是发生效益的面积，各类措施实施的面积成为保存面积。有效面积和保存面积二者不等值，因为某些措施实施后如种树，需数年后才能发挥效益，因此，有效面积常小于保存面积。效益计算需以有效面积为根据，欲知有效面积，首先需核定保存面积。

(1)措施实施保存面积的核定

核定该措施实施的实施保存总面积 F，按以下两种情况分别处理：

①当 n 年内各年新增措施保存面积相等或相近时，计算实施保存面积 F 将治理(或规划)年限 n 乘以平均每年增加实施保存面积，即

$$F = nf \tag{7-34}$$

②当 n 年内各年新增措施保存面积不相等时，计算实施保存面积 F 将 n 年内每年新增实施保存面积 f_1，f_2，f_3，…，f_n 累加，即

$$F = f_1 + f_2 + f_3 + \cdots + f_n \tag{7-35}$$

在实际计算中，如各年增加的面积相近，可简化为式(7-34)，不影响计算质量。

(2)措施有效面积的核定

在实施措施保存面积 F 基础上，求得措施有效面积 F_e。

设该项措施实施后，需 m 年才开始有增产效益，在实施期 n 年内，有增产效益的时间为 n_e 年，则

$$n_e = n - m \tag{7-36}$$

由此可算得措施有效面积 F_e：

$$F_e = n_e f = f(n - m) \tag{7-37}$$

(3)措施有效面积的年总增产量与年总增产值

根据上述计算结果，治理(或规划)期末措施有效面积的年增产量与年总增产值应分别采用以下计算式：

年增产量:	$\Delta P_e = F_e \Delta P$	(7-38)
年毛增产值:	$Z_e = F_e Z$	(7-39)
年净增产值:	$J_e = F_e j$	(7-40)

7.4.4.3 治理(或规划)期末单项措施有效面积上累计增产量与累计增产值的计算

治理(或规划)期末单项措施有效面积上累计增产量与累计增产值的计算按以下 2 个步骤进行：

(1)计算累计措施有效面积 F_r

根据式(7-36)计算 n 年内实有增产时间 n_e，则累计有效面积 F_r 为：

$$F_r = f(1 + 2 + 3 + \cdots + n_e)$$
$$= f[1 + 2 + 3 + \cdots + (n - m)]$$
$$= fR \qquad (7-41)$$

式中　R——累计有效面积的累计系数。

(2)累计增产量与累计增产值的计算

在此基础上，求得治理(或规划)期末措施有效面积上的累计增产量与累计增产值。

累计增产量:	$\Delta P_r = F_r \Delta P$	(7-42)
累计毛增产值:	$Z_r = F_r Z$	(7-43)
累计净增产值:	$J_r = F_r j$	(7-44)

式中　ΔP，Z，j 三值计算分别见式(7-29)至式(7-31)。

7.4.4.4 单项措施全部生效时年增产量与年增产值的计算

单项措施全部生效时年增产量与年增产值的计算按以下 3 个步骤计算：

(1)求措施全部生效时间 n_t

应考虑该项措施实施后需 m 年生效，在 n 年内实施的措施，需在 n_t 年才能全部生效，n_t 则按下式进行计算：

$$n_t = n + m \qquad (7-45)$$

(2)措施全部生效时

有效面积 F_t 与实施面积 F 一致，采取下式计算：

$$F_t = F \qquad (7-46)$$

(3)措施全部生效时，采取下式计算年增产量与年增产值

年增产量:	$\Delta P_t = F_t \Delta P$	(7-47)
年毛增产值:	$Z_t = F_t Z$	(7-48)
年净增产值:	$J_t = F_t j$	(7-49)

式中　ΔP，Z，j 三值的计算同前。

7.4.4.5 单项措施全部生效时累计增产量与累计增产值的计算

单项措施全部生效时累计增产量与累计增产值的计算按以下 2 个步骤计算：

（1）措施全部生效时，应采取如下计算式求得累计有效面积 F_{tr}

$$F_{tr} = (1 + 2 + \cdots + n) = f R_t \tag{7-50}$$

式中 R_t—— 措施全部生效时，累计有效面积的累计系数。

（2）在此基础上，采取下式计算累计增产量与累计增产值

累计增产量： $$P_{tr} = F_{tr} \Delta P \tag{7-51}$$

累计毛增产值： $$Z_{tr} = F_{tr} Z \tag{7-52}$$

累计净增产值： $$J_{tr} = F_{tr} j \tag{7-53}$$

式中 ΔP，Z，j 三值的计算分别见式（7-29）至式（7-31）。

7.4.4.6 单项措施直接经济效益中增产量和增产值的计算

单项措施直接经济效益中增产量和增产值的计算包括以下 5 个步骤。

第一，单位面积年增产量 ΔP 与年毛增产值 Z 和年净增产值 j 的计算。

第二，治理（或规划）期末，有效面积 F_e、上年增产量 ΔP_e 与年毛增产值 Z_e 和年净增产值 J_e 的计算。

第三，治理（或规划）期末，累计有效面积 F_r、累计增产量 ΔP_r 与累计毛增产值 Z_r 和累计净增产值 J_r 的计算。

第四，措施全部充分生效时，有效面积 F_t、年增产量 ΔP_t 与年毛增产值 Z_t 和年净增产值 J_t 的计算。

第五，措施全部充分生效时，累计有效面积 F_{tr}、累计增产量 ΔP_{tr} 与累计毛增产值 Z_{tr} 和累计净增产值 J_{tr} 的计算。

通过上述第一、第二、第四项的计算，了解该措施一年内的效益；通过第三、第五项的计算，了解在某一阶段的累计效益。

7.4.4.7 产投比与回收年限的计算

根据上述第一、第三、第五项增产效益的计算成果，与相应的单位面积（或实施面积）水土保持各项措施基本建设投资作对比，可分别求得 3 项不同的产投比。在运用第一项计算成果，求得单位面积上产投比的基础上，进一步计算基本建设投资的回收年限。

（1）单项措施生效年单位面积的产投比与回收年限计算

①产投比 K 的计算

$$K = \frac{j}{d} \tag{7-54}$$

式中 j——单项措施生效年单位面积的净增产值（元/hm²）；

d——单项措施单位面积的基本建设投资（元/hm²）。

②基本建设投资回收年限 H 的计算

$$H = m + \frac{d}{j} = m + \frac{1}{K} \tag{7-55}$$

式中 m——该项措施生效需时（a）。

式（7-54）求得的产投比 K，只有一年的效益，未能全面反映水土保持的一次基建投资后若干年内的累计效益。

（2）单项措施实施期末的产投比 K_r 计算

①基本建设总投资 D 的计算

$$D = F d = n f d \tag{7-56}$$

式中　F——该项措施实施总面积（hm^2）；

　　　f——该项措施年均实施面积（hm^2）；

　　　n——该项措施实施期（a）。

②累计净增产值 J_r 的计算

$$J_r = F_r j = f R j \tag{7-57}$$

式中　F_r——该项措施累计有效面积（hm^2）；

　　　R——该项措施累计有效面积系数。

③产投比 K_r 的计算

$$K_r = \frac{J_r}{D} = \frac{f R j}{n f d} = \frac{R j}{n d} \tag{7-58}$$

（3）单项措施全部生效时的产投比 K_{tr} 计算

①基本建设总投资 D 的计算

$$D = n f d$$

②累计净增产值 J_{tr} 的计算

$$J_{tr} = F_{tr} j = f R_{tr} j \tag{7-59}$$

式中　F_{tr}——该项措施全部生效时累计有效面积（hm^2）；

　　　R_{tr}——该项措施全部生效时累计有效面积系数。

③产投比 K_{tr} 的计算

$$K_{tr} = \frac{J_{tr}}{D} = \frac{f R_{tr} j}{n f d} = \frac{R_{tr} j}{n d} \tag{7-60}$$

上述计算中，j、J_r、J_{tr}、f、F_r、F_{tr}、R、R_{tr} 等值的计算，均见前文。

以上是单项措施增产量与增产值的计算，将各个单项措施求得的经济效益相加，即为综合措施的总经济效益。各类治理措施经济效益总的计算年限，根据不同类型地区（水热条件不同）、不同措施条件（梯田、坝地、林、草），分别确定不同的经济计算年限。

7.4.5　间接经济效益的计算

7.4.5.1　间接经济效益的计算

基本农田（梯田、坝地、引洪漫地等）间接经济效益的计算

①节约的土地面积 ΔF　节约的土地面积 ΔF（hm^2）计算式为：

$$\Delta F = F_a - F_b = \frac{V}{P_b} - \frac{V}{P_a} \tag{7-61}$$

式中　V——需要的粮食总产量（kg）；

　　　F_b——需坡耕地的面积（hm^2）；

　　　F_a——需基本农田的面积（hm^2）；

　　　P_b——坡耕地的粮食单位面积产量（kg/hm^2）；

　　　P_a——基本农田的粮食单位面积产量（kg/hm^2）。

②节约的劳工 ΔE 节约的劳工 ΔE(工日)的计算式为:

$$\Delta E = E_b - E_a = F_b e_b - F_a e_a \qquad (7\text{-}62)$$

式中 e_b——种坡耕地单位面积需劳工(工日/hm²);

e_a——种基本农田单位面积需要劳工(工日/hm²);

E_b——种坡耕地总需要劳工(工日);

E_a——种基本农田总需要劳工(工日)。

节约出的土地和劳工,只按规定单位计算其价值,不再计算用于林、牧等业的增产值。

7.4.5.2 种草的间接经济效益计算

分别计算其以草养畜和提高载畜量节约土地 2 个方面。

(1)以草养畜

只计算增产的饲草可饲养的牧畜数量(或折算成羊单位),以及这些牧畜出栏后,肉、皮、毛、绒的单价,不再计算畜产品加工后提高的产值。种草养畜的效益,应结合当地畜牧业生产计算。

(2)提高土地载畜量

节约的牧业用地,采用下式计算:

$$\Delta F = F_a - F_b = \frac{V}{P_b} - \frac{V}{P_a} \qquad (7\text{-}63)$$

式中 V——发展牧畜总需饲草量(kg);

P_a——人工草地单位面积产草量(kg/hm²);

P_b——天然草地单位面积产草量(kg/hm²);

F_a——人工草地总需土地面积(hm²);

F_b——天然草地总需土地面积(hm²)。

7.4.6 经济效益评价

大多数的研究都是以"有"或者"没有"水土保持措施两种方案为基础来评价水土保持的经济效益,这也是水土保持经济效益评估的前提。由于水土保持不仅对治理的区域产生影响,对其他相关区域(主要是下游)也产生影响,所以水土保持经济效益的评估也分为两部分,即当地经济效益评估和外部经济效益评估。

7.4.6.1 当地经济效益评估

水土保持的当地效益可直接表现为土壤特性的改善,也可间接表现为作物产量或生产力的变化。有时也可间接表现为其他价值的变化,如环境改善的价值。下面介绍 3 种水土保持当地经济效益的评估方法。

(1)产量变化法

由于作物产品能够直接在市场上进行交易,因此产量变化法成为水土保持经济效益普遍采用的评估方法。水土保持对作物产量的影响可通过田间数据、经验模型、其他研究的数据,以及估计或假定的数据等方法进行定量化。大量的研究应用该方法对各类水土保持技术的效益进行经济评估。

（2）重置成本法

土壤侵蚀可以影响土壤的物理、化学和生物等特性。侵蚀对土壤特性影响的评估主要集中在土壤本身及其养分含量的减少。重置成本法是土壤及其养分流失经济评估最常用的方法。该方法的原理是应用化学肥料的成本替代土壤养分的损失，有时也包括已流失土壤重归原地的直接成本。基于这个原理，水土保持的效益可通过"有"或"无"水土保持措施2个方案的重置成本不同进行评估。

（3）内涵价格法

内涵价格法是基于一定的假定——不同的环境条件下物品的价值不同。该方法可以评估由于水土保持而改善的环境的价值。在澳大利亚，Abelson应用该方法计算土壤保护的"环境价值"。

7.4.6.2　外部经济效益评估

泥沙和水量的减少是水土保持影响外部或下游最直接的表现。由于来沙的减少，下游水库和河道淤积的泥沙则相应减少；由于来水的减少，下游农业、渔业、工业和休闲娱乐的用水也相应减少。水土保持对下游影响经济效益可用4种方法进行评估。下游河道泥沙淤积减少的效益可用重置成本法进行评估，具体方法见前述。例如，在黄河上、下游河道泥沙淤积减少的效益可通过河道疏浚的成本进行替代计算。由于来水减少可影响农业、渔业和工业的产量，因此可以用产量变化法计算来水减少对它们的影响。来水减少也可以影响下游的环境情况，因此可以用内涵价格法计算来水减少对下游环境的影响，具体方法见前述。下游水库来沙减少的效益可用机会成本法进行评估。机会成本法是一个间接评估水土保持效益的技术方法，因为这些效益并不是直接来自市场交换。机会成本法的具体内容和应用实例如下：

1987年，Blyth和McCallum提出了机会成本法，即用一个放弃方案的收益作为实施方案的机会成本。这种方法用机会成本的价值来评价小流域环境改善所获得的经济效益，如坡改梯措施对保持土壤营养元素（N、P、K和有机质）的效益，通过与同一地理背景下，未经工程措施治理原始坡地土壤营养元素的对比，确定流域新造人工环境中物质的变化量（主要是土壤水分和养分的增加量），然后，将这些有效成分折合成农用化肥的当量，通过评估化肥的经济价值来反映水土保持工程措施所直接带来的经济效益，这种经济效益以直接提高土壤自然生产潜力、降低生产成本的形式，进而间接提高农户经济收入来体现。如果没有工程措施的保水保肥成就，农户就不可能获得较高的粮食产量，要有同样的收获，农户就必须购买等量的化肥和花费等量的灌溉水电费。这就是机会成本的内涵。

7.4.7　国民经济评价

国民经济评价的依据为《水利建设项目经济评价规范》（SL 72—2013）。由于水土保持工程是一项社会公益性质的事业，因此只作国民经济评价和敏感性分析。

7.4.7.1　一般性规定

一是国民经济评价中的费用和效益宜用货币表示；不能用货币表示的，应用其他定量指标表示；确实难以定量的，可定性描述。

二是水土保持项目的费用应计算直接费用和间接费用，效益应分析计算直接效益和可量化的间接效益。计算项目费用和效益时，应防止遗漏和避免重复。

三是属于国民经济内部转移的税金、计划利润、国内借款利息以及各种补贴等，均不应计入项目的费用或效益。

四是进行国民经济评价时，投入物和产出物应都使用影子价格。在不影响评价结论的前提下，也可只对其价值在费用或效益中所占比重较大的部分采用影子价格，其余的可采用财务价格。

五是进行水土保持项目国民经济评价时应采用国家规定的 8% 的社会折现率。

7.4.7.2 费用计算

（1）水土保持项目费用

水土保持项目的费用应包括固定资产投资和年运行费。

固定资产投资应包括水土保持项目达到设计规模所需由国家和地方以各种方式投入的主体工程和相应配套工程的全部建设费用，同时应根据合理工期和施工计划作出分年度安排。

水土保持项目的年运行费应包括项目运行初期和正常运行期每年所需支出的全部运行费用，可根据其投产规模和实际需要分析确定。

（2）建设项目投入物的影子价格

建设项目投入物的影子价格，应分为以下三类分别计算：①直接或间接影响国家进口或出口的外贸货物；②不影响国家进口或出口的非外贸货物；③劳动力和土地等特殊投入物。

当投入物的类型难以判别时，宜在供选择的投入物的几种价格中选用对水土保持项目国民经济评价不利的价格。

7.4.7.3 效益计算

（1）计算原则

①水土保持项目的效益应按有、无项目对比可获得的直接效益和间接效益计算。

②水土保持项目应采用系列法或频率法计算其多年平均效益，作为项目国民经济评价的基础。

③水土保持项目运行初期和正常运行期各年的效益，应根据项目投产计划和配套程度合理计算。

④水土保持项目的固定资产余值，应在项目计算期末一次回收，并计入项目的效益。

⑤水土保持项目除应根据项目功能计算各分项效益外，还应计算项目的整体效益（表 7-4）。

（2）计算方法

按照《水土保持综合治理 效益计算方法》（GB/T 15774—2008）相关要求进行。

表 7-4 水土保持治理效益分类与计算内容

效益分类	计算内容	计算具体项目
调水保土效益	调水(一) 增加土壤入渗	1. 改变微地形增加土壤入渗 2. 增加地面植被增加土壤入渗 3. 改良土壤性质增加土壤入渗
	调水(二) 拦蓄地表径流	1. 坡面小型蓄水工程拦蓄地表径流 2. "四旁"小型蓄水工程拦蓄地表径流 3. 沟底谷坊坝库工程拦蓄地表径流
	调水(三)	改善坡面排水的能力
	调水(四)	1. 调节年际径流 2. 调节旱季径流 3. 调节雨季径流
	保土(一) 减轻土壤侵蚀(面蚀)	1. 改变微地形减轻面蚀 2. 增加地面植被减轻面蚀 3. 改良土壤性质减轻面蚀
	保土(二) 减轻土壤侵蚀(沟蚀)	1. 制止沟头前进减轻沟蚀 2. 制止沟底下切减轻沟蚀 3. 制止沟岸扩张减轻沟蚀
	保土(三) 拦蓄坡沟泥沙	1. 小型蓄水工程拦蓄泥沙 2. 谷坊坝库拦蓄泥沙
	直接经济效益	1. 增产粮食、果品、饲草、枝条、木材 2. 上述增产各类产品相应增加经济收入 3. 增加的收入超过投入的资金(产投比) 4. 投入的资金可以定期回收(回收年限)
	间接经济效益	1. 各类产品就地加工转化增值 2. 基本农田比坡耕地节约土地和劳工 3. 人工种草养畜比天然牧场节约土地 4. 水土保持工程增加蓄、饮水 5. 土地资源增值

7.4.7.4 国民经济评价指标和评价准则

水利建设项目的国民经济评价可根据经济内部收益率、经济净现值及经济效益费用比等评价指标和评价准则进行。

(1)经济内部收益率 EIRR

经济内部收益率是以项目计算期内各年净效益现值累计等于零时的折现率表示。其表达式为：

$$\sum_{t=1}^{n} (B - C)_t (1 + EIRR)^{-t} = 0 \tag{7-64}$$

式中　　$EIRR$——经济内部收益率;

　　　　B——年效益(万元);

　　　　C——年费用(万元);

n——计算期(年);

t——计算期各年的序号,基准点的序号为$(B-C)_t$第t年的净效益(万元)。

项目的经济合理性应按经济内部收益率$EIRR$与社会折现率i_s的对比分析确定。当经济内部收益率大于或等于社会折现率($EIRR \geq i_s$)时,该项目在经济上是合理的。

(2)经济净现值$ENPV$

经济净现值是以用社会折现率i_s将项目计算期内各年的净效益折算到计算期初的现值之和表示。其表达式为:

$$ENPV = \sum_{t=1}^{n} (B-C)_t (1+i_s)^{-t} \tag{7-65}$$

式中 $ENPV$——经济净现值(万元);

i_s——社会折现率。

项目的经济合理性应根据经济净现值$ENPV$的大小确定。当经济净现值大于或等于零($ENPV \geq 0$)时,该项目在经济上是合理的。

(3)经济效益费用比R_{BC}

经济效益费用比是以项目效益现值与费用现值之比表示。其表达式为:

$$R_{BC} = \frac{\sum_{t=1}^{n} B_t (1+i_s)^{-t}}{\sum_{t=1}^{n} C_t (1+i_s)^{-t}} \tag{7-66}$$

式中 R_{BC}——经济效益费用比;

B_t——第t年的效益(万元);

C_t——第t年的费用(万元)。

项目的经济合理性应根据经济效益费用比R_{BC}的大小确定。当经济效益费用比大于或等于1.0($R_{BC} \geq 1.0$)时,该项目在经济上是合理的。

(4)国民经济效益费用流量表

进行国民经济评价应按表7-5编制国民经济效益费用流量表,反映项目计算期内各年的效益、费用和净效益,计算该项目的各项国民经济评价指标。

表 7-5 国民经济效益费用流量 万元

序号	项 目	年 份												合计
		建设期			运行初期			建设期			正常运行期			
		…	…	…	…	…	…	…	…	…	…	…	…	
1	效益流量 B													
1.1	项目各项功能的效益													
1.1.1	×××													
	×××													
	×××													
1.2	项目间接效益													
2	费用流量 C													

（续）

序号	项　目	年　份											合计
		建设期		运行初期		建设期		正常运行期					
		…	…	…	…	…	…	…	…	…	…	…	
2.1	固定资产投资												
2.2	年运行费												
2.3	项目间接费用												
3	净效益流量($B-C$)												
4	累计净效益流量												

评价指标：经济内部收益率、经济效益费用比、经济净现值

注：项目各项功能的效益应根据该项目的实际功能计列。

7.4.8　敏感性分析

水土保持项目应进行敏感性分析，评价项目在经济上的可靠性，估计项目可能承担的风险，供决策研究。

敏感性分析应根据项目特点分析测算固定资产投资、效益、投入物和产出物的价格、建设期年限等主要因素中一项指标浮动或多项指标同时浮动对主要经济评价指标的影响，并列表（表7-6）或用敏感性分析图表示。水土保持项目浮动指标一般考虑：投资增加10%、效益减少20%、效益推迟2年、投资增加10%且效益推迟2年时，其经济内部收益率、经济净现值、经济效益费用比。

表7-6　敏感性分析

分　项	经济效益费用比	经济评价 经济内部 收益率 EIRR	经济净现值 ENPV（万元）
评价指标结果			
投资增加10%			
效益减少20%			
效益推迟2年			
投资增加10%+效益推迟2年			

从敏感性分析表中，综合考虑效益费用比、经济内部收益率和经济净现值，分析当前设计是否具有较高的经济效益，较低的投资风险，判断项目是否为最优设计。

思　考　题

1. 试述水土保持效益的种类和计算方法。
2. 水土保持效益分析的内涵是什么？
3. 简述水土保持经济效益分析评价方法。
4. 如何进行水土保持规划技术经济指标计算？

推荐阅读书目

1. 水土保持综合治理效益计算方法(GB/T 15774—2008). 中国标准出版社，2009.
2. 水利建设项目经济评价规范(SL 72—2013). 中国水利水电出版社，2013.
3. 水土保持学(第 4 版). 余新晓，毕华兴. 中国林业出版社，2020.
4. 中国水土保持. 唐克丽. 科学出版社，2004.

第8章

水土流失综合治理评价

【**本章提要**】水土流失综合治理评价是检查验收流域治理效果的主要内容之一。本章主要讨论评价指标、指标体系的构建原则、指标计算和通常采用的评价方法等问题，并分别以黄土高原 11 个试区和黄土丘陵区中尺度水土流失综合治理为对象，进行实例评价。

水土流失综合治理评价实质是以某一流域或某一水土流失治理区为对象，对其实施水土保持工程措施、生物措施和农业技术措施等后产生的经济效益、生态效益和社会效益分析与评判。其目的是服务于流域的优化管理。通常，在评价过程中评价指标的选取、评价指标体系的建立极为重要，并且须遵循静态评价与动态评价相结合，因地制宜与统一标准相结合，单项评价与综合评价相结合，反馈性和预断性评价相结合，逻辑运算与专家系统相结合等原则。

8.1 评价指标及指标体系

8.1.1 基本概念

8.1.1.1 评价指标与作用

评价指标是用来度量水土流失综合治理的规划、方法和措施在自然、经济和社会子系统中发生作用的大小或范围的一种数量单位，它表示各项效益的基本含义和数量大小。

正确、合理地设置和运用评价指标反映综合治理的各个方面，是全面、系统、客观、准确地评价综合治理效益的基础。

8.1.1.2 评价指标体系与作用

效益评价指标体系是由若干指标按照一定规则，相互补充而相对独立地组成的群体指标体系。它是各种投入资源利用效果的数量表现，反映各类生产资源之间，生产资源和劳动成果之间，生态子系统和经济、社会子系统之间的因果关系和函数关系，能够应用统一计量尺度把治理效益具体地计算出来，为进一步的调控和方案设计奠定基础。设置合适的评价指标体系具有下述作用：

①有助于对综合治理的效益作较系统、全面而又准确的评价，防止主观随意性，避免盲目性和片面性。

②有助于治理流域的纵、横向比较。评价指标体系作为一种治理水平的客观依据，可鼓励先进，鞭策后进，不断促进和完善治理工作，同时，对小流域治理的主管部门的宏观管理也提供现代化的管理手段。

③流域生态经济系统中的动态变化可以通过评价指标体系中的各项指数明确反映出来，便于准确地识别和诊断薄弱环节，有针对性地改进工作。

④对评价指标体系进行具体深入的研究，也是推动水土保持基本理论向前发展的有效途径。综合指标体系的建立，可以通过权重的正确选取，有助于比较系统地认识各种因素在整体中所处的地位，并使全面评价流域综合治理的效益具有统一的标准。

8.1.2 指标体系的设置原则与基本框架

水土流失综合治理评价是一项十分复杂的系统工作，可以说既包括了水土流失综合治理的整个过程，又涉及治理结束后一定时段内的效益发挥。因此，指标体系设置时，必须注重其目的性、科学性、整体性、重点性、动态性和适用性等。另外，流域综合治理效益包括生态、经济和社会效益，它们之间的关系既有相对独立性，又有相互交叉的联系。因此，必须坚持整体平衡的观点，充分反映这三大效益的特点，并以计算简便、易于在基层推广应用为出发点，按科学、全面、准确、简便的原则协调。具体可归纳如下几点：

①指标体系应能较全面地反映综合治理效果的特点，但又要避免设置过繁，应选择有代表性的指标。

②各项指标均要有明确的概念，既要有明确的内涵和外延，又应把握各指标间的内在联系，特别注意避免指标的重复设置（即指标的内涵的重叠），防止片面地追求"全面

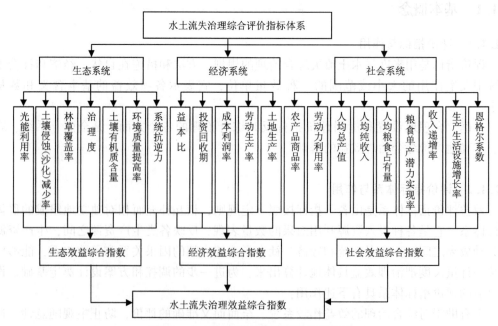

图 8-1　水土流失治理综合评价指标体系

性"。

③各项指标都应无量纲化，即指数的大小不是直接反映某一指标的绝对量，而是一个相对值，但要求其数值大小能反映效果的优劣。

④作为一种在基层可以应用的评价指标体系，要求指标的参数在现有资料的基础上作必要的调查、测定即可确定，其计算方法经过一定的短期培训能为一般基层技术人员所掌握，以利于推广应用。

根据上述原则构建的评价指标体系框图如图 8-1 所示。

8.1.3 评价指标的计算

8.1.3.1 生态效益

(1)光能利用率

一定时期内单位土地面积上作物积累的化学潜能与同期投入该面积的太阳辐射之比，称为光能利用率。它反映了流域生态系统绿色植物扩大固定太阳能的规模和光能的转化效率。

$$E = \frac{1\ 000YH}{10\ 000 \times 10^4 \sum Q} \times 100 = \frac{YH \times 10^{-5}}{\sum Q} \times 100 \qquad (8\text{-}1)$$

式中　E——光能利用率(%)；

　　　Y——生物学产量(kg/hm²)；

　　　H——燃烧 1g 物质释放的能量(kcal*/g)；

　　　Q——太阳辐射能(kcal/cm²)。

(2)土壤侵蚀(沙化)减少率

流域管理后土壤侵蚀量与管理前相比减少量的百分率，称为土壤侵蚀减少率。它反映了流域土壤侵蚀程度的变化。

$$土壤侵蚀(沙化)减少率(\%) = \frac{管理前土壤侵蚀模数\ M_s - 管理后土壤侵蚀模数\ M_s}{管理前土壤侵蚀模数\ M_s} \times 100$$

$$或\quad 土壤侵蚀(沙化)减少率(\%) = \frac{管理前沙化面积\ A'_沙 - 管理后沙化面积\ A_沙}{管理前沙化面积\ A'_沙} \times 100 \quad (8\text{-}2)$$

(3)林草覆盖率

林草覆盖率是指流域内的林地、草地面积之和与总土地面积的比值。林草覆盖率对流域生态平衡有决定性意义，其值达到一定量时，可较好地起到调节气候、保持水土的作用。

$$林草覆盖率(\%) = \frac{林草地面积之和}{土地总面积} \times 100 \qquad (8\text{-}3)$$

(4)治理度

流域内已治理面积，即实施水土保持措施的面积，包括造林地、种草地、基本农田

---

* 1kcal = 4.184 0kJ

及筑坝拦截面积之和与产生水土流失面积的比值，称为治理度或治理面积率。它反映了流域内应治理的面积中有多少已被治理。

$$治理度(\%) = \frac{已治理面积}{需治理面积} \times 100 \tag{8-4}$$

（5）土壤有机质含量

土壤中的有机质，来源于动植物残体、死亡的微生物和施用的有机肥料等。土壤有机质含量指某种土壤耕作层有机质质量与该种土壤耕作层土壤质量的比值。该指标反映了土壤的肥力状况。

$$土壤有机质含量(\%) = \frac{样品有机质质量}{样品总质量} \times 100 \tag{8-5}$$

（6）环境质量提高率

环境质量提高率，反映流域环境质量的前后变化。

$$Q = \frac{\sum\limits_{i=1}^{n} f_i x_i}{\sum\limits_{i=1}^{n} f_i} \times 100 \quad \left(x_i = \frac{x_{i1}}{x_{i0}} \right) \tag{8-6}$$

式中　Q——环境质量提高率(%)；

　　　f_i——某环境因子的权数；

　　　x_i——该环境因子本期监测值与基期监测数值的比值；

　　　x_{i1}——该环境因子本期监测数值的绝对值；

　　　x_{i0}——该环境因子基期监测数值的绝对值。

（7）系统抗逆力

流域经济系统在灾害年份的产值与正常年份产值之比，称为系统抗逆力。它反映了该系统的稳定程度或系统抗御的能力。

$$系统抗逆力(\%) = \frac{系统灾年产值}{系统常年平均产值} \times 100$$

或

$$R_\alpha = \frac{\left(\sum |F_i - F_1| \right)}{NF} \times 100 \tag{8-7}$$

式中　R_α——系统评价期间的平均相对变率(%)；

　　　F_i——某年系统的功能水平(产量或产值)；

　　　F——评价期间各年系统功能平均值；

　　　N——评价期间的年数。

8.1.3.2　经济效益

（1）益本比

益本比指一定时期内流域的纯收益与投入总成本的比率，是经济效益概念的定量表现。

$$益本比(\%) = \frac{纯收益}{总成本} \times 100 \tag{8-8}$$

（2）投资回收期

在流域管理中某项投资的本金与投资而产生的年净产值之比，称为投资回收期。它反映了该项投资的回收年限。

$$投资回收期(\%) = \frac{投资总值}{因投资而增加的净产值} \times 100 \qquad (8\text{-}9)$$

（3）成本利润率

一定生产费用下所产生的利润率称为成本利润。它反映了成本与利润丰富程度之间的关系。

$$成本利润率(\%) = \frac{利润率}{生产费用} \times 100 \qquad (8\text{-}10)$$

（4）劳动生产率

劳动生产率是单位活劳动消耗量所创造的产品。农产品价格，上交和未出售的按当地政府公布的统一价计算，已出售的按实际卖出所得的收入计算。活劳动量是指全年有多少人劳动，全劳动以 300d 出勤计为 1 个人/a，半劳动力和零星劳动力须折成全劳动力计。

$$劳动生产率(\%) = \frac{净产值}{活劳动消耗量} \times 100 \qquad (8\text{-}11)$$

（5）土地生产率

单位面积的土地上所产生的产品量或价值量称土地生产率。它反映了土地生产力的高低。

$$土地生产率(\%) = \frac{产品量或价值量}{土地面积} \times 100 \qquad (8\text{-}12)$$

8.1.3.3 社会效益

（1）农产品商品率

全年农产品转化为商品的产值与全年各种农产品产值之比，称为农产品商品率。反映了流域生产系统对外部的贡献。

$$农产品商品率(\%) = \frac{全年各种农林牧商品产值之和}{全年各种农林牧产品产值之和} \times 100 \qquad (8\text{-}13)$$

式中，商品产值即农产品出售的实际收入。各种农产品产值系指最终产品产值，中间产品产值不计。为统一计算口径，各业产值计算方法规定如下：种植业包括经济产量产值和秸秆产值；林业以砍伐的树木、薪柴量及收获的果品价值计算；牧业只计新生幼畜、幼畜增值、出售畜产品(肉、皮、毛、蛋)产值，不计粪便、役畜自用农务价值；草业只计满足畜禽饲养需要量后剩余产品的价值，不是全部产草量的价值。

（2）劳动力利用率

劳动力利用率指实用工日数与全年拥有工日数的比值。它反映了劳动力利用程度，也反映了劳动力的剩余程度。

$$劳动力利用率(\%) = \frac{实用工日数}{全年拥有工日数} \times 100 \qquad (8\text{-}14)$$

式中，实用工日数包括从事农业、林业、牧业、草业、副业和渔业的工日数及非农业（如运输、医疗和劳务等）的工日数。实用工日数中，牧业用工是比较难以统计的。可采用各种畜禽管理所需工日数折算{工日/[头（只）·年]}：牛马90，绵羊6，奶羊30，奶牛180，生猪55，兔（成龄）30，禽5。拥有工日数每个全劳动力为300日/人，半劳力按出劳程度折算为全劳力后计算。

（3）人均总产值

总产值是流域内物质生产单元在一定时期内所生产的全部物质资料的总和。人均总产值指流域一定时间内的总产值与该时期平均人数的比值。它反映了平均物质生产水平的高低。

$$人均总产值 = \frac{总产值}{人口}(元 / 人) \tag{8-15}$$

（4）人均纯收入

人均纯收入指流域一定时期内的纯收益与该时期流域内人口数的比值。它是富裕程度的一个重要指标。

$$人均纯收入 = \frac{纯收入}{人口数}(元 / 人) \tag{8-16}$$

式中，纯收入系指从总收入中扣除生产费用后的余额部分。农业净产值与农业总收入是两个不同概念。总收入除包含农业净产值外，还包括生产单位其他物质生产部门（如工、商、建、运、服务等业）的生产性净收入、外出人员寄或带回的收入、亲友馈赠的收入、从国家和集体单位所得的收入，以及救灾款等非借贷性收入。

（5）人均粮食占有量

流域内粮食总产与农业人口的比值称为人均粮食占有量。它反映了人均粮食占有水平。

$$人均粮食占有量 = \frac{粮食总产量}{农业人口数}(kg/ 人) \tag{8-17}$$

式中，禾谷类与豆类粮食产值以实物计算，薯类以实物除5计算。

人均总产值、人均纯收入和人均粮食占有量三项指标以当地平均水平或合同要求值为标准，本流域指数取计算值除以当地平均值或合同要求数值。

（6）粮食单产潜力实现率

粮食单产潜力实现率指现有粮食平均单产与潜在单产量的比值。它反映了对粮食生产潜势的挖掘程度。

$$粮食单产潜力实现率（\%） = \frac{现有单产量}{潜在单产量} \times 100 \tag{8-18}$$

式中，作物生产潜力系指在品种适宜、肥料供应充足和栽培方法科学的前提下，当地气候资源（光、热、水）的生产潜力。考虑到资料取得的难易和计算复杂与否，可采用以下公式估算：

$$Y_1 = \left\{ 2\,000 \div [1 + \exp(1\,315 - 0.119T)] \right\} \times 10.5 \tag{8-19}$$

$$Y_2 = \left\{ 2\,000 \times [\,1 - \exp\,(\,-\,0.\,000\,664R\,)\,] \right\} \times 10.\,5 \qquad (8\text{-}20)$$

式中　Y_1——温度生产潜势；

　　　Y_2——水分生产潜势(kg/hm^2)；

　　　exp——自然常数 e(2.721 828)的指数函数；

　　　T——年平均气温(℃)；

　　　R——年平均降水量(mm)。

无灌溉条件者采用 Y_2 计算，有灌溉条件者采用 Y_1 计算，两者均有者，按比例加权平均。

(7)收入递增率

收入递增率是收入年增长幅度，反映了系统功能逐渐完善，输出功能提高的程度。

$$收入递增率(\%) = \frac{计算年农业总收入 - 基础年农业总收入}{相隔年份数} \times 100 \qquad (8\text{-}21)$$

(8)生产生活增长率

生产生活增长率指新增生产生活设施价值与原有生产生活设施价值的比值。它反映了生产、生活、设施质量改善程度。

$$增长率(\%) = \frac{新增生产生活设施价值}{原有生产生活设施价值} \times 100 \qquad (8\text{-}22)$$

式中，生产设施主要指大、中型生产资料的购置费用；生活设施主要指"住和行"的设施，并均折为价值计算(现价)。

(9)恩格尔系数

恩格尔系数指人均食品消费支出与总消费支出的比值。它反映了经济发展的不同阶段。系数越高，经济发展越落后；反之，则经济发达。

$$恩格尔系数(\%) = \frac{食品消费支出}{同期总消费支出} \times 100 \qquad (8\text{-}23)$$

式中，食品消费支出包括购买食品的开支和自产、赠送食品中用于消耗的折算价值。总消费支出包括各种消费(包括吃、住、行、衣等)的总价格，自有物品的消耗同样计算其价值。

8.1.4　评价方法

(1)指标法

从指标体系中选择一个或几个指标，其他指标作为辅助参考，对系统进行总体判定。

(2)比较分析法

根据评价的目的要求，选取一些具有代表性的指标进行比较，来评价不同管理措施实施前后效益的高低变化。

从内容上讲，比较分析又分单项比较分析和综合比较分析。以单一指标来分析管理效果的称单项比较分析；以生态、经济、社会效益等多项指标来分析的称为综合比较分析。综合比较分析的优点是全面反映治理后的效果,缺点是较复杂,且有些资料不易取得,或误差较大;单项指标分析的优点是简单、明了,只需抓住最主要指标来进行评判,缺点是指标单一难免失之片面。

从方法上讲,比较分析法分为相对评价方法与绝对评价方法。所谓相对评价方法,即将若干个待评事物的评价数量结果进行相互比较,最后对各待评价事物的综合评价结果排出次序;所谓绝对评价方法,是根据对事物本身的要求,评价其达到的水平,包括较原状增长水平和接近潜势状态水平。

(3)专家打分法

根据评价的具体要求和对象的特点,选定若干个评价项目,再定出评价标准,用十分制表示。专家根据有关项目给分,最后以总分确定主体结果,打分方法有多种。

(4)投入与产出分析法

利用数学方法和计算机来研究各种经济活动的投入与产出之间数量关系,投入分析的目标是研究基本建设投资的经济效益,即货币化的人力、物力、财力资源投资规模的效益。投资不仅包含现在投入多少,也包括将来回收多少,是一个含有时间因素的经济活动。资金的时间价值是因时间变化而引起的资金价值的变化。当分析资金活动效益时,存在着"时间价值"的不可比性,如有的项目见效快,有的项目则见效慢,有的措施经济效益寿命期长、有的措施经济效益寿命期短,因此,需要解决时间的可比性问题。而投资分析方法,正是把不同时间的投资和收益换算成一个可比的时间,进行其投资的经济效益分析。投资分析方法主要适用于各项投入较大的流域,经过实施不同的管理措施前后的效益变化。常用分析方法分为静态和动态 2 种。

(5)模拟评价法

模拟评价法分为数学模拟和实验模拟。数学模拟是把不同方案涉及的问题、技术和经济等方面的各种数据,按其内在联系及总规划的要求,相应地建立各种数学模型,用计算机计算各种管理方案的经济效益与生态效益。例如,相关分析法、线性回归法和灰色模型预测等。实验模拟即实验室野外模拟,主要适用于生态效益的评价。它是按流域所在地的生态环境特点设置试验小区、标准地等,调查观测各项措施的生态效益或者在生态环境相类似的地区进行科学试验。

除此以外,还有 TOPSIS 法、可能满意度法等。在做效益评价时,可根据具体情况选用。在确定被评价指标的权重值时,常采用的方法有 AHP 法、相关分析法、比较确定法、老手法、DELPHII 法和 FHW 法等。

(6)赋权理想点法

设指标体系中共有 n 个指标,则指标向量 X 的所有可能取值构成指标体系的状态 S^n;设 P 为表示指标 i 重要程度的权值,则称概率向量 $P(P=P_1, P_2, \cdots, P_n)$ 为指标体系状态空间 S^n 的赋权向量;设 $m(X_1, X_2, \cdots, p)$ 为量度具有赋权向量 P 的指标体系状态空间 S^n 中任何 2 点 X_1 和 X_2 之间距离的赋权测度,例如,可取:

$$m(X_1, X_2, \cdots, p) = \Big[\sum_{i=1}^{n} p_i (x_{1i} - x_{2i})^2 \Big]^{\frac{1}{2}} \tag{8-24}$$

定义每一个指标 i 的理想值 $x_{i0}(i=1, 2, \cdots, n)$,则这些理想值构成 S^n 中的一个理想指标向量，记为 X_0。将实际指标向量 X 与理想指标向量 X_0 之间的赋权距离 m $[(X, X_0), p]$ 作为指标体系总体判定的依据。赋权测度值越小，表明实际指标向量 X 越接近 X_0，即 X 越理想。

(7)赋权满意关联法

首先根据指标体系中的每一个指标的重要程度对其分别赋权得一权值向量 P，P 的分量 P_i 为指标 i 的权值（$i=1, 2, \cdots, n$）。然后，根据对指标 i 的值（X_i [0, 1] 中的某个数值），设指标 i 所得分值为 U_i，于是得一向量 U，从而可以根据式(8-25)计算的结果（I）进行总体判定。

$$I(U, P) = \prod_{i=1}^{n} U_i^{1-P_i} \tag{8-25}$$

显然，$0 \leqslant I \leqslant 1$，且 I 值越大，说明系统越理想。

(8)赋权理想关联法

首先，设指标 i 的理想值和容忍阈值（所能容忍的极端最大限度所对应的值）分别为 x^s 和 x^u，设

$$f_i(x_i) = \max\left(\frac{x_i - x_i^{(u)}}{x_i^{(s)} - x_i^{(u)}}, 0\right) \tag{8-26}$$

这一指标称为指标 i 的满意度，$f_i(x_i)$ 值越大（即满意度越大），指标 i 的效果越好，当 x_i 达到或越过容忍阈值时，$f_i(x_i)$ 取值为零。

其次，对 x 的每一分量赋权 P_i，以反映指标 i 在指标体系中的重要程度。于是，得到权值向量 P。从而可以构造一个综合满意度函数（关于 x 和 P）：

$$F(x, P) = \prod_{i=1}^{n} \left[f_i(x_i)_{1-P_i} \right] \tag{8-27}$$

(9)均方差决策法

均方差决策法是一种客观定量评价方法，克服了人为的主观臆断等不足，具有概念清楚、计算简便、含义明确的特点。其基本原理及计算方法如下：

设多指标综合评价问题中方案集为 $A = \{A_1, A_2, \cdots, A_n\}$，指标集为 $I = \{I_1, I_2, \cdots, I_m\}$；方案 P_i 对指标 I_i 的属性值记为 $x_{ij}(i=1, 2, \cdots, n; j=1, 2, \cdots, m)$，$X = (x_{ij})_{n \times m}$ 表示方案集 A 对指标集 I 的"属性矩阵"，俗称"决策矩阵"。

① 指标量化及无量纲化处理 通常，指标有"效益型"和"成本型"两大类。"效益型"指标是指属性值越大越好的指标，而"成本型"指标是指属性值越小越好的指标。一般来说，不同的评价指标往往具有不同的量纲和量纲单位，为了消除量纲与量纲单位的影响，在决策之前，应首先将评价指标进行无量纲处理。无量纲化的方法有很多种，常用的方法如下：

对于效益型指标，一般令

$$y_{ij} = (x_{ij} - x_{j\min})/(x_{j\max} - x_{j\min}) \quad (i = 1, 2, \cdots, n; \quad j = 1, 2, \cdots, m) \tag{8-28}$$

式中 $x_{j\max}, x_{j\min}$——分别为 I_j 指标的最大值和最小值。

对于成本型指标，一般令

$$y_{ij} = (x_{j\max} - x_{ij})/(x_{j\max} - x_{j\min}) \quad (i = 1, 2, \cdots, n; \quad j = 1, 2, \cdots, m) \tag{8-29}$$

式中，各变量含义与式(8-28)相同。

这样，无量纲化的决策矩阵为 $Y=(y_{ij})_{n\times m}$，显然，y_{ij} 越大越好。

②均方差法指标权重求解 均方差决策法反映随机变量离散程序的最重要的也是常用的指标为该随机变量的均方差。这种方法的基本思路是，以各评价指标为随机变量，各方案 A_i 在指标 G_j 下的无量纲化的属性值为该随机变量的取值，首先求出这些随机变量（各指标）的均方差，将这些均方差归一化，其结果即为各指标的权重系数。该方法的计算步骤为：

第一，求随机变量的均值 $E(I_j)$：

$$E(I_j) = \frac{1}{n}\sum_{i=1}^{n} y_{ij} \tag{8-30}$$

第二，求 I_j 的均方差 $\sigma(I_j)$：

$$\sigma(I_j) = \Big[\sum_{i=1}^{n}(y_{ij} - E(I_j))^2\Big]^{\frac{1}{2}} \tag{8-31}$$

第三，指标 I_j 的权重系数 w_j：

$$w_j = \sigma(I_j)\Big/\sum_{j=1}^{m}\sigma(I_j) \tag{8-32}$$

③水土流失治理综合评价 水土流失治理综合评价就是多指标决策与排序问题，评价指标的权值向量为 $W=(w_1, w_2, \cdots, w_m)^{\tau} > 0$，且满足 $\sum_{j=1}^{m}w_j = 1$，则决策方案 A_j 的多指标综合评价值为：

$$D_i(W) = \sum_{j=1}^{m} y_{ij}w_j \quad (i = 1, 2, \cdots, n) \tag{8-33}$$

显然，$D_i(W)$ 越大越好。因此，在加权向量已知的情况下，根据式(8-30)可以很容易对各方案进行决策或排序。

8.2 评价实例

现以黄土丘陵区中尺度水土流失治理综合评价为例。

黄土丘陵区是中国乃至全球水土流失最为严重的地区之一。地形复杂，沟壑纵横，干旱少雨，植被稀疏，自然灾害频繁，生态环境退化严重，属典型的生态环境脆弱区。研究区位于陕北延河流域($109°04'00'' \sim 109°34'25''$E，$36°22'40'' \sim 36°32'16''$N)，环绕延安市区。内含安塞县、宝塔区的沿河湾、高桥、河庄坪、枣园、万花、柳林、川口 7 个乡镇134 个行政村，总面积 707.7km^2，地貌以黄土梁峁状丘陵和黄土低山为主，海拔 1 000~1 400m，河流主要有延河及其一级支流杏子河、南川河、西川河。该区为暖温带半湿润大陆性气候向半干旱大陆性气候的过渡带，年平均气温 7.8~10.6℃，年降水量 505.3~621.7 mm。地带性土壤为黑垆土，现主要土壤为黄绵土，南部与陕北崂山次生林区接壤，有 227.44km^2 的天然次生林。区内有农业人口 4.53 万人，农业劳动力 1.51 万人。

8.2.1 评价指标选取原则

黄土丘陵区中尺度系统是一个多层次、多功能的复合系统，其评价指标涉及多领域、多学科，其种类、项目繁多，指标筛选必须达到3个目标，首先，指标体系要能完整准确地反映水土流失治理状况，能够提供现状的代表性图案；其次，要对各类生态系统的生物物理状况和人类胁迫进行监测，寻求自然、人为压力与水土流失治理程度变化之间的联系，并探求水土流失的原因；最后，要定期地为政府决策、科研及公众要求等提供水土流失治理现状、变化及趋势的统计总结和解释报告。为此，其筛选指标应该遵循以下原则：

(1) 整体性原则

任何生态环境问题都不是孤立存在的，生态经济系统内部和系统与系统之间相互联系、相互影响。要说明这些问题，必须从生物物理、社会经济和人类健康等方面综合考虑。

(2) 空间尺度原则

空间尺度涉及特定考虑下地区或生态经济系统的空间大小，尤其是指标可以发展到全球、大陆、国家、区域或地方尺度。在地方尺度上，可以进一步分解到生态系统、物种或遗传水平。诊断指标应该定向于合适的空间尺度。

(3) 指标范畴或类型原则

人类活动的压力或胁迫、环境和自然资源的质量或状况对压力或环境忧虑的反应所采取的措施。整体性评价应该考虑胁迫/压力和状态/状况两个方面，强调生物物理和文化变量。

(4) 简明性和可操作性原则

指标概念明确，易测易得。评价指标的选择要考虑当地的经济发展水平，从方法学和人力、物力上，既要符合现有生产力水平，也要考虑各个技术部门的技术能力。同时为保证诊断指标的准确性和完整性，其指标要可测量，资料便于统计和计算，且有足够的资料量。

(5) 规范化原则

水土流失治理是一项长期性工作，所获取的资料和资料在时间和空间上都应具有可比性。其所采用的指标和方法都必须做到统一和规范，不仅能对某一生态经济系统进行诊断，而且要适合于不同类型、不同地域生态经济系统间的比较，确保其具有一定的科学性。

8.2.2 评价指标体系构造及框架

根据黄土丘陵区生态环境建设健康诊断目标和指标筛选原则，从系统健康的内涵出发，坚持指标体系的灵敏性、独立性和协调性准则，构造能够反映黄土丘陵沟壑区生态经济系统社会、经济、资源、环境和人类健康协调现状(包括政策导向)及发展趋势的指标，形成3个二级层次指标，6个三级层次指标，18个四级层次指标的黄土丘陵区中尺

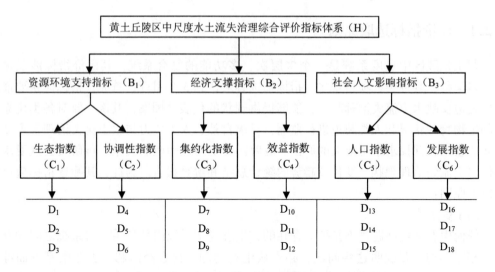

图8-2 黄土丘陵区中尺度水土流失治理综合评价层次结构图

度系统水土流失治理综合评价指标体系(图8-2)。

图8-2中 $C_1 \sim C_6$ 层次下设的 D 层指标具体含义如下:

C_1：人均基本农田 $D_1(hm^2)$、林草覆盖率 $D_2(\%)$ 和年均降水量 $D_3(mm)$。

C_2：治理度 $D_4(\%)$、土壤有机质含量 $D_5(g/kg)$ 和土壤渗透性 $D_6(mm/min)$。

C_3：劳动力集约度 $D_7(人/hm^2)$、牲畜人均存栏 $D_8(羊单位)$ 和人均退耕还林(草)面积 $D_9(hm^2)$。

C_4：人均纯收入 $D_{10}(元/a)$、工副业贡献率 $D_{11}(\%)$ 和农业产投比 D_{12}。

C_5：人口密度 $D_{13}(人/km^2)$、九年义务教育普及率 $D_{14}(\%)$ 和文盲半文盲人口占总人口比重 $D_{15}(\%)$。

C_6：人均粮食占有量 $D_{16}(kg/a)$、人均苹果占有面积 $D_{17}(hm^2)$ 和恩格尔系数(食品支出占居民消费总支出的比重)D_{18}。

8.2.3 评价方法与模型构建

评价方法采用均方差决策法,模型构建分为二级层次指标评价模型和中尺度水土流失治理综合评价模型。

(1)二级层次指标评价指数

依据该区指标体系特征,运用递阶多层次综合评价法对二级层次指标(B_i)进行求解,即

$$R_B = \prod \left[\sum (y_{ij} w_j) \right]^{w_k} \tag{8-34}$$

式中 R_B——二级层次指标 B_i 健康指数;

y_{ij}——各指标量化值;

w_j——单项指标权重;

w_k——三级层次指标权重。

（2）中尺度水土流失治理综合评价指数

二级层次中每一指标均是从不同侧面来反映该区水土流失治理程度，总体水平必须进行综合评判，故采用多目标线性加权函数法对系统水土流失治理程度综合指数进行求解，即

$$R_H = \sum_{i=1}^{3} (R_B w_i) \qquad (8-35)$$

式中 R_H——黄土丘陵区生态经济系统健康指数；

w_i——二级层次指标权重；

R_B——二级层次指标 B_i 健康指数。

陕北安塞纸纺沟流域是典型的黄土丘陵区，且与研究区毗邻，其自然条件和环境特征极为相似，故该中尺度研究区的 R_B 和 R_H 具体分级可根据刘国彬等的研究，引用安塞纸纺沟小流域水土流失治理程度分级标准（表8-1）。

表 8-1   黄土丘陵区水土流失治理程度标准

治理程度等级	恶性循环	脆弱	相对稳定	良好	良性循环
评价指数	<0.15	0.15~0.35	0.35~0.55	0.55~0.70	>0.70

8.2.4   评价结果

（1）资源环境支持、经济支撑和社会人文影响评价

对黄土丘陵区中尺度系统水土流失治理综合评价二级层次各指标（资源环境支持、经济支撑和社会人文影响）评价指数利用式（8-34）分别进行计算，并绘制 3 个二级层次指标健康指数空间态势柱状图（图8-3）。

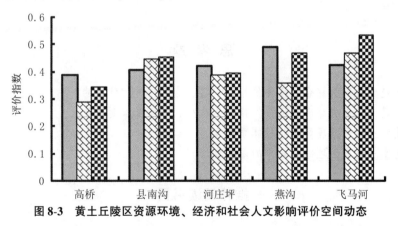

图 8-3   黄土丘陵区资源环境、经济和社会人文影响评价空间动态

■ 资源环境支持   ▨ 经济支撑   ▨ 社会人文影响

据图8-3可知，研究区内的高桥、县南沟、河庄坪、燕沟和飞马河五大试区中，除高桥的经济支撑评价指数小于0.35，尚处于脆弱阶段外，其余均大于0.35，处于相对稳定阶段。特别是飞马河社会人文影响评价指数超过了0.55，达到了治理的良好阶段。因而，该区的水土流失治理状况相对较好，且又有较大的发展后劲，特别是飞马河、县南

沟和河庄坪3个试区，目前它们的资源环境支持、经济支撑和社会人文影响的评价指数都不是很高，但三者彼此均衡发展，协调性较好，潜力较大，反映出生态环境建设的长期性。

（2）中尺度系统综合评价

利用式（8-35）计算，并绘制黄土丘陵区中尺度水土流失治理综合治理程度态势柱状图（图8-4）。

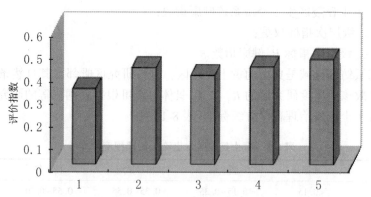

图8-4　黄土丘陵区中尺度水土流失治理综合评价指数空间动态
1. 高桥　2. 县南沟　3. 河庄坪　4. 燕沟　5. 飞马河

据图8-4可知，研究区内水土流失治理程度较为均衡，除高桥为0.341外，其余均在0.35~0.50范围内，处于相对稳定阶段。其治理程度排序为：飞马河（0.473）、燕沟（0.438）、县南沟（0.434）、河庄坪（0.403），最后为高桥。该区的水土流失治理程度虽然不是很高，但各试区只要发挥优势，加速生态恢复重建步伐，将很快进入水土流失治理的高级阶段。

思 考 题

1. 什么是水土流失综合治理评价指标？它们是怎样进行计算的？
2. 什么是水土流失综合治理评价指标体系？它的设置原则是什么？
3. 简述水土流失治理评价指标体系内容。
4. 简述水土流失治理综合评价的基本方法。

推荐阅读书目

1. 黄土高原水土流失与治理模式. 蒋定生. 中国水利水电出版社，1997.
2. 综合评价理论、方法及应用. 郭亚军. 科学出版社，2007.

第 9 章

全国各区水土保持措施体系

【本章提要】本章依据中国水土保持区划，每个区选取典型代表三级区，阐述分区基本情况、防治途径与技术体系，并通过典型案例介绍小流域治理模式。

9.1 东北黑土区

东北黑土区包括大小兴安岭山地区、长白山完达山山地丘陵区、东北漫川漫岗区、松辽平原风沙区、大兴安岭东南山地丘陵区、呼伦贝尔丘陵平原区 6 个水土保持二级区，共 9 个水土保持三级区。在此仅介绍东北漫川漫岗土壤保持区水土保持方略和布局。

9.1.1 基本情况

东北漫川漫岗土壤保持区属于大兴安岭东北、小兴安岭和长白山西部向松嫩平原过渡地带，包括黑龙江、吉林、辽宁 3 省 61 个县(市、区)，土地总面积 $17.76 \times 10^4 \mathrm{km}^2$。

9.1.1.1 自然条件概况

（1）地质地貌

该区位于小兴安岭和长白山向松嫩平原过渡的山麓冲积、洪积平原，南北长约 980km，东西最宽约 320km，西凹东凸，呈月牙状。区内山地、丘陵台地、平原面积比例分别为 7.7%、49.0%、43.3%。海拔 80~340m，平均海拔约为 210m。地势大致由东向西、由南北向中部倾斜。地貌以漫川漫岗为主，坡长坡缓为该区地形的主要特点，坡长一般在 800~1500m，坡度一般 3°~7°，由于受河流和冲沟切割，部分呈波状起伏。东北漫川漫岗坡长坡缓的地形特点，导致侵蚀的临界汇水面积大于我国其他地区，而分布的临界坡度则小于我国其他地区。

（2）气象水文

该区属中温带湿润区，多年平均气温 1.2~8.4℃，1 月平均气温-22.8~-10.9℃，7 月平均气温 21.5~27.7℃，≥10℃积温 2 600~3 250℃，无霜期 115~152d，年降水量 400~650mm，降水集中在 7~9 月。区内流经河流主要有松花江干流、讷谟尔河、乌裕尔河、呼兰河、伊通河、饮马河、拉林河、东辽河等。

（3）植被与土壤

土壤以黑土、黑钙土、草甸土和暗棕壤为主，分别占总面积的 23.2%、15.4%、

33.0%和12.6%；成土母质以黄黏土、砂砾黏土、砂土、砂石质土和蒜瓣土为主。黑土、黑钙土、暗棕壤属于地域性土壤；暗棕壤主要为山丘区针阔混交林下产生的土壤，主要分布在该区的北部；黑土和黑钙土主要分布在山麓冲积、洪积平原、台地及山涧谷底，黑土主要分布在该区东部和北部，黑钙土形成受盐渍化影响，主要分布在该区的中西部。草甸土零星分布在黑土和黑钙土区的地表和地下径流汇集的低洼地形部位。该区原为茂盛的草甸草原或森林草原区，现绝大部分地区已开垦为耕地，成为主要的农业区。目前植被类型以人工栽培植被为主，林草覆盖率为21.8%，天然植被主要树种有白桦、榆树、蒙古栎、黑桦、糠椴、旱柳、核桃楸、黄檗；灌木主要有胡枝子；草本植物主要有寸草薹、桔梗、万年蒿、羊草、冰草、草木犀、宽叶山蒿等。

9.1.1.2 社会经济概况

该区总人口4 014.8万人，其中农业人口1 600.0万人，农业劳力1 179.4万人，人口密度226人/km²。土地利用类型以耕地和林地为主，分别占土地总面积的59%和18%。人均耕地3.9亩，耕垦指数0.59。土地利用现状见表9-1，坡耕地坡度≤6°占97.93%。

表9-1 东北漫川漫岗土壤保持区土地利用现状

| 土地利用类型 | 总计 | 耕地 | | | | 园地 | 林地 | | | | 草地 | 其他 |
		小计	水田	水浇地	旱地		小计	有林地	灌木林地	其他林地		
面积(×10⁴hm²)	1 775.86	1 043.47	78.62	2.83	962.02	2.10	316.53	290.87	5.30	20.36	128.81	284.95
比例(%)	100.00	58.76	4.43	0.16	54.17	0.12	17.82	16.38	0.30	1.15	7.25	16.05

地区生产总值13 703.5亿元，其中第一产业占24%，第二产业及第三产业均占38%。第一产业产值中，农业产值1 424.28亿元，农业人均年纯收入5 711元，粮食总产量2 283.9×10⁴t，农业人均粮食产量1 427.4kg；林业产值7.49亿元，牧业产值1 399.66亿元。

该区是我国重要的商品粮生产基地和国家老工业基地，气候、土壤条件十分适宜玉米、水稻和土豆的种植，"中国黄金玉米带"便位于该区中部。

9.1.1.3 水土流失及其治理概况

(1)水土流失概况

区内水土流失以水力侵蚀为主，坡面面蚀和沟蚀并存，局部地区风蚀严重，水土流失主要发生在坡耕地和稀疏草地，水土流失面积5.50×10⁴km²，占该区总面积的30.95%。按侵蚀营力划分，水力、风力侵蚀面积分别为4.78×10⁴km²、7 100km²；按侵蚀强度划分，轻度、中度、强烈、极强烈及以上水土流失面积分别为3.11×10⁴km²、1.33×10⁴km²、7 200km²、3 300km²。

(2)水土保持概况

该区为东北黑土区典型黑土核心地带，发育有深厚的黑土、黑钙土和草甸土，长期持续垦殖，由于坡度较缓，该区水土流失一直未受到重视。2000年左右，严重的东北黑土区水土流失引起了中央有关部门和社会各界的极大关注，东北漫川漫岗区才纳入了国家水土流失重点治理区域。

近年来主要开展的国家项目有东北黑土区水土流失综合防治试点工程、农发黑土地水保工程、坡耕地水土流失综合治理试点工程、生态修复试点工程、中央财政预算内专项资金水土保持工程等，此外当地政府还开展了省、市水土保持投资项目。截至2010年，累计保存水土保持措施面积15 074.6km²，其中以梯田、改垄、地埂植物带等为代表的基本农田建设10.54×10⁴hm²，水土保持林83.52×10⁴hm²，经济林建设4.81×10⁴hm²，种草6.56×10⁴hm²，封禁治理18.65×10⁴hm²，其他26.66×10⁴hm²。相对东北黑土区其他三级区，封禁治理面积比例在东北黑土区中最低。以塘坝、谷坊、桥(涵)为主的点状工程76 431个，截流沟为主的线状工程14 351km。

(3)存在的主要问题

①垦殖指数较高、用养失调，水土流失严重，黑土资源面临严重威胁。研究结果表明，每形成1cm黑土层，需要200~400年；初垦时黑土层厚度一般为80~100cm，开垦20年后减至60~80cm，开垦40年后减至50~60cm，开垦70~80年后只剩下20~30cm。以此速度流失，50年后东北黑土区将有1 400多万亩耕地的黑土层流失殆尽。目前黑土层厚度大于30cm的耕地面积仅占总面积的25%左右。不少地方耕地的黑土层已经流失殆尽，丧失了耕作价值。

②东北黑土区侵蚀沟数量呈逐年增加趋势，在径流冲刷作用下，逐步形成细沟→浅沟→切沟→冲沟，使原本相对平整的地表变得支离破碎、沟壑纵横，不仅降低大型机械的耕作效率，而且切割地表，蚕食耕地，冲走沃土，毁坏家园，严重威胁我国粮食安全。由于地形起伏，村屯内农户院落分散，村屯内外道路及排水基础设施不完善，村屯周边侵蚀沟发展严重。松辽水利委员会2009年选取乌裕尔河和讷谟尔河作为典型区域，采用实地调查和"3S"相结合的方法，对漫川漫岗典型区域的侵蚀沟进行动态监测，调查结果表明：1965—2005年，3.89×10⁴km²的调查范围内新增侵蚀沟1.19万条，侵吞优质黑土耕地81.83km²，侵蚀速率为2.05km²/a，每年吞食掉的耕地相当于项目区总面积的0.01%。中国科学院东北地理与农业生态研究所在黑龙江省海伦市光荣村进行小尺度的详细调查，1968—2009年光荣村因沟蚀，耕地面积减少了1.36km²，占光荣村总土地面积的5.6%。

9.1.2 防治途径与技术体系

9.1.2.1 防止途径

该区水土保持工作以保护黑土资源，为国家粮食生产安全提供保障为重心。水土流失主要防止途径如下：

①以坡耕地和侵蚀沟治理为重点，科学配置工程、植物和耕作措施，结合小型水利水保工程，建设高标准农田，发展高效农业，维护和提高土地生产能力；坡耕地采取改

垄、修地埂植物带和梯田等工程措施，保护黑土资源，保障土层厚度，减少养分流失。侵蚀沟采用沟头和沟坡防护、沟底布设谷坊等措施遏制侵蚀沟发展。

②结合新农村建设，对村屯内及村屯间道路进行硬化，完善村屯及道路排水系统，充分利用道路及村屯周边进行植树造林。

9.1.2.2 技术体系

该区属东北黑土区核心地带，是我国重要的商品粮生产基地。水土保持主导基础功能为土壤保持，该区的防治技术体系有以下两种。

（1）"漫川漫岗三道防线"防治技术体系

坡顶进行农田防护林建设或生态修复；坡面采取改垄耕作、修筑地埂植物带、坡式梯田和水平梯田等水土保持措施；侵蚀沟采取沟头修跌水、沟底建谷坊（堡带）、沟坡削坡插柳、育林封沟，具体如图9-1所示。该技术体系适用于漫川漫岗非农场大机械化地区。

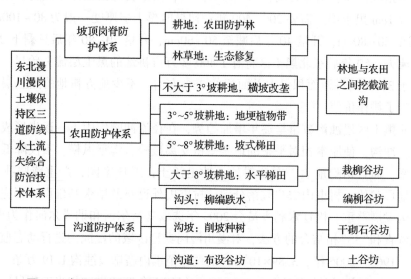

图9-1 东北漫川漫岗土壤保持区三道防线水土流失综合防治技术体系

（2）东北现代化农垦区水土流失综合防治技术体系

改变农垦区小流域坡耕地地表修建水保工程的水土流失治理单调格局，充分利用农场机械化程度高、土地集中连片、生产统一管理的优势，进行小流域综合治理。

①在坡耕地上方与林带或荒地接壤处修建截流沟、排水沟等，防止上方来水进入坡耕地。

②在坡耕地治理中，将传统的拦截地表径流方式改为通过让地表径流充分下渗，在地下利用"管""洞""缝"把多余的地表径流过滤成清水排走。具体做法为：在坡耕地中实施垄向区田，并在其地下采用鼠洞—暗管排水措施治理，减少坡面径流对表土的冲蚀。

③为了增加土壤的透水、透气性，提高土壤质量，采取科学合理的保土耕作措施，对耕地进行间期深松，打破犁底层，维护土体结构；实施农作物秸秆机械化还田，增加

土壤有机质。

④侵蚀沟采取工程和植物相结合的措施。非排水性沟道在沟头修沟头防护(浆砌石沟头防护、柳跌水等),沟谷修谷坊、塘坝等土石建筑物。排水性沟道经削坡整地后,在沟道内设置生物跌水、土柳谷坊、草皮护砌或植树造林。影响机械化耕作的排水性侵蚀沟,采用"回填、砌堡、插柳(种草)"的治沟技术;具体方法为:先用推土机把沟沿两侧的表土推至一旁,然后按照设计尺寸将生土推向沟底,使V形沟变成U形沟,沟深为原来的1/3,最后回填表土压实。在U形沟内,从沟头到沟尾每隔7~10m横向用推土机铲出2.2m宽(一铲宽)、深35cm的砌堡沟槽,长度为沟底宽的2/3。将堡块砌入砌堡沟槽内,堡块长×宽×高尺寸为35cm×20cm×20cm,随挖随砌,确保植物成活。堡带的两头到沟沿种植羊草或苜蓿草,堡带间的间隔地带栽植柳条、苕条或其他多年生易成活植物,形成防冲带。采用"回填、砌堡、插柳(种草)"的治沟技术,加快侵蚀沟治理的速度,方便机械耕作,实现治理与开发利用相结合。

该区现代化农业县区水土流失综合防治技术体系如图9-2所示。

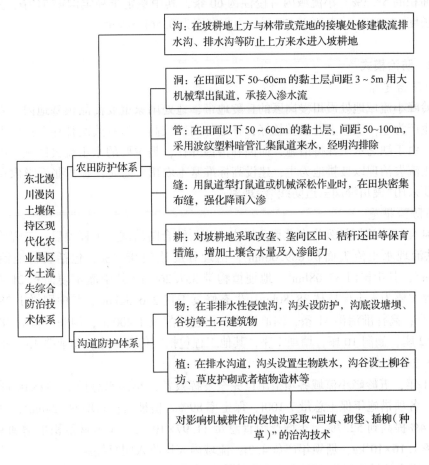

图9-2 东北漫川漫岗土壤保持区现代化农业垦区水土流失综合防治技术体系

9.1.3 典型案例

以黑龙江省拜泉县五岭峰小流域为例。

9.1.3.1 基本情况

五岭峰小流域位于黑龙江省拜泉县新生乡境内，涉及自建、永胜 2 个行政村，流域总面积 19.5km²，距县城 32.5km，地貌以丘陵漫岗为主，人口 2 340 人，劳动力 1 560 人。治理前土地利用以农地和林地为主，其中农地、林地、草地、荒地和其他用地面积分别为 944.08hm²、919.65hm²、25.58hm²、4.37hm²、56.24hm²。

该小流域水土流失类型以水蚀为主，治理前水土流失总面积 694.14hm²，占总面积的 35.6%，其中轻度、中度、强烈及以上水土流失面积分别占水土流失总面积的 41.0%、54.7% 和 4.3%。水土流失主要发生在坡耕地，占耕地总面积的 42.9%，占水土流失总面积的 58.3%。小流域内有侵蚀沟 60 条，其中稳定半稳定沟壑 51 条，发展沟 9 条，总长度 10.93km，占地 4.37hm²，沟壑密度为 0.56km/km²。

9.1.3.2 防治模式

(1) 防治思路

五岭峰小流域地处漫川漫岗区的丘陵地带，地处国家重要商品粮基地内，农村经济以粮食生产为主。流域上游植被较好，林地郁闭度较高，但有残次林存在；中下游以耕地为主，由于缺乏水土保持措施，面蚀和沟蚀并存，是主要的水土流失区域。因此，该流域水土流失治理以坡耕地为主，建设高标准基本农田，防止沟道扩张吞噬农田。该小流域主要采用"漫川漫岗三道防线"治理模式。

(2) 防治措施

2004 年该小流域被列为东北黑土区水土流失综合防治试点工程项目，工程治理期为 1 年，共治理水土流失面积 689.66hm²，治理程度达到 95.7%，包括坡耕地治理工程 394.34hm²，其中梯田 37.08hm²，地埂植物带 357.26hm²（其中灌木埂面积 21.44hm²）；林草工程主要为水土保持林 38.80hm；生态修复工程 256.52hm²，其中围栏 1.28km，标志牌 10 个；高标准治沟 31 条，沟道治理工程包括削坡 1 400m³，沟头防护 0.18km，土柳谷坊 62 座，涵洞 10 座，塘坝 1 座；其他工程包括宣传碑 1 座，作业路 13.29km。

(3) 防治成效

2011 年，五岭峰小流域各项措施已完全发挥效益，年保水总量 10.34×10⁴m²，保水率 73%；各项措施年保土总量 7 100t，保土率 89%。植被面积新增 60.24hm²，林草覆盖率由 48.4% 提高到 52.7%。年增产粮食总量 11.97×10⁴kg，年木材蓄积量增加 9.21m²，年产枝条 1.16×10⁴kg，塘坝年产鱼 4.2t，流域内人均收入明显提高。

五岭峰小流域通过黑土区水土流失综合防治试点工程的实施，实现了粮食增产，农民增收，农村生产生活条件的改善，初步形成了生态、经济、社会三个效益同步增长的生态经济新格局。

9.2 北方风沙区

北方风沙区包括内蒙古中部高原丘陵区、河西走廊及阿拉善高原区、北疆山地盆地区、南疆山地盆地区 4 个水土保持二级区，共 12 个水土保持三级区。在此仅介绍阿拉善高原山地防沙生态保护维护区水土保持方略和布局。

阿拉善高原山地防沙生态维护区位于内蒙古高原阿拉善台地，东起贺兰山，西至马鬃山，北与蒙古国交界，南至腾格里沙漠南缘，包括内蒙古自治区 3 个旗，土地总面积 $23.90×10^4 km^2$。

9.2.1 基本情况

9.2.1.1 自然条件概况

（1）地质地貌

在大地构造上，阿拉善高原山地是大青山地质的西延，狼山等山体主要由片麻岩、片岩、前震旦纪变质岩系组成，山间盆地主要是侏罗纪陆相碎屑岩与白垩纪、第三纪红层。

该区地貌类型以风积地貌为主，其次有干燥洪积平原、丘陵、剥蚀和山地等地貌类型，其中风积地貌占 48%，平原占 35%，丘陵占 14%，其他占 3%。巴丹吉林、腾格里和乌兰布和三大沙漠横贯全境，海拔 500~3 500m。

（2）气象水文

该区气候属典型的中温带大陆性季风气候，干旱少雨，风大沙多，昼夜温差大，四季气候特征明显。多年平均气温 8.7~9.4℃，1 月平均气温-7.7~2.0℃，7 月平均气温 24.0~27.5℃，多年平均风速 3.0~3.6m/s，日均风速不小于 5m/s 的天数 92d，多年平均大风天数 106d，≥10℃积温为 3 197.7~3 695.0℃，日平均气温不小于 10℃的天数 183.67d，最大冻土深 127cm，全年无霜期 235d，多年平均年降水量 40~200mm，汛期 7~9 月的多年平均降水量 25.0~100.2mm，多年平均蒸发量 3 559mm。

该区主要河流有额济纳河。黄河在边界流程达 85km，年入境流量超过 $300×10^8 m^3$，额济纳河是区内唯一的季节性内陆河流，在境内流程超过 200km，年流量 $10×10^8 m^3$。贺兰山、雅布赖山和龙首山等山区冲沟中一般有潜水，部分出露成泉，区内分布有大小不等的湖盆 500 多个，面积约 $1.1×10^4 km^2$，其中草地湖盆面积 $1.07×10^4 km^2$，集水湖面积超过 $400km^2$。

（3）土壤植被

土壤类型以灰棕漠土为主，还有风沙土、石质土、粗骨土和棕钙土等土壤类型。其中灰棕漠土占 36%，风沙土占 27%，石质土占 6%，粗骨土占 5%。沙性土壤广泛覆盖地面，沙尘暴频发，风沙危害严重。

植被类型以半灌木、矮半灌木荒漠植被为主，其次有灌木荒漠植被、矮半乔木荒漠植被和草原化灌木荒漠植被等植被类型，林草覆盖率26%，中高覆盖度草地面积765.3km²，占土地面积0.3%。天然植被以灌木和草本为主，中乔木主要有山杨；灌木主要有梭梭、柽柳、红砂、盐爪爪、白刺、沙拐枣、柠条等；草本植物主要有针茅、沙蓬、芒草、骆驼刺、冰草、甘草、沙蒿、沙米、芦苇、薹草、蒿类等。局部中高山地区有云杉、圆柏、油松分布；额济纳旗河湖岸滩地带有胡杨林分布。该区降水量少，水热条件季节性分配不均，气候和土壤基质恶劣，植物种类稀少，结构单一。

该区沙漠广布，干旱少雨，生态环境脆弱，沙尘暴频发，风力侵蚀严重。

9.2.1.2 社会经济概况

该区总人口18.7万人，其中农业人口5.1万人，农业劳力3.8万人，人口密度1人/km²。耕地4.61×10⁴hm²，园地300hm²，林地76.42×10⁴hm²，草地889.08×10⁴hm²，其他1 420.15×10⁴hm²。人均耕地3.7亩，耕垦指数0.002。土地利用现状见表9-2。

表9-2　阿拉善高原山地防沙生态维护区土地利用现状

| 土地利用类型 | 总计 | 耕地 | | | | 园地 | 林地 | | | | 草地 | 其他 |
		小计	水田	水浇地	旱地		小计	有林地	灌木林地	其他林地		
面积(×10⁴hm²)	2 390.28	4.61	0	4.19	0.42	0.03	76.42	4.75	65.37	6.31	889.08	1 420.15
比例(%)	100.00	0.19	0	0.18	0.02	0	3.20	0.20	2.73	0.26	37.20	59.41

通过对该区的土地利用分析，可以看出耕地仅占0.19%，草地占37.20%，其他用地以沙化土地和荒草地为主，占59.41%。该区耕地面积较少，无大于6°坡耕地。主要农作物有莜麦、荞麦、马铃薯、胡麻等。

地区生产总值310.5亿元，区域经济第一、第二、第三产业比例约为1：20.09：6.81，以工业为主。第一产业产值中，农业、林业、牧业产值比例为1：0.03：0.46；农业产值7.47亿元，农业人均年纯收入5 676元，粮食总产量7.4×10⁴t，农业人均粮食产量1 443.8kg；林业产值0.20亿元，牧业产值4.46亿元。

该区有色金属、稀土资源丰富。

9.2.1.3 水土流失及其治理概况

(1)水土流失概况

该区水土流失面积19.75×10⁴km²，占土地总面积的82.64%。土壤侵蚀以强烈及以上为主，轻度侵蚀占土壤侵蚀面积的4.00%，中度侵蚀占2.59%，强烈以上侵蚀占93.41%。其中风力侵蚀19.69×10⁴km²，占水土流失面积的99.70%；水力侵蚀600km²，占水土流失面积的0.30%。水土流失类型以风力侵蚀为主，风蚀面积分布广，局部水力侵蚀较严重。水土流失类型及强度见表9-3。

表9-3 阿拉善高原山地防沙生态维护区水土流失类型及强度

侵蚀类型及强度		面积(km²)	占水土流失总面积比例(%)
水力侵蚀	轻度	600.00	0.30
	中度	0	0
	强烈	0	0
	极强烈	0	0
	剧烈	0	0
	小计	600.00	0.30
风力侵蚀	轻度	7 306.10	3.70
	中度	5 110.00	2.59
	强烈	39 645.50	20.07
	极强烈	63 449.00	32.12
	剧烈	81 420.70	41.22
	小计	196 931.30	99.70
水土流失总面积		197 531.30	100.00

(2)水土保持概况

经过多年治理,该区累计保存治理措施面积113 291.00hm²,其中水土保持林36 676.60hm²,经济林202.20hm²,种草1 000.00hm²,封禁治理75 412.60hm²。

(3)存在的主要问题

区内巴丹吉林、腾格里和乌兰布和三大沙漠横贯该区,风力侵蚀严重,沙化土地比重大,风沙危害黄河、沙化土地、毁坏村庄农田、蚕食绿洲和各类保护区、活化固定沙地。该区是我国沙尘暴策源地之一。

9.2.2 防治途径与技术体系

9.2.2.1 防治途径

该区水土保持重点是防治风力侵蚀,减少风沙危害,加强荒漠植被及水资源的利用与保护,维护荒漠生态稳定性。加强预防保护,强化对生产建设项目及人类活动的监测、监督管理,有效控制新增人为水土流失。建立以乔、灌、草相结合的带、片、网的防风固沙阻沙体系,减轻风蚀沙害。以人工治理与生态修复相结合,采用围封、人工种植和飞播林草等措施,提高林草覆盖率,减轻风沙危害。在各类保护区周边建设水土保持林、水源涵养林,提高森林覆盖率,减轻土壤侵蚀。实行封山禁牧、轮封轮牧、舍饲养畜等措施,促进恢复植被,种植固土能力较强的草本植物,增加植被覆盖度。

9.2.2.2 技术体系

阿拉善高原山地防沙生态维护区水土流失综合防治技术体系以绿洲风沙区、沙地农田区及牧场为重点区域,采取不同措施进行水土流失防治,该区水土流失综合防治技术

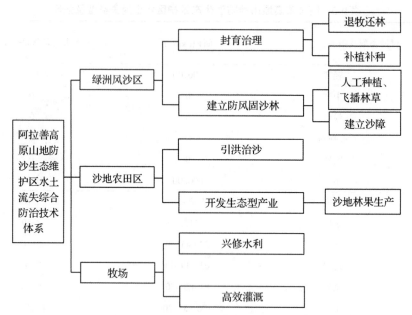

图 9-3 阿拉善高原山地防沙生态维护区水土流失综合防治技术体系

体系如图 9-3 所示。

9.2.3 典型案例

以阿拉善左旗腾格里沙漠东缘小流域(片)为例。

该区地貌以荒漠、山地、沙丘为主,土壤侵蚀类型以风力侵蚀为主,侵蚀强度以强烈以上侵蚀为主。根据该区地质地貌和水土流失特点,选择阿拉善左旗腾格里沙漠东缘小流域(片)为典型小流域。

9.2.3.1 基本情况

该小流域位于 $105°35'58''\sim105°37'6''$E 和 $38°34'38''\sim38°37'28''$N 之间,呈南北走向,与腾格里沙漠腹地和贺兰山平行,位于银巴公路以西,贺兰山西麓的冲洪积扇荒漠戈壁与腾格里沙漠的交错带,腾格里沙漠东缘和沙化扩散带上。由东向西地貌分别为荒漠草原、草原荒漠、固定沙丘、半固定沙丘、流动沙丘。项目区总面积 4.4km²,总人口 120 人,属于半农半牧区。

项目区气候为典型大陆干旱气候,多年平均年降水量 142.7mm,年平均蒸发量 2 351.9mm,水土流失面积 4.40km²,全部为风力侵蚀,侵蚀模数 8 000t/(km²·a)。

9.2.3.2 防治模式

(1)防治思路

防治风力侵蚀,减少风沙危害,加强荒漠植被及水资源的利用与保护,维护荒漠生态稳定性。

(2) 防治模式

①人工治理与生态修复相结合，加大封禁力度，保护荒漠植被，严厉禁止滥挖苁蓉、锁阳、甘草、发菜等，全面围封，方便后期管护及巩固治理成果；生物措施与工程措施相结合，在高大流动沙丘配置植物沙障和机械沙障，再采用灌草结合，选用本地乡土植物种和本地育苗，提高造林成活率，建立带、片、网和乔、灌、草相结合的防风固沙阻沙体系。②有灌溉条件的地方，配置小型节水灌溉工程，保障生态用水，提高植物措施的成活率和保存率；小流域(片)综合治理与配套措施同步实施，配套主要有机电井、输水管道、滴灌、喷灌、作业路、交通路、供电、网围栏等。该小流域(片)水土流失防治措施布置示意如图9-4所示。

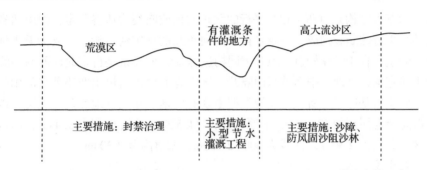

图9-4 阿拉善左旗腾格里沙漠东缘小流域(片)水土流失防治措施布置示意

(3) 措施配置

阿拉善左旗腾格里沙漠东缘小流域(片)共完成治理面积433.28hm²，其中经果林242.28hm²，封禁播种179.00hm²，沙障12.00hm²，网围栏12.60km，机电井2眼。该小流域(片)水土保持措施数量及配置比例见表9-4。

表9-4 阿拉善左旗腾格里沙漠东缘小流域(片)水土保持措施数量及配置比例

水土保持措施	措施数量	配置比例	水土保持措施	措施数量	配置比例
经果林	242.28hm²	55.92%	网围栏	12.60km	2.86km/km²
封禁补播	179.00hm²	41.31%	机电井	2眼	0.45眼/km²
沙障	12.00hm²	2.77%			

9.2.3.3 防治成效

项目实施后，区内林草郁闭度、植被覆盖度得到提高，原来裸露的流动沙丘绝大部分均被植被覆盖，项目区生物多样性及昆虫数量显著增加，彻底挡住该段腾格里沙漠向东扩展的势头，小流域生态环境得到有效改善。

9.3 北方土石山区

北方土石山区包括辽宁环渤海山地丘陵区、燕山及辽西山地丘陵区、太行山山地丘陵区、泰沂及胶东山地丘陵区、华北平原区、豫西南山地丘陵区6个水土保持二级区，共 16 个水土保持三级区。在此仅介绍太行山西北部山地丘陵防沙水源涵养区水土保持方略和布局。

太行山西北部山地丘陵防沙水源涵养区位于太行山山脊线以西，黄土高原以东，洋河以南，系舟山以北，包括河北、山西、内蒙古 3 省（自治区）33 个县（市、区、旗），土地总面积 $5.88 \times 10^4 km^2$。

9.3.1　基本情况

9.3.1.1　自然条件概况

（1）地质地貌

该区地形基本结构是由两条相互平行的北东向地质断裂构造谷奠定，即山西省中部雁行断裂北端组平行的断裂构成。一条是自西南向东北的永定河上游，一支为桑干河，另一支为洋河，分别发育于怀涞构造盆地和大同构造盆地；另一条是自东北向西南的滹沱河上游，发育于襄定构造盆地、中间被恒山隔开。区内有五台山与恒山两座著名的山岳，主要为前震旦纪变质岩基底隆起所成。地貌类型主要有山地、断陷盆地和黄土丘陵，以起伏山地为主，占总土地面积的 52.01%，平原面积占 34.52%，丘陵面积占 9.44%，岗台地与阶地占 1.09%，其他占 2.94%。海拔为 600~2 900m，相对高差 2 300m。

（2）气象水文

该区气候属暖温带半湿润向中温带半干旱区过渡地带，多年平均气温 6~10℃，多年平均大风天数 27d，≥10℃积温为 2 500~3 400℃，无霜期 130~180d；多年平均年降水量 300~500mm，多集中在 6~9 月，其降水量占年降水量的 75%，冬季、春季少雨、干旱、多风沙。在西北部沙化地区，植被极少，沙土随风迁移，平均年沙土迁移速率达 2~3m，侵蚀了大面积农田。

该区是永定河、滹沱河的上游地区，主要河流有桑干河、洋河、滹沱河、清水河等。永定河年径流量为 $13.2 \times 10^8 m^3$，年均输沙量为 3 400t，全年平均风速达 3.1m/s，1 月平均风速最大，达 4.1m/s，8 月最小，为 1.7m/s。

（3）土壤与植被

该区西北部地区海拔在 1 300m 以上，土壤以栗钙土为主，土层薄，覆盖着分化破碎的岩层，有机质含量低，一般为 0.3% 左右。海拔 1 300m 以下地段，坡度较平缓，土层较厚，土壤分布有黄壤土、砂黄土、红黏土和黑褐土，有机质含量 1%~2%。东南部地区海拔在 600m 以上，分布着大量淋溶褐土，土层较薄，土壤中腐殖质较多，结构性差，植被覆盖度低，加上人为活动频繁，水土流失严重。在海拔较低的丘陵区和河川区，分布有耕作褐土和石灰型褐土以及轻粉质壤土，一般土层厚度多大于 50cm，土质较好，肥力较高，以旱地为主，同时存在少量水浇地和果园。

植被类型原以森林草原为主，受人类活动的影响，植被以人工植被为主，天然植被以灌丛、草原为主，林草覆盖率为 55.98%，天然森林植被仅在局部山地有分布，主要分布于恒山、洪涛山等中高山区，主要乔木树种有油松、华北落叶松、小叶杨、山杨、白桦、辽东栎、榆树等，主要灌木有虎榛子、绣线菊、蔷薇、小叶枸子、沙棘、刺玫，主要草种有林地早熟禾、白羊草等；黄土区和沙地以灌草为主，主要树草种有柠条、酸枣、沙棘、百里香、铁杆蒿、碱蓬、狼毒、冰草、披碱草等。

9.3.1.2 社会经济概况

该区总人口880.2万，其中农业人口451.7万，农业劳力332.9万，人口密度150人/km²，人均耕地2.8亩，耕垦指数0.28。土地利用现状见表9-5。

表9-5 太行山西北部山地丘陵防沙水源涵养区土地利用现状

| 土地利用类型 | 总计 | 耕地 | | | | 园地 | 林地 | | | | 草地 | 其他 |
		小计	水田	水浇地	旱地		小计	有林地	灌木林地	其他林地		
面积（×10⁴hm²）	587.57	163.26	0.43	46.14	116.69	15.52	131.56	62.11	44.84	24.61	197.37	79.87
比例（%）	100.00	27.78	0.07	7.85	19.86	2.64	22.39	10.57	7.63	4.19	33.59	13.59

该区草地和耕地分别占土地总面积的33.59%和27.78%，占总面积的61%以上，耕地中又以平地为主，占耕地总面积的71.49%，是典型的农牧交错区域。

该区坡耕地面积28.69×10⁴hm²，绝大多数坡度较缓，其中6°~15°坡耕地占80.40%，15°~25°占14.73%，>25°占4.87%，具有较好的坡改梯基础。

该区生产总值2 566.5亿元，区域经济第一、第二、第三产业比例约为2∶4∶4，农业总产值484.87亿元。第一产业产值中，农业产值173.83亿元，农业人均年纯收入3 908元，粮食总产量153.7×10⁴t，农业人均粮食产量340.3kg；林业产值2.80亿元，牧业产值193.24亿元。该区以农业为主兼有牧业，农村经济欠发达，主要粮食作物有小麦、玉米、谷子等，经济作物以甜菜、莜麦、豌豆等为主；工业生产主要有能源、冶金等；矿产资源主要有煤炭、石灰岩等。区内大同市和朔州市是我国重要的煤炭能源基地。

9.3.1.3 水土流失及其治理概况

（1）水土流失概况

该区水土流失面积为2.32×10⁴km²，占土地总面积的39.48%。其中，水蚀面积21 221.2km²，占水土流失面积的91.48%，风蚀面积1 977.6km²，占水土流失面积的8.52%。土壤侵蚀以轻中度为主，水土流失类型及分布情况见表9-6。

表9-6 太行山西北部山地丘陵防沙水源涵养区水土流失类型及分布情况

侵蚀类型及强度		面积（km²）	占水土流失总面积比例（%）
水力侵蚀	轻度	10 973.7	47.30
	中度	6 816.4	29.38
	强烈	2 666.6	11.49
	极强烈	621.7	2.68
	剧烈	142.7	0.62
	小计	21 221.2	91.48

（续）

侵蚀类型及强度		面积（km²）	占水土流失总面积比例（%）
风力侵蚀	轻度	1 120.8	4.83
	中度	752.9	3.25
	强烈	42.0	0.18
	极强烈	43.7	0.19
	剧烈	18.3	0.08
	小计	1 977.6	8.52
水土流失总面积		23 198.7	100.00

该区气候干旱、降水少，水资源短缺，风沙灾害明显，水土流失造成土地退化，贫困加剧，制约地区经济发展。同时，造成水库淤积，威胁下游行洪安全，并加剧干旱、风沙等自然灾害。

（2）水土保持概况

该区曾先后开展"全国八片水土保持重点治理""京津风沙源治理工程""21世纪初期首都水资源可持续利用规划"等国家水土保持重点工程建设。

截至2010年年底，累计保存水土保持措施面积18 612.20km²，其中建设基本农田27.63×10⁴hm²，营造水土保持林102.78×10⁴hm²，经济林16.25×10⁴hm²，种草9.41×10⁴hm²，封禁治理29.67×10⁴hm²。建设淤地坝191座，小型蓄水保土点状工程70 987个、线状工程1 290km。

（3）存在的主要问题

①盆地边缘受沟谷分割的坡积、洪积台地，因受不同程度冲刷切割，沟谷侵蚀明显。

②该区地处京津上游，风蚀造成的风沙危害，以及水蚀造成的水库淤积，对京津地区影响很大。

③土地利用不合理，大量耕种坡耕地等原因造成区域强烈的水土流失。

④高强度的生产建设项目造成区域人为水土流失严重。

9.3.2 防治途径与技术体系

该区水土保持的重点是控制风蚀，减少风沙危害；涵养水源、控制面源污染、增加入库水量、改善入库水质、保障供水安全。

9.3.2.1 防治途径

（1）大力开展小流域综合治理

加强沟谷侵蚀治理，有条件的地区建设拦砂坝和淤地坝；改造坡耕地，建设高标准农田，发展设施农业；调整种植业结构，大力实施退耕还林还草，扩大牧业生产；加强现有低产人工林改造，大力营造荒坡地水土保持林，控制并减少以耕地和荒坡地为主要策源地的风力侵蚀。

(2)加强节水灌溉和水源工程建设

该区水资源匮乏，应建设水窖、水池、旱井等雨水集蓄利用工程，充分利用当地降水，控制性利用地下水；在具备条件的地区大力开展节水灌溉工程建设，因地制宜选择不同形式的节水措施，加强运行管理，提高水资源利用效率。

(3)加强面源污染防治

强化经营管理，开展畜禽粪便综合利用，发展生态农业和有机农业，推行生态经济培育政策，因地制宜加快特色农业发展，壮大畜牧业产业化经营，提倡清洁生产；加强农村环境保护。

(4)加强水土流失预防监督和矿区生态恢复

该区是重要煤炭生产基地，应依法强化生产建设项目水土保持监管，全面落实水土保持"三同时"制度，遏制新增人为水土流失。同时要加大废弃矿区土地整治和生态恢复力度。

9.3.2.2 技术体系

(1)山地丘陵区综合治理

根据小流域内水土资源现状及社会经济条件，合理确定生产发展方向，合理安排农用地、林用地、牧用地的位置和比例，积极建设高产稳产基本农田，提高单位面积粮食产量，促进陡坡退耕，为扩大造林种草面积创造条件。工程措施与植物措施相结合，治坡措施与治沟措施相结合，采取乔灌草、经果粮相结合和集中连片与见缝插针相结合等方法，因地制宜选择高产、优质、抗旱、耐贫瘠和速生树种，营造水土保持林，结合封禁治理，建设成片、成网和成带的生物防治体系；从沟头到沟口、沟坡到沟底，因害设防，层层防御，逐级修筑沟头防护、谷坊、淤地坝、拦砂坝等沟道工程防治体系，并选择适宜的优良树种建立沟道生物防治体系；同时加强现有低产人工林改造。

(2)山地丘陵区节水灌溉和水源工程建设

根据历史发展阶段和当地经济条件，按照"因地制宜、技术先进、循序渐进"的原则，选择适宜的节水灌溉技术。山区中的果树种植区，大部分为微型水源工程，水资源量非常有限，可推广果树喷灌、滴灌、小管出流灌等灌溉技术；丘陵地带，农作物可采用渠道防渗技术结合沟灌等技术，推广节水灌制度；同时要与耕作保墒、秸秆地膜覆盖等农业节水技术相结合，提高水资源利用效率。根据小流域实际，因地制宜，蓄、引、排、用相结合，合理建设水窖、蓄水池、塘坝、滚水坝、小水渠、水源井及配套设备等水源工程，水窖、山塘一般布设在坡脚、坡面低凹处、作业路边等有足够地表径流来源的部位，塘坝、滚水坝布设在常年或季节性有流水的沟道。

(3)水源涵养区面源污染防治

建立清洁生产的技术规范和标准，制定化肥和有机肥的质量标准，鼓励生产和使用能够减少面源污染的化肥和有机肥；加强农村生活污染源的管理，切实加大养殖场环境影响评价执行力度，促进养殖场治污设施建设；引导高效生态农业发展，鼓励发展种养结合的生态农场；加强面源污染的调查与监测，加强新型高效肥料、高效低毒农药、生物防控技术、畜禽粪污低成本治理技术、秸秆农膜等农业废弃物循环利用技术研究开发；进一步调整支出结构，加大节能减排投入，并逐步向农村面源污染防治方面倾斜。

(4)矿区生态恢复和监督管理

完善执法队伍和体制，依法强化生产建设项目水土保持监管，全面落实水土保持"三同时"制度，遏制新增人为水土流失。矿区生态恢复的主要措施包括人工制造表土、多层覆盖、特殊隔离、土壤侵蚀控制、植被恢复工程等，根据不同区域选择措施。稳定塌陷区主要是充填塌陷地并在此基础上覆土造田，可在治理土地上种植农作物，也可营造用材林、经济林，还可在煤矸石回填塌陷区的基础上，进一步采用灌浆覆土的办法，种植牧草发展畜牧业；动态塌陷区可采取简单的工程复垦措施，在受到地下采煤影响时能使破坏的耕地尽量提高生产能力，并在破坏严重区域和丘陵区域种植牧草，改善生态环境，减少水土流失，也可在牧草地进行畜牧养殖；矿区废弃地主要利用生物恢复技术，以植被恢复为主，采用林灌草结合种植的方式改善破坏区域的植被状况。

该区水土流失防治模式及主要措施见表9-7。

表9-7 太行山西北部山地丘陵防沙水源涵养区水土流失防治模式及主要措施

治理模式	主要措施	适宜地区
山地丘陵区小流域综合治理模式	(1)合理确定生产发展方向，正确布设农用地、林用地、牧用地的位置和比例，积极建设高产稳产基本农田，提高单位面积粮食产量； (2)实行陡坡退耕，还林还草，为扩大造林种草面积创造条件； (3)工程措施与植物措施相结合，治坡与治沟措施相结合，采取乔灌草、经果粮相结合和集中连片与石质、土石见缝插针相结合等方法，因地制宜选择高产、优质、抗旱、耐贫瘠和速生树种，营造水土保持林，构建成片、成网和成带的生物防治体系； (4)从沟头到沟口、沟坡到沟底，因害设防，层层防御，逐级修筑沟头防护、谷坊、淤地坝、拦砂坝等沟道工程防治体系； (5)选择适宜的优良树种建立沟道生物防治体系，同时要加强现有低产人工林改造，提高林草覆盖率	石质、土石质山地丘陵区
山地丘陵区节水灌溉和水源工程建设模式	(1)按照"因地制宜、技术先进、循序渐进"的原则，选择适宜的节水灌溉技术，山区中的果树种植，推广果树喷灌、滴灌、小管出流灌等灌溉技术； (2)丘陵地带，农作物采用渠道防渗技术结合沟灌技术，推广节水灌制度； (3)采用耕作保墒、秸秆地膜覆盖等农业节水技术，提高水资源利用效率； (4)根据小流域实际，因地制宜，蓄、引、排、用相结合，合理建设水窖、蓄水池、塘坝、滚水坝、小水渠、水源井及配套设备等水源工程； (5)坡脚、坡面低洼处、作业路边等有足够地表径流来源的部位布设水窖、山塘、小塘坝、滚水坝布设在常年或季节性有流水的沟道	土石山地丘陵区
水源涵养区面源污染防治模式	(1)建立清洁生产的技术规范和标准，制定化肥和有机肥的质量标准，鼓励生产和使用能够减少面源污染的化肥和有机肥； (2)加强农村生活污染的管理，切实加大养殖场环境影响评价执行力度，促进养殖场治污设施建设； (3)引导高效生态农业发展，鼓励发展种养结合的生态农场； (4)加强面源污染的调查与监测，加强新型高效肥料、高效低毒农药、生物防控技术、畜禽粪污低成本治理技术、秸秆农膜等农业废弃物循环利用技术研究开发； (5)进步调整支出结构，加大节能减排投入，并逐步向农村面源污染防治方面倾斜	土石山地丘陵区

（续）

治理模式	主要措施	适宜地区
矿区生态恢复和监督管理模式	(1)完善执法队伍和体制，依法强化生产建设项目水土保持监管，全面落实水土保持"三同时"制度，遏制新增人为水土流失； (2)实行措施包括人工制造表土、多层覆盖、特殊隔离、土壤侵蚀控制、植被恢复工程等进行生态恢复； (3)稳定塌陷区主要充填塌陷地并在此基础上覆土造田，可在治理土地上种植农作物，也可营造用材林、经济林，还可在煤矸石回填塌陷区的基础上，进一步采用灌浆覆土的办法，种植牧草发展畜牧业； (4)动态塌陷区可采取简单的工程复垦措施，在受到地下采煤影响时能使破坏的耕地尽量提高生产能力，并在破坏严重区域和丘陵区域种植牧草，改善生态环境，减少水土流失，也可在牧草地进行畜牧养殖； (5)矿区废弃地主要利用生物恢复技术，以植被恢复为主，采用林灌草结合种植的方式改善破坏区域的植被状况	山地丘陵区、矿区及周边地区

9.3.3 典型案例

以内蒙古自治区兴和县秦家夭小流域为例。

9.3.3.1 基本情况

兴和县秦家夭小流域位于兴和县城关镇南部 5km 处，呼集老高速公路两侧，131°56′8″~113°56′29″E，40°49′10″~40°49′41″N，流域面积 4.85km²，水土流失面积 4.27km²，海拔高度 1 320~1 351m。由于多年来的径流冲刷，表土不断被侵蚀、风化，致使土地支离破碎，切割剧烈，沟壑密度为 1.95km/km²，土壤侵蚀模数为 3 850t/（km²·a），是兴和县水土流失较为严重的地区之一。流域土壤类型主要为暗栗钙土、砂壤土，植被主要以山地草甸。草原植被及河滩低湿草甸植被为主，植被稀疏，利用率低下。草本植物主要以多年生低温耐旱植物组成，如本氏针茅、百里香、冷蒿、狼毒、冰草，乔木有杨树，灌木有沙棘、小叶锦鸡儿、山杏等，适宜于人工栽植主要植被有：小叶杨、油松、山杏、柠条等。多年平均年降水量为 380mm，地下水埋深般为 20~150m，多年平均径流深 25mm。该小流域 2006 年被列入京津风沙源水保治理项目区。

9.3.3.2 防治模式

根据自然及社会经济条件，确定该流域治理原则为：加强基本农田建设，稳定农业、发展林业和畜牧业、提高林业产出，充分发挥林木的水土保持及经济功能，达到合理利用水土资源，有效控制土壤侵蚀，改善当地人民的生产和生活条件，促进农牧业生产发展，提高人民群众的生活水平，工程总体布置以改善项目区生态环境，提高当地农牧民经济收入，实现区域经济可持续发展为宗旨，以治理水土流失为目标，因地制宜采取"综合防治"的思路，针对流域的地貌特点，在措施布局上，坚持"梁、峁、坡、沟兼治"的原则，实行梯级防护体系综合治理，主要工程措施为坡面上工程整地以鱼鳞坑、水平沟为主，沟道治理为沟头防护和沟道中修谷坊进行，然后加以生物措施相辅的综合防治模式。

在分水岭、梁峁顶、坡面及侵蚀沟头上方，采取鱼鳞坑整地方式，种植沙棘、柠条灌木混交林。在山腰平整开阔的坡面上，沿等高线开挖水平沟，栽植油松、柠条乔灌混交林。在背风向阳有水源条件的退耕地内种植经济林。为方便工程的实施，在项目区修筑作业路，作业路两侧营造道路防护林，采取方坑整地方式，栽植油松。在发生侵蚀的支沟道上，布设沟头防护埂，防止沟头前进以及对坡面的危害，埂上种植柠条和沙棘。在项目区内侵蚀沟道上布设谷坊，防止沟底下切，提高侵蚀基准面，谷坊顶部种植柠条，沟底种植杨树。

9.3.3.3 防治成效

通过水土流失综合治理，有效治理了流域水土流失，提高区域生产力水平，促进生态环境系统结构、功能转向良性循环，为生态文明建设和社会主义新农村建设打下坚实基础。项目区水土流失治理程度 7.9%。林草覆盖率达到 65.7%。年蓄水效益为 $7.03 \times 10^4 m$，年保土效益 8 000t，稳定年直接效益 9.68 万元。

9.4 西北黄土高原区

西北黄土高原区包括宁蒙覆沙黄土丘陵区、晋陕蒙丘陵沟壑区、汾渭及晋城丘陵阶地区、晋陕甘高塬沟壑区、甘宁青山地丘陵沟壑区 5 个水土保持二级区，共 15 个水土保持三级区。在此仅介绍陕北黄土丘陵沟壑拦沙保土区水土保持方略和布局。

陕北黄土丘陵沟壑拦沙保土区位于陕西东北部，从准格尔旗到延川区间的黄河西岸沿岸区域，包括陕西省 10 个县，土地总面积 $2.44 \times 10^4 km^2$。

9.4.1 基本情况

9.4.1.1 自然条件概况

(1)地质地貌

该区在大地构造上属于鄂尔多斯台向斜，是我国一个标准的前寒武纪地台，边缘部分存在轻微褶皱。在二叠纪以后缓慢下沉，造成中生代数千米厚陆相沉积，经过燕山运动渭北诸山隆起，第三纪时，鄂尔多斯地台上升为高原，具有和缓的挠曲性质，南北边缘具有断裂下沉性质。黄土地貌是第四纪时期黄土沉积作用和流水侵蚀作用共同作用的结果。

该区地貌类型以峁状丘陵为主，黄河沿岸多悬崖陡坡，沟谷下切深约 100~200m，沟谷上下岩石裸露，愈近黄河，峁梁越窄，土层愈薄，海拔 1 000~1 300m，相对高差 70~150m。区内梁峁广布，丘陵起伏，其中，丘陵 76%、平原 12%、黄土台塬 7%、风积地貌 5%、其他 1%。主沟道形状大部分呈"U"形和倒梯形，沟壑密度 3~7km/km²。

(2)气象水文

该区气候属于中温带半干旱大陆性季风气候区，多年平均气温约 9~12℃，1 月平均气温-16~-5.6℃，7 月平均气温 21.02~25.9℃，多年平均风速约 1.4~3.6m/s，日均风

速不小于 5m/s 的天数为 5~90d/a，多年平均大风天数 2~46d/a，≥10℃ 积温约
3 228.8~4 126℃，日平均气温不小于 10℃ 的天数 161~240d/a，多年平均最大冻土深度
约 150cm，无霜期 177d。多年平均年降水量为 397.6~514.7mm，汛期开始期 6~7 月，
汛期终止期 9~10 月，多年平均汛期降水量 274~352mm，多年平均暴雨日数 1~6d，年
均蒸发量约 1 092.2~2 190mm。

该区大部分位于黄河沿岸一带，有大量直接入黄的一级支流，区内流经的河流主要有
皇甫川、窟野河、秃尾河、无定河、清涧河等，河流多伏汛型，且多短促。以无定河为例，
干流全长 491.2km，平均比降 1.97%，无定河流域平均年径流量 153 676×10⁴m²，输沙量
217 744×10⁴t，平均含沙量 141.5kg/m²。该区主要河流基本水文泥沙情况见表 9-8。

表 9-8 陕北黄土丘陵沟壑拦沙保士区主要河流基本水文泥沙情况

流域	水文控制站	控制面积（km²）	年降水量（mm）	输沙模数[t/(km²·a)]
皇甫川	皇甫	3.18	385.10	16.58
窟野河	温家川	8.65	388.60	13.11
秃尾河	高家川	3.25	392.50	6.45
无定河	白家川	29.66	383.40	4.62
清润河	延川	3.47	463.50	10.90

（3）土壤植被

该区土壤以黄绵土为主，是该区最主要的耕作土，是在黄土母质上发育而成的，形
态和属性与黄土母质相似，分布范围广。此外，黑垆土常与黄绵土交错出现，在黄土丘
陵的梁峁顶部零星分布，黑垆土既是一种地带性土壤，也是一种古老的耕种土壤。主要
土壤类型组成比例为黄绵土 53%、黑垆土 24%。土层深厚，土壤结构疏松，富含碳酸
盐，易受侵蚀。黄绵土分布区域一般都存在水土流失，土壤肥力较低，有机质含量多小
于 1%，原生植被破坏殆尽，自然植被零落分散，主要为散生的灌丛和草原，不利于水
土保持，土壤侵蚀严重的地方应退耕造林种草。植被类型自南向北由森林草原向干旱草
原过度，林草覆盖率 44%，天然植被中，乔木主要有油松、华北落叶松、辽东栎、白
桦、侧柏；灌木主要有黄刺玫、沙棘、柠条、荆条、虎榛子、黄蔷薇、绣线菊、柄扁
桃、胡枝子、忍冬；草本植物主要有唐松草、薹草、林地早熟禾、大针茅、克氏针茅、
长芒草、白羊草、蒿类。

该区丘陵沟壑广布，由于沟壑发育，地形支离破碎，如陕北绥德韭园沟峁状丘陵，
每平方千米地面沟长 3.47km，地面坡度大于 25° 土地达 68%，大大地加剧了土壤冲刷的
严重性；区域降水量年内分布极不均匀，一般集中在夏季，秋季次之，春季较少，常出
现春旱和伏旱，夏秋季节降水集中在几次较大的降水过程中。热量资源比较丰富，适合
多种温带植物生长，雨热同季，约 70% 的降水都集中在植物生长季节，如榆林气温不小
于 10℃ 期间的降水量为 312mm，占年降水量的 77%。

9.4.1.2 社会经济概况

该区总人口 261.0 万人，其中农业人口 156.1 万人，农业劳力 15.0 万人，人口密度

107 人·km^2。耕地 55.31×10^{4}hm^2，园地 17.73×10^{4}hm^2，林地 58.69×10^{4}hm^2，草地 94.37×10^{4}hm^2，其他 18.02×10^{4}hm^2。人均耕地 0.21hm^2，耕垦指数 0.39。

该区耕地面积占土地面积的 22.66%，林地面积占土地面积的 24.04%，草地面积占土地面积的 38.66%。

该区坡耕地以 25°以上为主，占坡耕地总面积的 62.86%，25°以下占坡耕地总面积不到 40%，坡耕地面积虽然较大，但是质量较差，而且多为 25°以上陡坡地，需进行退耕还林。

该区生产总值 972.6 亿元，区域经济第一、第二、第三产业比例约为 1∶8.55∶2.64，农业仍占相当比例。第一产业产值中，农业产值 32.47 亿元，农民人均年纯收入 2 764 元，粮食总产量 32.3×10^{4}t，农业人均粮食产量 207.0kg；林业产值 1.30 亿元，牧业产值 18.02 亿元。

该区煤炭、油气资源丰富，有大型煤矿神府煤田和陕北油气田。地下蕴藏着大型优质岩盐矿床，另外稀土、石膏、玻璃用石英岩、泥、煤、铝土、钼、耐火黏土等储量也相当丰富，目前探明的矿产超过 100 种，是我国重要的能源重化工基地。

9.4.1.3 水土流失及其治理概况

（1）水土流失概况

该区水土流失面积 1.46×10^{4}km^2，占土地总面积的 60%。该区土壤侵蚀类型以水力侵蚀为主，占水土流失面积的 97.77%。该区绝大部分区域属于黄河多沙粗沙区，是黄土高原水土流失最严重的区域，水力侵蚀造成地形支离破碎，梁短峁小，丘陵起伏，沟壑纵横，沟壑密度很大，般为 5~7km/km^2，坡面坡度大，一般梁峁坡面 10°~30°，沟坡一般为 30°以上。河流沟道上游有一定的重力侵蚀，北部边缘还有风蚀，水土流失非常严重，侵蚀模数 15 000~30 000t/(km^2·a)。水土流失类型及强度见表 9-9。

表 9-9　陕北黄土丘陵沟壑拦沙保土区水土流失类型及强度

侵蚀类型及强度		面积（km^2）	占水土流失总面积比例（%）
水力侵蚀	轻度	7 541.70	51.55
	中度	765.80	5.23
	强烈	4 154.40	28.40
	极强烈	1 376.00	9.41
	剧烈	465.30	3.18
	小计	14 303.20	97.77
风力侵蚀	轻度	123.80	0.85
	中度	22.50	0.15
	强烈	97.20	0.66
	极强烈	81.80	0.56
	剧烈	0.80	0.01
	小计	326.00	2.23
水土流失总面积		14 629.20	100.00

（2）水土保持概况

多年来，该区域重点开展了以小流域为单元的水土流失综合治理、坡耕地综合治理项目、淤地坝工程、水蚀风蚀交错区综合治理项目以及革命老区重点建设工程。经过治理，该区累计保存治理措施面积 103.95×10⁴hm²，其中：以梯田、坝地为代表的基本农田 23.57×10⁴hm²，水土保持林 46.69×10⁴hm²，经济林 14.90×10⁴hm²，种草 14.54×10⁴hm²，封禁治理 4.16×10⁴hm²，淤地坝 18 642 座，小型蓄水保土工程 67 077 个。该区水土保持措施现状见表9-10。

表9-10 陕北黄土丘陵沟壑拦沙保土区水土保持措施现状

坡面治理措施面积										淤地坝		小型蓄水保土工程	
合计	基本农田			水土保持林		经济林	种草	封禁治理	其他	数量	淤地	点状	线状
	梯田	坝地	其他	乔木林	灌木林								
103.95 ×10⁴ hm²	17.17 ×10⁴ hm²	2.74 ×10⁴ hm²	3.66 ×10⁴ hm²	13.13 ×10⁴ hm²	33.56 ×10⁴ hm²	14.90 ×10⁴ hm²	14.54 ×10⁴ hm²	4.16 ×10⁴ hm²	0.09 ×10⁴ hm²	18 642 座	2.91 ×10⁴ hm²	67 077 个	2 196.1 km

（3）存在的主要问题

①耕地多，质量差，土地生产力低下，粮食产量低，农业生产极不稳定。

②气候干旱，降水量集中在汛期，植被稀疏，乱垦滥牧、陡坡开垦现象十分普遍。

③坡耕地治理进度缓慢。

④川平地、缓坡地少，陡坡地多。

9.4.2 防治途径与技术体系

该区水土流失防治体系的思路是通过淤地坝工程及林草植被措施建设来减少入黄泥沙，提升区域内的拦沙减沙和土壤保持的功能，达到拦沙保土的目的。

9.4.2.1 防治途径

该区水土保持重点是控制沟蚀，拦沙保土，减少入黄泥沙，蓄水保水，提高土地生产力，发展综合农业和特色产业，增加农民收入，改善农村生活条件。

①加强预防保护，城镇及工矿区强化对能源生产建设项目及人类活动的监测、监督管理，实施矿区土地整治和植被恢复，采取科学合理的监测措施，有效控制新增人为水土流失。

②以小流域为单元，治沟与治坡相结合，林草、工程、耕作措施相协调，进行综合治理。

③建设以骨干坝为主的坝系工程，辅以小型蓄水保土工程，控制沟道泥沙；利用坝地，力推坡改梯，增加基本农田；推进退耕还林还草建设，提高植被覆盖度，有效防止坡面土壤侵蚀。建立人工草场，实行全面禁牧圈养，实施生态修复。

9.4.2.2 技术体系

根据陕北黄土丘陵沟壑拦沙保土区的基本情况，按照该区梁峁状丘陵为主的地貌特征，分别对梁峁顶、梁峁坡、峁缘线、沟坡、沟底采用不同的综合治理模式和技术。

①梁峁顶地形平坦，侵蚀较轻，可发展高标准基本农田，营造防风林带、种植牧草、同时适当布设水窖、发展集水节灌。

②在梁峁坡25°以下缓坡耕地上修筑水平梯田，梯田埂采取植物防护，近村、背风向阳地栽经济林，在坡度较大的地方营造水土保持林。

③峁缘线附近以沟头防护为主，营造防护林、修筑防护埝。

④沟坡采用水平沟、水平阶、反式梯田和鱼鳞坑等整地方式营造水土保持林、经济林和用材林，坡度较大的地方封禁种草。

⑤沟底以改造沟台地为主，修建淤地坝，兴修小型水利工程，同时营造沟底防冲林和护岸林，利用坝系在拦沙的同时增加基本农田面积。

该区水土流失综合防治技术体系如图9-5所示。

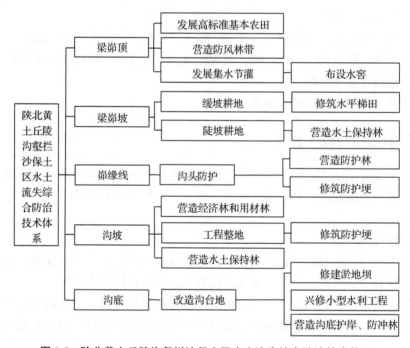

图9-5 陕北黄土丘陵沟壑拦沙保土区水土流失综合防治技术体系

9.4.3 典型案例

该区选择了张塔小流域为典型小流域，该小流域的侵蚀环境及所采取的水土流失治理模式、水土保持措施在陕北丘陵沟壑拦沙保土区均具有典型代表性。

9.4.3.1 基本情况

张塔小流域位于米脂县城东部 7.0km 外，110°10′45″ ~ 110°17′52″E，37°41′40″ ~ 37°45′50″N 的东沟流域下游。

该小流域地貌形态为黄土梁峁丘陵沟壑地形，沟壑密度 2.5 ~ 4km/km²，海拔 170 ~ 850m，相对高差 150 ~ 200m。该小流域属温带半干旱型气候区，冬春干旱多风，夏季炎热伏旱，暴雨、冰雹常有发生，秋季易涝，来霜早。年平均气温 8.7℃，最高气温 39.6℃，最低气温 -21.8℃，无霜期 162d，多年平均年降水量 451.6mm，多年来最大年降水量 692.6mm，最小年降水量 280.0mm，其中 64% 的降水量集中在 7 ~ 9 月，年平均径流深 53mm，自然灾害有干旱、暴雨、大风、冰雹、霜冻等。

流域内土壤以黄绵土为主，土层厚 50 ~ 100m，质地较轻，肥力较差，抗蚀性能弱。乔木以刺槐、杂交杨、榆树为主，经济林主要有杏、梨、苹果等，灌木林以紫穗槐、柠条为主，绿肥和饲料作物主要有草木犀、苜蓿等。由于过度放牧，耕作粗放，自然植被遭到不同程度的破坏，流域林草覆盖率 13.6%。

张塔小流域涉及十里铺、杨家沟两个乡镇 8 个行政村，总人口 7 500 人，1 870 户。农业人口密度 163.0 人/km²。流域面积 45.95km²，耕地面积 2 135.5hm²，人均耕地 4.2 亩，基本农田面积 456.9hm²，人均基本农田 0.9 亩。粮食总产量 2 775t，人均产粮 370kg，农民人均纯收入 700 元。

该小流域属黄土高原剧烈侵蚀区，由于自然条件、气候特征等因素影响，水土流失非常严重，表现为水土流失范围广、强度大；降水年内分配不均，水土流失类型以水蚀为主。多年平均侵蚀模数 13 000t/(km²·a)。严重的水土流失不仅降低了土地生产力，淤积坝渠，破坏基础设施，而且加大了无定河向黄河输入的泥沙量，河床不断提高，严重威胁着黄河下游安全。

9.4.3.2 防治模式

以建设高效农业示范区为目标，力争达到人均 1.5 亩"两高一优"基本农田，通过退耕还林草，围绕沿沟、村庄、道路建设绿色长廊，营造防风固沙林、沟底防冲林、水土保持林、风景林，荒山荒坡植树种草，建设牧草基地及封禁治理，使植被覆盖率达到 50% 以上。同时，通过实施坡改梯、淤地坝、谷坊、沟头防护、蓄水池、水窖等小型水保工程，与植物措施相互配套，形成层层设防、节节拦蓄的综合防护体系。

张塔小流域从梁峁顶至沟谷底的治理措施布设如图 9-6 所示。

①梁峁顶　在近村的缓坡梁峁顶部布设水窖、蓄水池，发展节水节灌。远村陡坡及梁峁顶部，种植或栽植紫花苜蓿、沙棘、柠条等，形成梁峁顶防护带。

②梁峁坡　在 20°以上梁峁坡上营造灌木林或种植牧草，在 20°以下梁峁坡营造等高灌木带，带内沟垄种植草木犀、沙打旺等优良牧草，近村缓坡和 10°以下坡面修水平梯田，其中背风向阳处营造杏、梨等经济林。

③峁边线　采取水平阶或鱼鳞坑整地方式，栽植密集型沙棘、柠条等灌丛生物带。

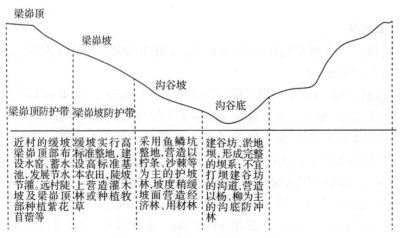

图 9-6　张塔小流域水土流失防治措施布置示意

④沟谷坡　一般大于 35°陡坡,采用鱼鳞坑整地,营造以柠条、沙棘等为主的护坡林,坡度稍缓坡面营造经济林、用材林。

⑤沟谷底　从支毛沟至干沟建谷坊、淤地坝,形成完整的坝系;不宜打坝建谷坊的沟道,营造以杨、柳为主的沟底防冲林,沟道宽阔有水源地段,可在两侧台地发展小块水地。

9.4.3.3　防治成效

水土流失得到初步控制,生态环境明显好转,林草覆盖率由原来的 13.6% 提高到 59.2%,区内生态环境大大改善;农村基础设施得到改善,群众生活水平普遍提高;土地利用结构大幅调整,农业产业结构趋于合理。

9.5　南方红壤区

南方红壤区包括江淮丘陵及下游平原区、大别山—桐柏山山地丘陵区、长江中游丘陵平原区、江南山地丘陵区、浙闽山地丘陵区、南岭山地丘陵区、华南沿海丘陵台地区、海南及南海诸岛丘陵台地区、台湾山地丘陵区 9 个水土保持二级区,共 32 个水土保持三级区。在此仅介绍幕阜山九岭山山地丘陵保土生态维护区水土保持方略和布局。

幕阜山九岭山山地丘陵保土生态维护区位于湖北省东南部,江西省西部,包括湖北、江西 2 省 15 个县(市、区),土地总面积 $3.00 \times 10^4 km^2$。

9.5.1　基本情况

9.5.1.1　自然条件概况

(1)地质地貌

该区位于扬子板块中南部,即扬子板块与华南板块拼接带东乡萍乡段之北。主要由中元古界双桥山群浅变质岩组成褶皱基底，上覆震旦系及其以上地层组成盖层。地貌以丘陵和山地为主，地势西高东低，海拔 100~1 500m。

（2）气象水文

该区属亚热带季风气候区，多年平均年降水量为 1 489mm，多集中在 5~10 月，多年平均气温 16.9℃左右，全年无霜期平均日数为 263d。该区河流主要包括潦河、富水、长河、金水等。潦河全长 193km，流域面积 4 333km^2，多年平均流量 120m^3/s；富水河全长 196km，总落差达 613m，流域面积 5 310km^2。

（3）土壤植被

该区地带性土壤为红壤，还有水稻土、紫色土和潮土分布，其中水稻土分布最广，占 83%。植被类型主要以亚热带针叶林、亚热带常绿阔叶林为主，林草覆盖率为 61.38%，天然树草种主要有马尾松、杉木、毛竹、钩栗、大叶青冈、青冈栎、栲、黑壳楠、黄山松、构树、椴树、樟树、梓、松、杉、白檀、杜鹃、海棠、野山楂、四川冬青、红果钓樟、芒草、野古草、茅草等。

9.5.1.2　社会经济情况

该区总人口 750.0 万人，其中农业人口 376.0 万人，农业劳力 277.2 万人，人口密度 245 人/km^2。耕地 50.24×10^{4}hm^2，园地 4.21×10^{4}hm^2，林地 192.73×10^{4}hm^2，草地 8.15×10^{4}hm^2，其他 44.90×10^{4}hm^2。人均耕地 0.067hm^2，耕垦指数 0.17。

该区坡耕地局部分布，面积较小。坡耕地面积 8.35×10^{4}hm^2，占耕地面积的 16.62%。其中 6°~15°坡耕地占 71.12%，15°~25°占 15.10%，>25°占 13.78%。

地区生产总值 1 848.4 亿元，其中第一产业 346.26 亿元，占地区生产总值的 18.7%；第二产业、第三产业 1 502.16 亿元，占地区生产总值的 81.3%。第一产业产值中，农业产值 207.53 亿元，林业产值 5.76 亿元，牧业产值 118.44 亿元。农业人均年纯收入 3 839 元，粮食总产量 144.5×10^{4}t，人均粮食产量 192.6kg。

该区人口集中的丘陵和河谷地区，坡耕地面积大、分布广，疏幼林地、坡耕地水土流失严重；局部丘陵岗地植被破坏严重的地方，崩岗侵蚀严重，长期不合理经营导致森林植被遭到破坏，天然林不断降低。该区是坡耕地治理工程和崩岗治理工程主要实施区域。

9.5.1.3　水土流失及其治理概况

（1）水土流失概况

该区水土流失面积 6 145.4km^2，占土地总面积的 20.47%，其中，轻度侵蚀面积 3 414.1km^2，占土壤侵蚀总面积的 55.56%；中度侵蚀面积 1 891.1km^2，占总侵蚀面积的 30.77%；强烈以上侵蚀面积 840.3km^2，占总侵蚀面积的 13.67%。该区土壤侵蚀以轻度侵蚀为主，侵蚀类型以水力侵蚀为主。水土流失类型及分布情况见表 9-11。

表9-11 幕阜山九岭山山地丘陵保土生态维护区水土流失类型及分布情况

侵蚀类型及强度		面积(km²)	占水土流失总面积的比例(%)
水力侵蚀	轻度	3 414.1	55.56
	中度	1 891.1	30.77
	强度	672.7	10.95
	极强烈	149.4	2.43
	剧烈	18.2	0.30
	小计	6 145.4	100.00
水土流失总面积		6 145.4	100.00

水土流失危害主要表现为：山区陡坡耕种与植被破坏，表土层一旦冲蚀，母质出露，地表温度高，土壤肥力急剧下降，持水能力降低，最终形成侵蚀劣地，甚至丧失耕作条件；易形成较大洪水，山地灾害时有发生，破坏交通，冲田漫地，毁坏水利水保设施，危及人民生命财产安全，岩石风化强烈，岩层结构复杂，易发生崩岗。

（2）水土保持概况

截至2010年年底，水土保持措施保存面积783 864.6hm²，其中基本农田143 749.4hm²，栽植乔木林139 819.7hm²，灌木林50 899hm²，经济林72 514.1hm²，种草5 885.9hm²，封禁治理361 927.9hm²，其他9 068.6hm²，坡面水系工程长度7 229.7km，小型蓄水保土工程22 201个。

（3）存在的主要问题

该区为山地丘陵区域，人口稠密，土地承载力大，是湖北、江西两省乃至全国重要的粮食产区和农产品生产基地。区内岭谷平行相间，山丘盆地参差，湖库星罗密布，山顶浑圆，山坡平缓，地面破碎。由于该区降雨强度大，降水量的高度集中，形成明显的干湿季节，地质岩性差，地貌复杂多样，植被资源分布不均，林草植被结构不合理，马尾松、杉木纯林多，地表植被覆盖率低。此外，人口增长，为了生存，过量的毁林开荒，陡坡耕种，粗放经营管理，大量矿产资源开采加剧了水土流失。

近些年来经济发展迅速，城镇建设及经济（技术）开发区、工业园区，各类基础设施建设和生产建设项目集中，大量生产建设项目在实施过程中缺乏水土保持意识，片面追求经济效益，忽视社会效益。开发建设过程极大地改变已处于平衡状态的原始地貌、水系和植被，产生大量的废弃土，造成大片裸露地，大量渣土未能及时有效利用或采取合理的水土流失防治措施，在雨水的冲刷下随地表径流直接进入长江和河流湖泊，使河流、湖泊含沙量增加，河床抬高，湖泊库容减小，既加剧洪灾，又影响航运。

9.5.2　防治途径与技术体系

该区水土保持的重点是加强水土流失综合治理，防治崩岗侵蚀，发展综合农业，保护森林植被，维护生态平衡，提高生物多样性。

9.5.2.1 防治途径

以提高生物多样性、加强水土保持生态修复、保护农田和河道、稳固山地丘陵区生态系统为重点，积极搞好坡改梯、崩岗治理、沟道整治等。

①以坡耕地改造为重点，工程措施与生物措施相结合，实施山、水、林、田、路综合治理，因地制宜地构建立体型小流域水土流失坡面综合治理技术体系；推行保土耕作，大力实施梯田工程、坡面配套水系工程，修建田间作业道路，营造水保生态林、经果林、等高植物篱；改善农业生产条件，建设高标准农田，提高农业生产效率，加强崩岗侵蚀防治，改善生态环境。

②加强生态脆弱区的森林植被保护和恢复，对毛竹林、人工针叶林进行科学改造、抚育，增强其生态防护效能；重视水源地、城市公园、湿地公园等风景名胜区预防保护。

③加强水土保持监督监测管理，有效防治开矿、采石、修路等生产建设项目带来的水土流失。

9.5.2.2 防治技术体系及模式

以坡改梯为重点，开展小流域综合治理、崩岗治理。加强水土保持生态修复，严防形成新的水土流失；充分利用区内水热资源，发展以油茶、茶叶和梨为特色的优质、高效经果林；营造混交林，治理林地水土流失，维护和改善区内生态环境。

（1）平原农田区

以解决生活和生产用水为重点，提高群众生活、生产水平，减轻对薪柴、木材的依赖和需求，促进生态修复。①大力修建或巩固水库、塘坝，充分拦蓄地面径流及泉水，并通过配套和完善渠道、管道，解决人口、耕地集中区域的饮水和灌溉问题，加强田间、地头、宅旁、路边等一切有利雨水集蓄利用的条件，大力修建和维护蓄水池，充分利用雨水资源，为旱作农业提供一定的灌溉保证；②对流域内的疏残林地，实行以封育治理为主，封、补、管、造相结合，通过积极的人工干预促进植被恢复；同时，推广和巩固节柴灶、沼气池等措施，解决群众的部分燃料问题；③对缓坡耕地适度开展坡改梯建设，改良耕地质量，完善水系配套，提高耕地资源的质量和数量；④坡耕地鼓励退耕还林，推行产业结构调整，以种植经济林，减轻整地强度，减少水土流失，提高经济效益；⑤对通路、通电不便的偏远山区，实施生态移民，减少对生态环境的破坏。

（2）山地丘陵区

以坡面水系治理为重点，通过设置截（排）水沟、沟道清淤等措施，疏通水系，减轻山洪灾害，保护耕地农田。对山地丘陵区域采取"上截、下堵、内外绿化"措施进行治理，绿化以水保先锋树种或经济林种植为主，将坡面治理与林特产品发展有机结合，加强对现有林地的预防和保护，严格控制大面积的纯林种植，经果林地推广种植三叶草、狗牙根、黑麦草等绿肥或牧草植物，增加地面覆盖。

该区防治模式及主要措施见表9-12。

表 9-12　幕阜山九岭山山地丘陵保土生态维护区水土流失防治模式及主要措施

防治模式	主要措施	适宜地区
预防措施	保护现有林地、基本农田和治理成果	平原农田区
	合理使用农药、化肥等农用化学品，减少水土流失、提高农作物产量	
	加强生产建设项目监督管理	
综合治理	坡改梯、保土耕作、崩岗治理	山地丘陵区
	种植水土保持林、经果林、种草	
	田间道路及截排水工程、小型蓄水工程、小型治沟工程	
	沟头防护工程：主要有谷坊、拦砂坝工程、蓄水工程，以制止沟底下切、阻止上游泥沙下泄	
生态治理	封禁治理、荒山荒坡治理、补植疏幼林	

9.5.3　典型案例

以赤壁市沧湖小流域为例。

沧湖小流域属南方红壤丘陵区，属于省级水土流失重点治理区之一。近几年沧湖小流域进行了初步的水土保持治理工作，主要为改造基本农田，营造水土保持林等，在一定程度上改善了当地生态环境，但治理标准较低，水土流失仍然较重。

9.5.3.1　基本情况

（1）自然概况

沧湖项目区位于湖北省南部的赤壁市境内，由沧湖小流域、松柏湖小流域组成，涉及赤壁市的 14 个行政村，土地总面积 98.50km²，总人口 2.23 万人，其中农业人口 2.11万人。

项目区地貌类型以丘陵、岗地为主。属亚热带季风气候区，具有光照足、热量高、无霜期长、雨水充沛、雨热同季等特点。多年平均年降水量 1 526.8mm，平均气温16.9℃。土壤种类有棕红壤、水稻土、潮土等，植被类型以常绿阔叶林、针叶林及针阔混交林为主，流域林草覆盖率为 20.5%。

由于降水强度大、土壤抗蚀力弱、植被破坏严重，加上生产建设活动的影响，造成目前小流域水土流失面积达 3 240.36hm²，占土地总面积的 32.90%，侵蚀强度以轻度为主，平均侵蚀模数 1 148t/(km²·a)，年水土流失量 11.31×10⁴t。水土流失主要发生在坡耕地、疏幼林、荒山荒坡等植被覆盖率低的地方。

（2）坡面治理体系

针对流域的水土流失分布情况和特点，结合国家水保重点治理工程，实行"山、水、林、田、路"综合治理，因地制宜地构建立体型小流域水土流失坡面综合治理技术体系，该体系包括工程措施、林草措施和封育治理措施技术体系。选用的坡面治理措施主要有梯田工程、坡面配套水系工程、田间作业道路、水保生态林、经果林、等高植物篱、封禁治理和能源替代等。

根据小流域产生水土流失的地类分布特征及其立地条件，坡面治理总体布局如下：

①对坡度在5~15°的集中连片、交通方便、土层较厚的部分坡耕地，实行坡改果梯，做好坡面水系配套和田间道路。

②对5°~15°水土流失较轻微的部分坡耕地，实行等高耕作，通过布设等高植物篱和截水沟来控制坡面水土流失。

③对15°~25°的坡耕地退耕营造经济林，以增加当地群众经济收入；同时在经济林间种植等高植物篱并布设坡面截排水沟，拦截地表径流，减少坡面水土流失。

④对荒山荒坡和25°以上坡耕地全部绿化营造生态林。

对疏幼林地全部实行封禁治理，提高林草覆盖率，控制水土流失。在人口较为集中的村庄推广沼气池、节柴灶等节能生态工程，逐步减少当地农民生产生活对现有植被的破坏。

9.5.3.2 防治模式

（1）工程措施

①梯田工程　坡改梯工程是将现有5°~15°的部分坡耕地改造为水平梯田。在治理过程中，与灌溉渠道、截排水沟、蓄水池、沉沙池、田间作业便道、植物护坎等工程配套，并同步施工，达到水土保持综合治理的要求，使梯田耕作区能增产、增收，提高经济效益。小流域共修建水平梯田132.88hm²。

②坡面配套水系工程　坡面水系工程主要布设在坡改梯和经果林示范工程地块中。

截、排水沟：截水沟沿等高线布设，一般修建在梯田的坡面上方，主要起到拦截坡顶及相邻两条截水沟之间坡面径流的作用。

在梯田内和坡耕地营造经济林的地块中修建排水沟，以排导坡面径流，减轻坡面冲刷，巩固和保护治坡成果。排水沟应按坡面地势布置，一般与等高线正交，也可斜交；其上端与截水沟相连，下端连接天然沟道。

蓄水池：蓄水池的功能是拦蓄地表径流，充分和合理利用自然降水或泉水，就近供耕地、经果林的浇灌，同时尽可能解决部分人畜饮水问题，减轻水土流失。

沉沙池：沉沙池主要用于沉淀排水沟内汇集的泥沙，以免对附近区域产生影响。沉沙池布设于蓄水池进水口的上游及截水沟与排水沟的连接处。

③田间作业道路　为了便于农作、运输和水土保持工程管理及维修，需在坡改梯区和坡耕地造经济林中修建生产道路。主要有碎石道路和人行踏步，共需配套修建6.50km。

田间作业道配置必须与坡面水系相结合，统一规划，统一设计，防止冲刷，保证道路完整和畅通。

（2）林草措施

①水土保持生态林　生态林主要布置在25°以上的坡耕地及荒山荒坡，采用混交林模式，减少地表裸露面积，最大限度地减少土壤侵蚀。

本流域的水保生态林选择杉树、马尾松，采取行间混交方式，混交比例为1:1。小流域退耕还生态林306.42hm²，荒山造生态林1 080.48hm²。

②经果林 在 5°~25°退耕的坡耕地上营造经果林，以提高坡耕地的经济收入，同时在经果林间种植等高植物篱并布设坡面截水沟、排水沟，减少坡面径流产生的土壤侵蚀。

树种应选择在当地或相似自然条件地区已有栽植经验或成功案例的经果林树种，以提高造林成活率。根据农民意愿，选择柑橘和猕猴桃，共退耕还经果林 64.74hm²。

③等高植物篱 根据现场调查，项目区经济林在栽植初期，林下依然耕种，且经济林密度相对较小，坡面水土流失依然较重，需布设等高植物篱，逐步形成一条生物坎，拦截坡面径流和泥沙下泄。

在地面坡度 5°~15°的坡地中，当植物篱间距在 15~20m 时可有效控制坡面侵蚀；在地面坡度 15°~25°的坡地中，当植物篱间距在 10~15m 时可有效控制坡面侵蚀。植物篱应兼顾生态效益和经济效益，树种应选择株高较矮，不影响农作物和果树的正常生长，根系发达的灌木。根据地方群众意愿选择经济价值较高的紫穗槐种植，共布置植物篱 551.50km。

(3)封育治理措施

项目区的水热条件较好，有利于植被生长繁衍。在实施人工治理的同时，可采取封禁的方法，并辅以农村替代能源建设等相关措施，发挥气候条件优势和生态的自我修复能力，加快植被恢复进程。该小流域实施封禁治理 842.50hm²。

9.5.3.3 防治成效

(1)经济效益

该小流域坡面综合治理措施体系实施后，使农业生产条件得到较大改善，土地生产力大大提高，同时对发展优质、高效农业起到了促进作用，取得了较好的经济效益。

(2)生态效益

该项目坡面综合治理措施体系的实施，通过大面积营造水土保持林和封禁治理，项目区林草覆盖率由治理前的 20.5%提高到 36.6%，林草面积达到宜林宜草面积的 80%以上，有效涵养了水源，为野生动物提供生育、栖息场所，改善整个项目区的生态环境。

经过各项水保治理措施的合理布设，形成了立体的坡面水土流失综合防治体系，每年增加蓄水 98.02×10⁴m³，减少土壤侵蚀 7.54×10⁴t，年减沙效益达 67%，使小流域水土流失基本得到控制，水土流失危害和自然灾害得以减轻。

(3)社会效益

通过小流域坡面综合治理工程的实施，将提高土地利用率和劳动生产率，群众经济收入增加，生活水平显著提高。同时随着项目区林果业和水土保持林的发展，果品贮运与加工、木材生产与加工等产业链的形成将增加农村剩余劳动力的就业机会。生态环境的改善，将提高环境容量，缓解人地矛盾，实现水土保持生态工程的良性循环，促进当地经济的可持续发展。

9.6 西南紫色土区

西南紫色土区包括秦巴山山地区、武陵山山地丘陵区、川渝山地丘陵区 3 个水土保持二级区，共 10 个水土保持三级区。在此仅介绍四川盆地南部中低丘土壤保持区水土保持方略和布局。

四川盆地南部中低丘土壤保持区位于岷江和沱江的下游，包括四川、重庆 2 省（直辖市）49 个县（市、区），土地总面积 $5.79 \times 10^4 km^2$。

9.6.1 基本情况

9.6.1.1 自然条件概况

（1）地质地貌

该区地处川中沉降带，区内褶皱比较紧密，断层发育，出露地层古老，新结构运动较为强烈，出露的基岩主要为石灰岩，其次是砂岩、页岩及红砂岩等。北部、西部边缘山地有岩溶岩分布，岩性坚硬，常形成广阔的侵蚀溶蚀地貌。

该区地貌以丘陵为主，盆地宽谷亦有分布，岩溶地貌相当发育。自震旦纪至第四纪地层均有出露，向斜狭窄而陡峻，多出现盆地和低丘。该区处于盆地西南腹部向盆周过渡地带。海拔 300~1 300m，平均海拔约为 700m，地势起伏较大，相对高差为 1 000m。地势以西南部最高，越向东北则越低，高山占 0.86%，中低山占 22.00%，丘陵占 64.02%，平原占 11.12%，其他占 2.00%。

（2）气象水文

该区属温带温润季风气候，夏热冬暖，四季分明，春季气温不稳定，寒潮频繁；夏季旱涝交错，雨热同步，夏旱、伏旱频率高；秋季绵雨多、日照少；冬季降雨少。多年平均年降水量为 900~1 200mm，蒸发量为 600~800mm，相对湿度在 70% 以上，暴雨集中在 6~9 月，历时短、强度大，洪水过程陡涨陡落，具有典型的山区河流洪水特点。多年平均气温约 15.6℃，≥10℃ 积温 3 700~6 400℃，无霜期 280~350d。主要河流包括岷江、嘉陵江以及长江干流等。

（3）土壤植被

土壤类型以紫色土为主，依次有水稻土、黄壤、龟裂土、石灰土等，土壤组成比例紫色土占 46.94%，水稻土占 34.92%，黄壤占 8.21%，龟裂土占 4.41%，石灰土占 1.12%。盆地丘陵地表出露岩层为侏罗纪、白垩纪紫色砂岩、页岩和泥岩，发育成各种紫色土。侏罗纪紫色岩层多发育为石灰性紫色土，碳酸盐反应强，矿质养分丰富，胶体品质好，自然肥力高，自然植被多为柏木疏林。白垩纪紫色土岩层风化发育为酸性紫色土，pH 值 4.4 左右，肥力较差，多生长马尾松。丘陵顶部及中上部因长期冲刷形成土层瘠薄的紫色土石骨土，肥力最低，不宜为农地。

植被类型主要为亚热带常绿阔叶林和针叶林，以耐干性的壳斗科类为优势树种，天然植被中乔木主要有马尾松、杉木、柏木、桉树、杨树、泡桐、香樟等；灌木有马桑、青杠等；草本主要有羊茅、白茅、狗尾草、竹等；经济林在该区具有重要地位，主要有柑橘、茶叶、桑树、板栗、核桃、花椒、油桐、油橄榄、油樟、油茶等。林草覆盖率为 22.21%。

9.6.1.2 社会经济状况

该区总人口 3 649.4 万人，其中农业人口 1 989.6 万人，农业劳力 1 466.5 万人，人口密度 631 人/km²。人均耕地 0.073hm²，耕垦指数 0.45。土地利用现状见表9-13。

表9-13 四川盆地南部中低丘土壤保持区土地利用现状

| 土地利用类型 | 总计 | 耕地 | | | | 园地 | 林地 | | | | 草地 | 其他 |
		小计	水田	水浇地	旱地		小计	有林地	灌木林地	其他林地		
面积(×10⁴hm²)	578.56	261.80	124.97	3.72	133.12	35.46	133.15	124.36	1.32	7.47	4.01	144.14
比例(%)	100.00	45.25	21.60	0.64	23.01	6.13	23.01	21.49	0.23	1.29	0.69	24.91

该区耕地面积 261.80×10⁴hm²，耕地面积占土地面积 45.54%，是以农业生产为主的区域，人均耕地面积少。林地面积较少，林草覆盖率低。

该区坡耕地面积 119.22×10⁴hm²，其中 6°~15° 坡耕地占 70.32%，15°~25° 占 24.01%，>25° 占 5.68%。坡耕地面积较大，占耕地面积的 45.53%，坡耕地是造成该区水土流失的主要来源，土地整治和开发利用潜力较大。

地区生产总值 8 676.3 亿元，第一、第二、第三产业比例约为 1:3.0:2.2。第一产业产值中，农业产值 939.32 亿元，农业人均年纯收入 5 577 元，粮食总产量 769.3×10⁴t，农业人均粮食产量 386.7kg；林业产值 17.91 亿元，牧业产值 956.89 亿元。

该区人口密度大，垦殖率高，坡耕地面积大，以农牧业生产为主；区内矿产资源、水能资源丰富，是四川省粮食、油料等经济作物、养殖业及经济林木的主产区，整体经济条件较好。

9.6.1.3 水土流失及其治理概况

（1）水土流失概况

该区水土流失面积 21 364.5km²，占土地总面积的 36.93%，其中轻度侵蚀面积 6 581.9km²，中度侵蚀面积 7 225km²，强烈侵蚀面积 3 788.2km²，极强烈侵蚀面积 2 795.8km²，剧烈侵蚀面积 973.6km²。轻度侵蚀面积占水土侵蚀面积的 30.81%，中度侵蚀面积占 33.82%，强烈及以上侵蚀面积占 35.38%，土壤侵蚀模数 4 972t/(km²·a)。水土流失类型及强度见表9-14。

该区以水力侵蚀为主，主要表现为面蚀和沟蚀，水力侵蚀主要分布于坡耕地、荒山荒坡和疏幼林地，其中坡耕地是水土流失主要来源。紫色土风化强烈，土层薄，水土流失十分严重。

表 9-14 四川盆地南部中低丘土壤保持区水土流失类型及强度

侵蚀类型及强度		面积(km²)	占水土流失总面积比例(%)
水力侵蚀	轻度	6 581.9	30.81
	中度	7 225.0	33.82
	强烈	3 788.2	17.73
	极强烈	2 795.8	13.09
	剧烈	973.6	4.56
	小计	21 364.5	100.00
水土流失总面积		21 364.5	100.00

（2）水土保持概况

该区从20世纪90年代开始实施长江上游水土保持重点防治工程，共治理水土流失面积 17 964.07km²，通过坡改梯建设基本农田 735 580.1hm²，水土保持林 526 867.4hm²，经济林 348 410.5hm²，种草 2 657.9hm²，封禁治理 182 890.6hm²，配套建设坡面水系工程 3 493.2km，建设小型蓄水保土工程点状 194 764 处等，水平沟及其他线状工程 19 031.3km。

（3）存在问题

①该区坡耕地面积大，且多为紫色土，风化强烈，土层薄，面蚀和沟蚀都十分严重，部分地区土壤退化严重。

②该区垦殖率高，林草覆盖率低，可开发利用后续资源严重不足。

③该区生态环境较脆弱，崩塌、滑坡、泥石流普遍分布，山洪灾害较为突出。

④由于矿产资源、水能资源建设，交通、城建等基础设施的开发，导致人为水土流失十分严重。

9.6.2 防治途径与技术体系

9.6.2.1 防治途径

该区水土保持重点是加强坡耕地水土流失综合治理，保护土壤，提高"蓄、引、灌、排"能力，建设基本农田，保障粮食生产和生活安全，加强植被保护与建设，发展经果林，提高土地利用率。

9.6.2.2 技术体系和模式

实施以坡改梯为主的小流域综合治理，结合城镇化、工业化和农业现代化发展要求，集中治理成片分布的坡耕地，建设高标准基本农田，综合配置蓄水池、沉沙凼、截排洪沟、渠道、田间道路，建设"蓄、引、灌、排"相结合的坡面径流调控体系；对缓坡耕地采取保土耕作，增加地面覆盖；对陡坡耕地实施退耕还林，荒山荒坡营造水土保持林，加强次生低效林改造、优化乔灌草配比结构，注重江河两岸植被恢复，通过人工造林、封山育林、退耕还林等综合措施，提高植被覆盖和水源涵养能力。在人口集中分布的平原区，利用水热资源丰富的优越自然条件，开发经果林，发展旅游观光；扩大豆

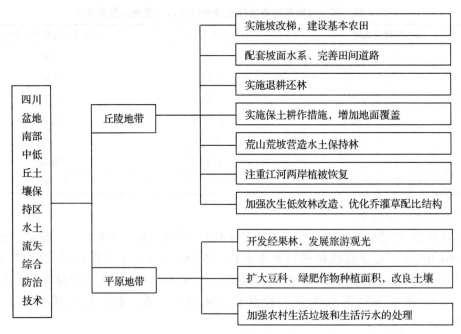

图9-7 四川盆地南部中低丘土壤保持区水土流失综合防治技术体系

科、绿肥作物种植面积，改良土壤；对人口密集的村镇，加强农村生活垃圾和生活污水的处理。该区水土流失综合防治技术体系如图9-7所示。

9.6.3 典型案例

以重庆市永川区圣水小流域为例。

该流域的地貌类型及水土流失特征在四川盆地南部中低丘具有典型的代表性。其治理模式，对人口密集坡耕地面积较大的区域具有重要应用价值。

9.6.3.1 基本情况

（1）自然条件

圣水小流域地处永川区南部五间镇，距城区32km，涉及友胜、双创、合兴、和平、景圣、新建和珍宝7个行政村，地理坐标为105°47′52″~105°51′53″E，29°07′46″~29°09′43″N，最高海拔397.6m，最低海拔287.4m。地质构造上属四川沉降带川中褶皱带，地貌以丘陵为主，气候类型区为温带潮湿气候区，四季分明。土壤基本上属紫色土。主要植被有松、柏、泡桐、竹、柏杨、柑橘等，普遍生长较好。土地总面积36.85km²。

（2）社会经济

流域内总人口28 659人，其中农业人口23 733人，农业劳动力16 300人。农村各业产值为2 697.41万元，其中：农业产值1 429万元，林业产值163万元，渔业产值94万元，牧业产值1 012万元，农民人均年纯收入4 232元，人均耕地0.066hm²。

（3）土地利用

该小流域土地面积 3 685.00hm²，其中耕地 917.56hm²，占土地总面积 24.9%；林草地 2 347.62hm²，占土地总面积 63.7%；水域 361.24hm²，占土地总面积的 9.8%，居民及其他占地 58.58hm²，占地总面积 1.6%。

（4）水土流失状况及存在问题

该小流域水土流失面积 9.30km²，占土地总面积的 25.24%，其中轻度侵蚀面积 3.97km²，占侵蚀面积的 42.7%；中度侵蚀面积 4.40km²，占流失面积的 47.3%；强烈侵蚀面积 0.84km²，占流失面积的 9.1%；极强烈侵蚀面积 0.09km²，占流失面积的 0.9%。土壤侵蚀模数为 2 890t/（km²·a）。

9.6.3.2 防治模式

以坡耕地改造为重点，以田间道路为骨架，配套坡面水系，对坡耕地进行治理，适宜坡改梯的地块进行坡改梯，对部分坡度较缓的坡耕地采取保土耕作，不适宜坡改梯的退耕还林。在重点坡改梯和经果林中配套蓄水池、沉沙凼、灌排沟渠、耕作道路等小型水利水保工程，形成具有流域特色的立体治理模式。在 10°~25°、有水源灌溉保障、土层较厚、交通较方便，便于集约管理和规模经营的坡耕地，发展经果林，调整农业产业结构，增加群众收入。对现有的稀疏幼林和稀疏残林采取补植措施与封育管护，充分发挥生态自我修复能力。

该小流域水土流失防治措施布置示意如图 9-8 所示。

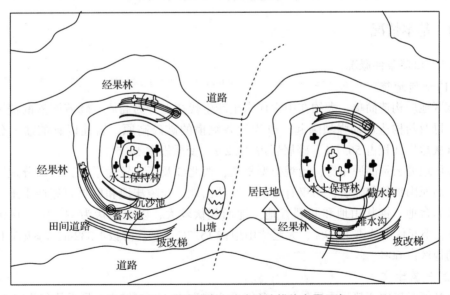

图 9-8 圣水小流域水土流失防治措施布置示意

治理水土流失面积 9.30km²，建设坡改梯 10.22hm²，保土耕作 569.36hm²，建设经果林 69.35hm²，营造水土保持林 46.52hm²，封禁治理 234.58hm²，布设蓄水池 3 座、沉沙池 9 个，配套建设耕作道路 3.32km，截排水沟 1.59km。该小流域水土保持措施数量及配置比例见表 9-15 所示。

表 9-15 圣水小流域水土保持措施数量及配置比例

水土保持措施	措施数量	配置比例	水土保持措施	措施数量	配置比例
坡改梯	10.22hm²	1.10%	封禁治理	234.58hm²	25.22%
水土保持林	46.52hm²	5.00%	田间道路及截排水工程	4.91hm²	0.53km/km²
经济林	69.35hm²	7.46%	小型蓄水工程	11座(个)	1.2座(个)/km²
保土耕作	569.33hm²	61.22%			

小流域经治理后，每年减少土壤侵蚀量 $2.22×10^4$t，增加调蓄能力 $107.16×10^4$m³，减蚀率达到 65% 以上。林草覆盖率由治理前的 25.2% 提高到 28.3%，增加了林地面积，净化美化了环境，生态环境形成良性循环。农业生产条件和村容村貌得到显著改善，粮食稳产高产，确保了农业生产的持续稳定高效发展。

9.7 西南岩溶区

西南岩溶区包括滇黔桂山地丘陵区、滇北及川西南高山峡谷区、滇西南山地区 3 个水土保持二级区，共 11 个水土保持三级区。在此仅介绍滇黔川高原山地保土蓄水区水土保持方略和布局。

滇黔川高原山地保土蓄水区范围包括云南东部、黔西、川南等地区，包括云南、贵州、四川 3 省 52 个县(市、区)，土地总面积 $12.32×10^4$km²。

9.7.1 基本情况

9.7.1.1 自然条件概况

(1)地质地貌

该区地质构造简单，大约在中生代末至新生代初上升为高原，随着剧烈的侵蚀切割作用，以及新构造运动强烈隆起，成为岭谷纵横的破碎高原。岩性以碳酸盐岩分布为主，碳酸盐岩面积占 56.7%、碎屑岩占 27.2%、变质岩占 14.5%。

该区地处云贵高原主脊，地貌类型复杂，西北部及西部较为平缓，大部分地区山高坡陡，高原山地地貌显著，不仅有石灰岩峰丛山地、丘陵洼地和砂页岩侵蚀山地，而且有玄武岩台地、锥状山地和断裂谷地。地面起伏较大，以中起伏为主，中起伏山地占 55.0%、小起伏山地占 17.9%、大起伏山地占 15.7%。平均海拔 1 332m，海拔在 1 500m 以上的地区占 60%。

(2)气象水文

该区气候属中亚热带季风气候，多年平均气温 13.4~28℃，1月平均气温 7.3℃，7月平均气温 22.7℃，多年平均风速 2.1m/s，日均风速 ≥5m/s 的天数 29d，多年平均大风天数 11d，≥10℃年积温为 3 600~6 800℃，日平均气温不小于 10℃的天数 254d，全年无霜期 220d 以上。年降水量为 900~1 200mm，主要集中在汛期；汛期为每年 5~10月，多年汛期平均降水量 820mm，多年平均蒸发量 1 425mm。涉及的河流主要有赤水河、南盘江、北盘江等，南盘江、北盘江是珠江河流泥沙的主要来源地，赤水河是长江流域多泥沙河流之一。

（3）土壤植被

该区主要成土母岩为碳酸盐岩，其次为碎屑岩、变质岩。土壤类型多样，高原红壤、黄壤、紫色土、黄棕壤、石灰土均有较多分布，分别占区域总面积的 27.4%、19.1%、11.1%、10.4%、9.7%。植被类型多样，随海拔高低成地带性分布，有常绿或落叶阔叶混交林、云南松林、亚高山暗针叶林、高山栎林等，林草覆盖率约 51%。主要植被类型为亚热带针叶林、热带亚热带常绿和落叶阔叶灌丛，主要乔木有云南松、漆树、楝树、侧柏、泡桐、光皮桦、山毛榉、细叶青冈等，主要灌木有箭竹、杜鹃、乌桕、胡枝子等，主要草本有细柄草、芒草、白茅等。经济林果有油桐、茶、核桃、板栗等。

该区地貌类型复杂，地形起伏明显，岩溶地貌发育，大规模的森林砍伐，原始植被稀疏，次生林和人工林广泛分布，水土流失严重。地下河流较多，地表径流少，拦蓄水工程不足，导致干旱缺水，同时由于土壤贫瘠，植被恢复较难。

9.7.1.2　社会经济概况

该区总人口 3 221.8 万人，其中农业人口 1 936.5 万人，农业劳力 1 427.4 万人，人口密度 22 人/km²，人均耕地约 0.106hm²，耕垦指数 0.30，可灌溉面积较少，仅占20%，坡耕地分布多，占耕地面积的 65.7%，陡坡耕地占耕地面积的 24.1%。未利用地有一定分布，约占土地总面积的 8.4%。土地利用现状图见表 9-16。

表 9-16　滇黔川高原山地保土蓄水区土地利用现状

| 土地利用类型 | 总计 | 耕地 | | | | 园地 | 林地 | | | | 草地 | 其他 |
		小计	水田	水浇地	旱地		小计	有林地	灌木林地	其他林地		
面积（×10⁴hm²）	1 231.52	371.85	55.05	1.59	315.21	14.97	574.37	349.44	161.75	63.18	91.21	179.12
比例（%）	100	30.2	4.5	0.1	25.6	1.2	46.6	28.4	13.1	5.1	7.4	14.5

该区坡耕地面积 244.29×10⁴hm²，绝大多数坡度较陡，其中 6°~15° 坡耕地占43.1%，15°~25° 占 35.7%，>25° 占 21.2%。

该区地区生产总值 5 927 亿元，第一、第二、第三产业比例约为 1∶3.72∶4.26，工业、服务业相对发达，第一产业产值中，农业产值 702.13 亿元，农业人均年纯收入 423元，粮食总产量 5.0×10⁴t，农业人均粮食产量 27.8kg，产量低而不稳；林业产值 10.72亿元，牧业产值 528.13 亿元。

该区地处云南、贵州、四川三省结合部，交通便利，人口分布集中，自然条件恶劣，靠天吃饭，土地产出率低，农民人均纯收入低，农村经济欠发达，煤炭等矿产资源丰富，水能发达，旅游资源丰富。

9.7.1.3 水土流失及其治理概况

（1）水土流失概况

水土流失主要表现为面蚀，土质山区易发生滑坡、坍塌等地质灾害，石质山区易产生石漠化问题。水土流失面积 43 753km²，占土地总面积的 35.5%，以轻度为主，轻度侵蚀占水土流失面积的 40.3%，中度占 30.9%，强烈及以上占 28.8%。区内有岩溶面积 6.98×10⁴km²，占土地总面积的 56.71%，石漠化面积 2.15×10⁴km²。

该区水土流失面积及强度分布见表 9-17。

表 9-17 滇黔川高原山地保土蓄水区水土流失类型及强度

侵蚀类型及强度		面积(km²)	占水土流失面积比例(%)
水力侵蚀	轻度	17 633.1	40.3
	中度	13 514.3	30.9
	强烈	6 629.4	15.2
	极强烈	3 991.9	9.1
	剧烈	1 984.0	4.5
	小计	43 752.7	100.0
水土流失总面积		43 752.7	100.0

（2）水土保持现状

该区大部分属于国家级水土流失重点治理区，区内是全国较早开展水土流失重点治理工程的地区之一。毕节、威宁等市(县)是第一期长江上中游水土流失重点防治工程重点县，沾益、宣威、盘县、兴仁等是"珠治"试点工程开展县。

区内多数县实施过"长治"工程、"珠治"试点工程、水土保持生态建设世界银行贷款项目、石漠化综合治理工程、国家农发水保项目、坡耕地综合治理工程等水土流失综合治理工程。

据 2011 年全国第一次水利普查结果，区内水土保持措施保存面积 33 563km²，其中建设梯田 646 515hm²，梯地 33 361hm²，栽植乔木林 1 084 115hm²，灌木林 163 982hm²，经济林 530 545hm²，种草 94 105hm²，封禁治理 802 439hm²，保土耕作 1 229hm²，坡面水系 3 450km，小型蓄水池、谷坊等 454 666 个，水平沟洫 15 142km。

（3）存在的主要问题

①海拔较高，岩溶地貌发育，地形陡峭破碎，河谷深切，易产生水土流失。

②土地垦殖率较高，坡耕地比重大，陡坡耕地较多，可利用耕地资源有限，人、地、粮矛盾突出，"山有多高、地有多高、庄稼比山高"，土地产出率低，贫困面广、贫困程度深。

③地表径流少且利用难度大，地下水深埋，拦、蓄水工程不足，干旱缺水现象严重。

④林草覆盖率低，石漠化面积较多，水土流失严重，生态环境相当脆弱。

9.7.2 防治途径与技术体系

9.7.2.1 防治途径

抢救水土资源是该区的首位任务，应通过积极实施小流域综合治理、坡耕地综合整治、石漠化综合治理等工程，抢救水土资源。防治的重点对象是盆地周围山地及落水洞、河谷山坡地区的坡耕地。

山区实施坡耕地改造、坡面水系工程、沟道治理工程等措施，并综合利用水资源，降低土壤侵蚀程度。在荒坡地和退耕地上大力营造水源涵养林、水土保持林，对较为偏远、立地条件较好的地块实施生态修复措施，促进植被恢复。

盆地区重点对存在的落水洞进行适当的清理和保护，保证泄水畅通，布设截排水沟、沉沙池等措施，并减少坡面径流对盆地区的危害。实施防护堤改造和建设，保护现有的耕地，加强基本农田建设，改善农业耕作条件。

9.7.2.2 技术体系

①山区实施以小流域为单元、以小水利为核心的综合整治。具体措施为：山体中上部进行封禁管护和造林结合，提高林草郁闭度，增加水源涵养、土壤保持能力；中下部建设水果、干果、花椒等经果林产业带；山脚大力开展坡改梯建设，机耕路与池、窖、渠、塘结合，利用一切有利地势和条件建设小水利，同时结合产业结构调整，发挥区域光照优势，做大花卉、水果、中草药、早熟蔬菜等特色农经产业，提高农民收入。偏远山区实施生态移民，降低环境人口容量。开发生态旅游业，提高群众收入。

②平坝区重点对存在的落水洞进行清理和保护，保证泄水畅通；盆地周边结合坡面径流产生情况，注重布设截排水沟、沉沙消能等措施，减少坡面径流对盆地区的危害；实施防护堤改造和建设，保护现有的耕地，加强基本农田建设，改善农作条件。

该区的防治模式主要有"坡面防护+沟道防护+生态经济开发"模式、"以小水利工程为主线，山水田林路综合治理"模式等。

该区防治模式及主要措施见表9-18。

表9-18 滇黔川高原山地保土蓄水区水土流失防治模式及主要措施

治理模式	主要措施	适宜地区
坡面防护+沟道防护+生态经济开发	（1）坡面防护体系：对于坡度在25°以下、土层较深的缓坡耕地改造为以土坎坡改梯为主的基本农田，农田内推广分带轮作、地膜覆盖、绿肥横坡聚垄免耕等保土耕作措施；地坎栽植灌木，坡面种植绿肥植物，稳固地坎；配套建设蓄水池，铺设浇灌管道，完善灌排体系；完善生产道路，增设道路排水沟及水平排水沟； （2）沟道防护体系：在沟的中上部修筑谷坊、拦砂坝，并与群众交通、引水需求结合，建设成为群众的交通便道或取水口；沟的中下部疏通、整治沟道； （3）生态经济开发体系：将水土流失治理与发展小流域生态经济和特色产业相结合。荒山造水土保持林，林下种植苜蓿，林业与畜牧业结合；不适宜建设农田的坡耕地发展以梨、油桃等为主的经果林，初期套种花卉、药材，提高土地利用效率，推行科学种植和管理	母岩以碎屑岩、变质岩为主的小流域

（续）

治理模式	主要措施	适宜地区
以五小水利工程为主线，山水田林路综合治理	(1)山沟、山凹建塘堰，保证基本农田、果木林的灌溉，同时兼顾人畜饮水； (2)缓坡耕地修建梯田，配套坡面水系、机耕路、作业便道，改善农业生产条件； (3)结合产业结构调整，坡耕地大力发展梨、李等经果林，林间套种生姜、花生、土豆，提高土地利用效率； (4)山脚平地整治沟渠，疏通排水通道，保护有限的土地资源； (5)对林地、草地加大封育治理力度，促进植被自我修复，遏制土地石漠化，抢救土地资源； (6)实行小流域综合治理与新农村建设结合，改善人居环境，美化村容村貌	母岩以碳酸盐岩为主的小流域

9.7.3　典型案例

以云南沾益县偏山河小流域为例，该模型适用于滇东高原岩溶地区。

9.7.3.1　基本情况

云南省沾益县偏山河小流域土地总面积 29.36km²，治理前，水土流失面积 17.56km²，占土地总面积的 5.8%，水土流失主要分布在沿偏山河两岸的坡耕地、疏幼林地及荒山荒坡地带。流域上部的玄武岩、石灰岩较为破碎，土层风化程度高，故成为水土流失较为严重的区域。水土流失类型以水力侵蚀为主，其表现形式为面蚀、沟蚀。

9.7.3.2　防治模式

以控制水土流失、改善生态环境、恢复生态平衡、合理开发利用土地资源、大力发展中草药(以白术、板蓝根、葛根、黄芩为主)生产、提高粮食产量、促进群众脱贫致富、实现抢救土地资源及可持续发展为目标，建立坡面工程体系、基本农田防护体系、坡面水土保持林体系三个防治体系。

(1)坡面工程措施体系

在沟的中上部修筑谷坊、拦砂坝，拦截泥沙，沟的中下部疏通或整治排洪沟，保护沟道两旁的耕地，坡改梯地配套蓄水池及坡面水系工程，同时部分地区结合解决人畜饮水困难问题，以坝代路、以坝代桥，解决群众交通问题。

(2)基本农田防护体系

按照重点治理，集中连片的原则进行，对于坡度在25°以下且土层较深、投工较少的缓坡耕地，主要采取机械修筑土坎坡改梯为主的基本农田综合治理措施，大力推广分带轮作、地膜覆盖、绿肥横坡聚垄免耕等保土耕作措施，减少坡面水土流失，促进粮食增产。

(3)坡面水土保持防护林体系

在营造水土保持林方面，采取专业队造林与群众相结合的方式进行，严把挖坑规格关、苗木质量关、移栽时间关，水土保持林树种以柳杉、圆柏、赤松为主。在经果林种植上，实行大户承包与群众自愿相结合的方式，重点扶持大户种植，由此带动群众投入发展经果林。经济林主要是花椒，果木林以梨、油桃为主，为解决经果林见效慢的问题和提高土地产出率，在经果林中套种黄芩、白术、板蓝根、葛根等中药材。同时，配套沼气池，做好封育治理，解决群众乱砍薪柴、破坏植被的不良现象，充分发挥生态自我修复能力，加速小流域植被生长。

9.7.3.3 防治成效

2003年，小流域列入"珠治"试点工程开展治理，治理水土流失面积15.3km²，其中：梯田工程118.2hm²，水土保持林427.7hm²、经济林25.8hm²、果木林33.1hm²，封禁治理842.7hm²，保土耕作82.1hm²；建沼气池125个、谷坊13座、拦砂坝5座、蓄水池80口，新修沟洫工程11 000m，整治沟道1 500m，增加机耕道路4 000m。该小流域水土保持措施数量及配置比例见表9-19。

表9-19 偏山河小流域水土保持措施数量及配置比例

水土保持措施	措施数量	配置比例	水土保持措施	措施数量	配置比例
梯田工程	18.2hm²	7.73%	谷坊	13座	0.85座/km²
经果林	58.9hm²	3.85%	拦砂坝	5座	0.33座/km²
水土保持林	427.7hm²	27.96%	蓄水池	80口	5.23口/km²
封禁治理	842.7hm²	55.09%	排灌沟渠	11km	0.07km/km²
保土耕作	82.1hm²	5.37%	沟道整治	1.5km	0.10km/km²
沼气池	125个	8.17个/km²	机耕道路	4.0km	0.26km/km²

经治理，项目区森林覆盖率由治理前的25.2%提高到41.9%，每年提高山地蓄水能力297×10⁴m³，拦蓄泥沙3.36×10⁴t，农业人均增产粮食76kg。项目区生态环境得到改善，产业化程度大幅度提高，治理区生态步入良性循环轨道，产业结构更加合理，形成了以偏山河小流域坡改梯地块为中心的烤烟种植基地和当归、板蓝根等中药材种植基地，中药材产业迅速成长为沾益县农业生产的明星龙头产业，小流域综合治理夯实了治理区农业产业结构调整的基础，与未治理区形成了鲜明的对比，为实现资源与环境的可持续发展创造了条件，为当地的经济、社会发展奠定了坚实的基础。

9.8 青藏高原区

青藏高原区包括柴达木盆地及昆仑山北麓高原区、若尔盖—江河源高原山地区、羌塘—藏西南高原区、藏东—川西高山峡谷区、雅鲁藏布河谷及藏南山地区5个水土保持二级区，共12个水土保持三级区。在此仅介绍羌塘藏北高原生态维护区水土保持方略和布局。

羌塘藏北高原生态维护区位于青藏高原西北部，包括西藏自治区9个县，土地总面积5.56×10⁴km²。

9.8.1 基本情况

9.8.1.1 自然条件

（1）地质地貌

该区地处羌塘高原大湖盆区，区内主体构造以东西向构造为主，处于冈底斯—念青唐古拉板块上，主体位于念青唐古拉弧背断隆北部，班戈—倾多拉退化弧展布于该区南部边缘，沿带有较大规模的燕山晚期I型或I-S过渡型花岗岩株和岩基发育，构成退化弧中酸性侵入岩带，构造形迹以过渡型褶皱和逆冲推覆为主。主要断裂有班公错—康托—兹格塘错断裂、日土—改则—丁青断裂、噶尔—古昌—吴如错断裂、革吉—果忙错断裂和隆格尔—纳木错仲沙断裂等。该区西部是以典型高原湖盆地貌为主的内流区，东部为高原宽谷地貌为主的外流区，北部是西藏高原地势最高亢的地域，属羌塘高原北部"无人区"。平均海拔5 000m，主要由一系列近东西走向的平行低缓山脉和展布其间的湖盆、山谷组成，一般相对高差200m左右，流水切割作用较微弱，基本保存着较完整的高原面貌。高原湖泊星罗棋布，主要湖泊有纳木错、色林错、当惹雍错、羊卓雍错和扎日南木错等。主要地貌组成比例是小起伏山地占22%，中起伏山地占19%，大起伏山地占11%，洪积平原占10%，洪积湖积平原占9%。

（2）气象水文

该区为西藏最寒冷干燥地区，区域年平均气温−13～1.7℃，最暖月平均气温低于6℃，最冷月平均气温多低于−15℃。年降水量35.8～459.3mm。区内气候差异显著，内外流域分水岭以东属高原亚寒带半湿润带，年降水量350～480mm，多冰雹；分水岭以西的广大高原湖盆区属高原亚寒带半干旱带，年降水量160～350mm。北部气候严酷，是西藏最寒冷干燥地区，年降水量35～200mm，且多以雪、雹等固态形式出现。

与干旱气候相应，该区内河网极稀，几乎无常流河，一些山涧小溪仅在雨后才有少量径流。主要河流为次曲，年径流量18 007.06×10⁴m³。区内有大型水库1座，中型水库2座。区内大湖不多，但高矿化度的小湖泊星罗棋布，仅昆仑山麓一带因有冰川融水补给，分布有一些咸水湖泊。大多数湖泊都有明显的退缩与干涸之势，反映该区近期气候继续向干旱的变化趋势。

（3）土壤植被

该区土壤类型中寒钙土占绝对优势，占土地总面积的70%左右。其次为寒冻土和草毡土，分别占土地总面积的5%～6%。另有少量莎嘎土、寒原盐土和粗骨土等。土壤、植被垂直地带分异明显。外流高原寒谷区多发育草毡土，生长高寒草甸植被，以莎草科密植低矮蒿草为主，覆盖度较高。内流高原湖泊区多发育莎嘎土，生长高寒草原植被，并以低矮旱生的紫花针茅为主，覆盖度低。全区植被类型以高山稀疏植被和草原化灌木荒漠为主，林草覆盖率为58.95%。天然植被树草种主要为紫花针茅、羽柱针茅、蒿属、硬叶薹草、驼绒藜、亚菊、沙生针茅等。

9.8.1.2　社会经济情况

该区总人口22.6万人，其中农业人口14.9万人，农业劳力11.0万人，人口密度0.4人/km²。土地利用现状见表9-20。

区域土地利用以草地为主，草地面积4 669.23×10⁴hm²，占全区土地总面积的84.04%；冰川等其他用地880.16×10⁴km²，占土地总面积的15.84%；林地和耕地极少，尤其是耕地，全区仅有耕地0.07×10⁴hm²；林地也仅有6.82×10⁴hm²，其中98%以上为灌木林地。

表 9-20 羌塘藏北高原生态维护区土地利用现状

| 土地利用类型 | 总计 | 耕地 | | | 园地 | 林地 | | | | 草地 | 其他 |
		小计	水浇地	旱地		小计	有林地	灌木林地	其他林地		
面积 (×10⁴hm²)	5 556.29	0.07	0.06	0.01	0	6.82	0	6.73	0.09	4 669.23	880.16
比例(%)	100	0	0	0	0	0.12	0	0.12	0	84.04	15.84

该区坡耕地面积 $60×10^4hm^2$，该区坡耕地面积极小，且全在 15°以下。

地区生产总值 65.1 亿元，区域经济第一、第二、第三产业比例约为 1∶0.75∶1.24。第一产业产值中，农业产值 0.09 亿元，农业人均年纯收入 4 086 元，粮食总产量 537t，人均粮食产量 2.4kg；牧业产值 7.37 亿元。人均牲畜存栏量 23.68 头，几乎全为放养形式。

该区人口密度极小，生态环境严酷，生产生活条件差，以农牧业为主，农作物以青稞为主。区内动植物资源、水利资源、油气资源丰富。

9.8.1.3 水土流失及其治理概况

（1）概况

该区水土流失面积 20 267.8km²，占土地总面积的 3.65%。侵蚀强度以轻度为主，占水土流失面积的 64.94%。其中，水蚀 603.5km²，占水土流失面积的 2.98%；风蚀 19 664.3km²，占水土流失面积的 97.02%。水力侵蚀中，中度及以上侵蚀面积占水蚀总面积的比例为 60.85%。风力侵蚀中，中度及以上侵蚀面积占风蚀总面积的比例为 68.51%，且以强烈侵蚀为主。该区是以冻融侵蚀为主的区域，冻融侵蚀在该区广泛分布，侵蚀面积为 125 302.53km²。

该区水土流失类型及强度见表 9-21。

表 9-21 羌塘藏北高原生态维护区水土流失类型及强度

侵蚀类型及强度		面积（km²）	占水土流失总面积比例（%）
水力侵蚀	轻度	236.3	1.17
	中度	205.8	1.02
	强烈	50.5	0.25
	极强烈	42.2	0.21
	剧烈	68.7	0.34
	小计	603.5	2.98
风力侵蚀	轻度	6 192.1	30.55
	中度	3 194.8	15.76
	强烈	10 277.4	50.71
	极强烈	0	0
	剧烈	0	0
	小计	19 664.3	97.02
水土流失总面积		20 267.8	100.00

（2）水土保持概况

该区基本没有开展过水土流失综合治理工程。累计保存水土保持措施面积18.42km²，以种草和封禁治理为主。其中基本农田 88hm²，水土保持灌木林 16hm²，经济林 6.7hm²，种草 946.7hm²，封禁治理 784.6hm²。点状小型蓄水保土工程 23 个，线状小型蓄水保土工程 1km。

（3）存在的主要问题

该区自然条件极其恶劣，生态系统极为脆弱。原有生态系统一旦遭受破坏，恢复难度相当大。该区存在大面积的无人区，但在人类集中活动区域，仍存在进一步合理放牧控制超载的问题。部分生产建设项目在建设过程中对水土保持重视不够或由于缺乏科学有效的应对措施，造成局部小块草场退化、沙化，人为水土流失增多，土地沙化使生态系统退化加剧。由于自然环境的恶劣，对于已经造成的水土流失，目前尚缺乏科学有效的治理措施或治理措施发挥效益所需要的时间十分漫长，导致生态系统恢复重建难度极大。

9.8.2 防治途径与技术体系

9.8.2.1 防治途径

该区水土保持工作重点是保护、维系现有生态系统，在此基础上对过度放牧、生产建设项目引起的水土流失进行治理。

主要水土流失防治途径如下：

①加大水土保持生态建设宣传力度，提高农牧民水土保持意识。

②广大高山寒漠和高山荒漠地区尽可能减少人为活动。

③保护草场和湿地，禁止过度放牧，防止草场、湿地退化和沙化。

④沙化严重地带和水力侵蚀严重区域采取综合治理措施进行治理。

⑤加大生产建设项目监管力度，对各类生产建设项目可能引起的水土流失危害采取各种措施进行预防和治理。

9.8.2.2 技术体系

①健全和完善各级水土保持机构和管理体系，开展各种宣传教育和培训工作，减少不必要的人类活动影响范围，提高各阶层水土保持、生态保护意识。

②加强草场管理，禁止滥挖虫草、贝母和砂金矿等人为活动，合理控制载畜量，禁止过度放牧，保护天然草地和湿地，防止草场进一步沙化和湿地萎缩。

③适宜地区建设人工草场，发展冬季草场，实行轮牧和舍饲养畜。采取封禁、轮牧和人工改良牧草等方式，结合工程和生物防沙治沙措施，修复和治理退化沙化草场。

④加强城镇及周边植被建设，解决人畜饮水问题，预防和治理城镇建设及生产建设项目引起的水土流失。

该区水土流失防治模式及主要措施见表 9-22。

表 9-22 羌塘藏北高原生态维护区水土流失防治模式及主要措施

治理模式	主要措施
预防为主的生态保护措施	(1)尽量减少人类活动影响范围； (2)防止过度放牧，实施轮牧和舍饲养畜； (3)沙化草场采取封禁、种草和工程固沙措施治理和恢复草场； (4)退化草场采取围栏封禁、制定"乡规民约"等管护措施进行自然修复和保护； (5)禁止在草场滥挖虫草等

思 考 题

1. 试分析不同类型区防治方略。
2. 试分析不同类型区主要措施特点。

推荐阅读书目

1. 中国水土保持区划．全国水土保持规划工作领导小组办公室，水利部水利水电规划设计总院．中国水利水电出版社，2016.

2. 水土保持设计手册·规划与综合治理卷．中国水土保持学会水土保持规划设计专业委员会，水利部水利水电规划设计总院．中国水利水电出版社，2018.

第 10 章

GIS 技术的应用

【本章提要】本章在简要介绍了 GIS 技术的基础上，重点论述了 GIS 在水土保持研究中的应用和水土保持信息系统功能的设计等问题。

以 GIS 为平台的水土保持规划设计过程，实际上是在 GIS 环境支持下的水土保持数据库的建设过程和水土保持规划及图件的绘制过程。利用 GIS 数据库作为输入源，进行多重操作，产生派生数据，实现对研究区自然地理状况和社会经济状况的概括和模拟，突出研究区专题要素的结构和相互关系。通过对 GIS 数据进行图形表达和概括处理，进而生成符合制图规范和可视化的图件。这种数字化的空间信息远远超过以往静止的地图所包含的信息，具有更新快捷、查询方便等优点。

10.1 GIS 概述

地理信息系统是以地理空间数据库为基础，采用地理模型分析方法，适时提供多种空间的和动态的地理信息，为地理研究和地理决策服务的计算机技术系统，也可简单定义为用于采集、模拟、处理、检索、分析和表达地理空间数据的计算机信息系统。

10.1.1 基础部分

基础部分主要由计算机硬件系统、软件系统、数据、人员、方法五部分组成。

计算机硬件系统包括计算机主机、数据输入设备、数据存储设备、数据输出设备等（图 10-1）。软件系统指 GIS 运行所必需的各种程序，包括计算机系统软件、GIS 软件和其他支撑软件（图 10-2）。硬件和软件系统为 GIS 建设提供环境。数据是 GIS 的重要内容，也是 GIS 系统的灵魂和生命。数据获取的方式如图 10-3 所示；方法主要指人—机系统中合理的组织机构、人员分工、管理方法和规章制度等一套管理机制，它为 GIS 建设提供解决方案。人员是系统建设中的关键和能动性因素，直接影响和协调其他几个组成部分。

10.1.2 功能部分

功能部分是利用计算机技术，实现对基础地理数据进行采集、编辑处理、存储管理、查询、检索、操作运算、应用分析和显示制图（成果输出）等功能（图 10-4）。

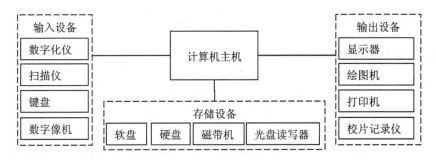

图 10-1 GIS 计算机硬件系统

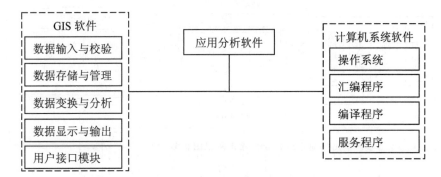

图 10-2 GIS 软件系统

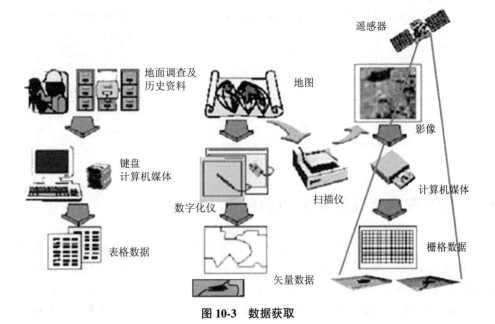

图 10-3 数据获取

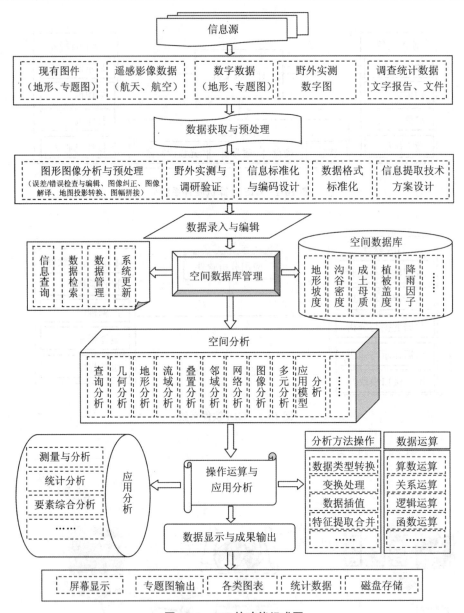

图 10-4　GIS 的功能组成图

10.2　GIS 在水土保持研究中的应用

水土保持研究的对象主要是水土资源及其发展变化过程，它涉及大气、土壤、地貌、植被及人类活动等因子，其信息具有明显的空间性与时间性。目前，在我国基于 GIS 的很多应用系统已进入到水土保持领域，为水土保持工作建立了坚实的应用平台。其中，应用数字地形模型、土壤侵蚀模型、土地利用规划模型、流域水文动态模型、洪水预测预报模型、产流产沙模型以及效益评价模型等，以及基于 GIS 组件技术研制开发适用于土壤侵蚀及水土保持规划与管理的专业型 GIS 等，均广泛地应用在水土保持信息管理、水土流失监测与预报、水土资源调查与评价、水土保持规划等方面。

GIS 在水土保持研究中的应用是全过程的应用。从土壤侵蚀发生与否的判断、侵蚀强度划分、侵蚀量的计算、流域泥沙输移、水土保持措施的效益评价，一直到土壤侵蚀过程的模拟与预测，GIS 始终在技术上起着支撑作用。

10.2.1　水土保持信息管理

水土保持信息管理主要通过水土保持数据库来实现。水土保持数据库是水土保持信息管理的重要手段，也是水土保持信息管理工作的灵魂和生命。从内容上来看，水土保持数据库大致可以分为法规文献库、组织管理库、基本数据库、流域综合治理库和水保知识库五大类。

（1）法规文献库

法规文献库以水利部水土保持司颁布的《水土保持文件汇编》为蓝本，收集 1949 年以来国家及水利水保部门发布的有关水土保持法令、法规，以及重要指示、决定、通知、会议总结和重要报告，同时收集国内外有关水土保持的科技著作、论文、报告。

（2）水土保持组织管理库

由 3 个子库组成。水土保持行政管理机构库主要存储全国水土保持行政管理部门、流域管理机构等方面信息；治理工程项目库存储全国范围内国家级、省级、县级水土保持工程项目方面的信息；水土保持科研、教学单位库收集和管理科研教学单位及野外试验站、水土保持科技人才状况、科研项目及重大成果等方面信息。

（3）水土保持基本数据库

按流域、行政单位和水土保持类型区收集储存水土流失、水土保持环境背景数据，国家、区域水土流失和水土保持调查数据，水土保持试验观测数据以及科学研究成果数据等，为水土保持宏观决策、水土保持动态监测、土壤侵蚀定量评价和预报、土壤侵蚀时空特征研究、水土保持规划与设计等提供基础数据支持。其中，土地利用现状、植被、土壤、地质、坡度、坡向、高程、降水量等数据是水土保持工作中常用的基础数据。土地利用现状、植被、土壤、地质等专题图可以通过对遥感影像的解译来获得，分类矢量化以后作为 GIS 的数据图层；坡度、坡向、高程等指标数据可以通过地形图提取，即利用 GIS 把地形图输入计算机，再通过 DEM/DTM 模型产生；降水量指标可以通过定位观测或降水等值线图得到。

（4）小流域综合治理库

小流域综合治理是我国一项成功的水土保持措施，每年约有上千条小流域列入治理项目，国家和地方投入了大量资金、人力。目前有上万条小流域经过综合治理获得了明显的经济、社会和生态效益，已逐步形成了一套比较配套的小流域综合治理技术体系，迫切需要采用先进的技术进行管理，并对已经取得的成果进行科学化、系统化、规范化总结，以推广到更大范围。

（5）水保知识库

主要存储与水土保持评价、规划有关的原数据、专家知识、规则和应用模型等。

10.2.2 水土资源调查与水土流失定量评价

GIS 在水土保持中的另一个应用，就是对区域水土资源、水土流失的快速调查，以及对其治理所产生的效益进行评价。主要包括：区域水土流失及其影响因子、区域水土流失分类分区、区域水土流失评价单元与指标体系、区域水土流失调查评价方法、技术支撑条件和技术路线等。以 GIS 技术为核心的 3S 技术是有效地、科学地进行水土资源调查与评价的重要手段。

以水土流失基本数据库和评价模型系统为基础，以地面监测和 RS 监测的成果为现实资料依据，研究开发区域水土流失快速调查的技术系统，实现水土流失的快速调查。

①水土流失快速调查的 GIS 系统　划分不同尺度的水土流失调查评价基本信息元，采集水土流失评价指标和现有调查数据，建立水土流失快速调查的基本 GIS 数据库、参数库、模型库和知识库。

②评价模型和 GIS 集成系统　将上述 GIS 系统和土壤侵蚀评价模型(小流域模型、区域模型)集成，编制各种空间尺度的水土流失专题图，作为区域水土流失评价的基本手段。

③空间尺度转换　在 GIS 支持下，通过评价参数的转换、模型的嵌套和地图比例尺的变换，完成多种水土流失图的空间尺度转换，增加大区域水土流失调查的精度和可信度，为小流域水土保持研究成果和治理经验的推广提供支持。

区域水土流失快速定量评价涉及多种来源、多种类型的数据，通常包括遥感图像(植被和土地利用)、气候观测资料(降雨)、专题地图(土壤和地形)、调查资料以及相关研究的数据产品。GIS 在处理区域综合研究、定量研究和多专题综合空间分析问题方面具有极大的优势。利用 GIS 可以实现对多源数据的空间集成和水土流失专题信息的自动提取，提高了数据的处理效率。依据地形、土壤等自然条件的差异将区域宏观地划分为若干个进行水土流失评价的基本评价单元(或网格化)，使之成为区域水土流失快速评价中模型建立与评价应用的基础；然后确定适于该区水土流失评价的数理指标(即各水土流失影响因素的定量化抽象)，并在该区积累的各水土流失影响因子的多年数据基础上，利用 GIS 建立起该区的水土流失评价模型，作为其水土流失后续评价的依据；按照评价的具体要求，通过更新各水土流失动态因子的数据，利用 GIS 的空间分析功能将各水土流失因子的专题信息集成到相应的基本评价单元中，通过模型的运算，即可得出区域内各评价单元的水土流失强度，并可实现区域水土流失的强度和影响因子制图(即所谓水土流失系列图)，其技术路线如图 10-5 所示。

10.2.3 水土保持规划

水土保持规划设计是小流域综合治理的科学依据和前提。在 GIS 平台上，利用 GIS 的图形数据的输入和处理、数据库管理(包括空间数据和属性数据)、数据分析(包括空间数据分析、属性数据分析和综合查询检索)功能，经过 RS 解译和建立小流域基础 GIS 图形库和数据库后，根据流域的规划设计指标，应用 GIS 的基本功能可快速准确地完成

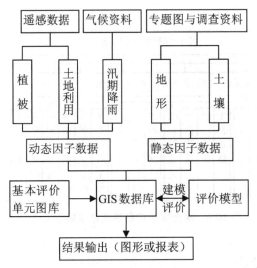

图 10-5　区域水土流失快速评价技术路线

小流域水土保持规划，再进行经济效益分析、土壤侵蚀预测、生产潜力预测以及实地复核进行修正，最终完成小流域水土保持规划设计，大大提高了规划工作的效率和质量。具体过程为：

①建立流域控制系统　利用遥感解译软件对图像数据的配准、拼接、镶嵌功能，将地形图扫描，并进行坐标精确配准，进行几何校正，然后对地形图进行矢量化，对矢量数据进行编辑、修改、建立拓扑关系。

②遥感解译　利用 GIS 软件等对栅格数据和矢量数据综合处理，以及对数据分层管理、图像配准、拼接、镶嵌。设置影像图层和矢量图层，勾绘地类界并标注类型码。

③规划设计　经过地形图的配准矢量化得到数字等值线图，经过空间分析得到流域的坡度、坡向。经过遥感影像解译和实地调查得到流域的土地利用现状图、土壤类型图、植被种类图、植被覆盖图、地貌类型图及相应属性库。根据流域的规划设计标准，应用 GIS 的分析、查询、搜索等功能，可快速准确地完成小流域水土保持规划。

10.3　水土保持信息系统功能设计

水土保持信息系统以"3S"技术为基础，目的是把水土保持工作的各个环节通过计算机来实现，提高管理效率，使管理走向科学化、系统化、标准化、自动化。

10.3.1　系统总体功能设计

水土保持信息系统的总体功能包括区域基础信息管理、土地资源与水土流失分析评价、区域土地利用与水土保持规划、治理效益评价、动态监测与管理、综合信息服务等功能。系统在总体功能设计时，考虑了各功能模块与水土保持的过程相一致，以满足区域治理决策的要求。水土保持信息系统总体功能设计如图 10-6 所示。

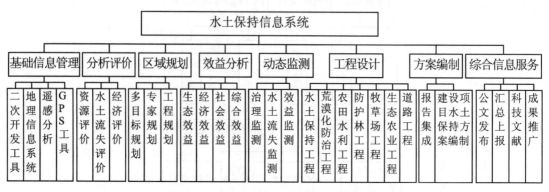

图 10-6　水土保持信息系统总体功能设计

10.3.2　系统结构设计

对于水土保持信息系统的用户来说，关心的不仅是系统具备哪些功能，更主要的是系统运算分析得出的最终结果对决策者有多大帮助，能为生产实践解决哪些问题，各功能模块之间存在什么样的关系，数据的来龙去脉。水土保持信息系统是建立在 3S 软件工具基础上的，决策模块直接调用"3S"的数据，实现模块的无缝连接。

水土保持信息系统内部各功能模块之间数据的传输、数据调用、数据存储、数据更新、模型访问等逻辑关系，利用图 10-7 所示的系统结构图表示出来。

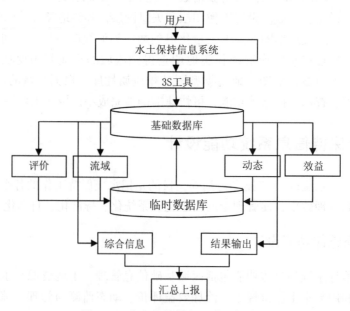

图 10-7　水土保持信息系统结构关系

10.3.3　子系统功能及其结构

10.3.3.1　基础信息管理子系统

基础信息管理子系统主要是对区域资源环境、社会经济、人文历史方面的基本信息进行管理，为其他子系统提供基础数据。该子系统一般包括 GIS、RS、GPS、用户二次开发工具 4 个功能模块，其中 GIS 模块包括图形图像管理、数据库管理、数字地形模型、图形输出 4 个方面，它直接与其他子系统和专业模块相连。因此，该模块性能的好坏，直接影响到数据量的大小、计算机资源的利用率、运算速度的快慢、工作效率的高低和可操作性的强弱。RS 模块包括图像变换、分类、预处理、分析模型等，目的是直接处理卫星遥感数据或航片数字化资料，为决策系统提供基础资源数据。GPS 模块包括信息接收、采点、轨迹等，它可配合 GIS、RS 共同完成数据的采集与管理。用户二次开发工具提供了用户界面开发、模块嵌挂、数据管理等功能。下面就各模块的功能作简要说明。

（1）基础地理信息管理

①图形图像管理　地理信息系统的核心是一个地理数据库，主要包括以下功能：文件管理；数据获取；图形编辑；建立拓扑关系；属性数据输入与编辑；地图修饰；图形几何计算；图形查询与空间分析；图形接边处理。

②属性数据管理　属性数据管理功能是为属性数据的采集与编辑服务的，它是属性数据存储、分析、统计、属性制图等核心工具，也是整个系统的重要组成部分，需具备对数据库结构操作、属性数据内容操作、数据的逻辑运算、属性数据的检索、从属性数据到图形的查询、属性数据报表输出等功能。

属性数据库管理主要用来完成对属性数据、资源数据、多媒体数据、各项评价与决策的指标数据进行管理。它不但具备数据库的基本功能，还提供属性数据和图形图像的接口。

③数字地形模型　空间起伏连续变化的数字表示称数字高程模型（DEM），有 3 种主要形式：包括格网（DEM）、不规则三角网（TIN），以及由两者混合组成的 DEM。DEM 数据简单，便于管理，但其内插过程将损失高程精度，仅适合于中小流域 DEM 的构建。TIN 直接利用原始高程取样点重建表面，它能充分利用地貌特征点、线，较好地表达复杂地形，但其存储量大，不便于大规模规范管理，并难以与 GIS 的图形矢量或栅格数据以及遥感影像数据进行联合分析应用。数字地形模型主要功能有：等高线分析，透视图分析，坡度、坡向分析，断面图分析，地形表面面积和挖填方体积计算。

④图形输出功能　包括点、线、面等不同类型图层的叠合，图例标注，比例尺标注，文字注记，注记符号的制作及其在图中的旋转、移动、缩放、变形等图幅修饰功能；打印预览（模拟输出）功能；输出操作等。

（2）遥感

遥感模块包括图像变换、分类、预处理、分析模型等功能，设计目标是对地面接收的数据直接进行处理。其中，图像变换应包括 KL 变换、KT 变换、傅里叶变换、图像插值、滤波、边缘提取等功能；预处理进行图像校正与匹配；图像分类具备监督分类和非监督分类 2 种方法；分析模型是在分类的基础上进行，并对分析结果用不同的形式表达出来。

（3）GPS

GPS 模块包括信息接收、采点、轨迹等。功能之一是与 GIS 结合，提供数据输入的手段；其二与遥感结合，为影像校正提供定位点坐标。另外，以电子地图为基础建立监测、导航系统，为野外调查服务。

（4）二次开发工具

二次开发工具包括用户界面制作、应用模块嵌挂、数据管理等功能。它通过 OCX 控件、Windows 封装实现数据的可视化管理。通过用户包装，把图形数据、图像数据、文本数据、声音及录像数据等，组织在一个管理界面下；与 MSoffice 结合，实现办公与管理自动化。

（5）基础信息库

通过上述各项功能操作，最终建立基础信息库，为流域评价、规划、效益分析、动态监测等提供基础数据。基础信息库内容主要包括区域自然资源、环境质量、社会经济、人口状况、生产和生活方面的指标与数据。

上述指标作为水土保持的基础数据，系统允许用户修改指标数据库的各项内容或增加新的指标，从而灵活地为规划提供参数，提高系统的实用性，满足不同用户的需要。

10.3.3.2 分析评价子系统

分析评价包括水土流失评价、资源评价和社会经济评价 3 个部分。在区域资源信息管理的基础上进行全面系统的分析，从而对区域有本质的认识，为区域治理规划奠定基础。分析评价包括确立指标体系、建立评价模型、评价结果输出等步骤，因此，评价子系统也按这种步骤设计其功能。

（1）针对评价对象，设计评价模型

资源评价子系统包括流域气候资源评价、水资源评价、土地资源评价、林草资源评价、作物资源评价、畜牧资源评价、野生动物资源评价、矿产资源评价、旅游资源评价、水产资源评价等功能；社会经济子系统评价包括流域人口及劳动力评价、流域产业结构评价、流域经济结构评价等功能模块；水土流失评价主要对水蚀、风蚀等进行评价。对于不同的评价目的和评价对象，系统都提供了几个可供选择的备选评价模型。

（2）建立评价指标体系

该功能的目标是针对不同的评价对象，系统能够灵活地选取评价指标。

①系统默认评价指标利用已经建好的基础信息数据库的信息，把流域共性指标和对资源评价影响较大的指标设置为评价的系统默认指标。

②人为选定评价指标由于不同区域的差异性，为提高系统的通用性和灵活性，可以人为地选择设置评价指标，从而使用户能够建立一套适合区域的评价指标体系。

（3）选择评价方法

不论评价的对象是什么，评价模型不外乎两类，即量化评价与定量评价。其中，量化评价最常用的模型是指数评价法，另外还有专家评价法、灰色关联分析模型、模糊评价法、层次分析模型等；定量评价是针对不同的评价对象利用行业标准直接计算其数值。

指数评价法是系统默认的评价方法，在默认状态下，系统直接读取设定的指标，利用指数评价模型做出评价结果。针对不同的区域和评价对象，系统设计若干评价模型，可供用户选择使用。用户也可以利用不同的评价方法进行同一对象的评价，然后分析不同评价方法得到的结果的优劣。

（4）评价结果生成

①生成评价结果图，包括两方面的图形生成功能：一种是利用图形数据和属性数据的接口，把评价结果数据落实到相应的流域，计算机自动生成评价专题图；另一种是统计类图形，包括直方图、饼状图、曲线图等。生成的评价图可以保存为图形文件，然后整饰输出。

②生成评价数据库评价结果，直接生成数据库文件或以文本文件进行保存。

（5）结果输出

把上述评价结果文件，利用"基础信息管理子系统"中的"输出"功能进行整饰，然后以图形或表格的形式输出到打印机和绘图仪上。

10.3.3.3　规划子系统

水土保持规划从内容来看主要包括土地利用规划、水土保持规划与工程布局设计等。针对水土保持的生产实践采用多目标规划、专家规划以及二者相结合的规划方法等。

（1）多目标规划

多目标规划方法是土地规划中常用的一种方法。

①解决的问题就是根据资源条件、经济条件、发展目标等确定合理的土地利用比例，实现产值或产量等最大、环境持续发展的目标；同时，通过灵敏度分析，确定满足最优解的不同土地利用类型的允许范围。

②功能设计多目标规划的步骤是选择决策变量、建立目标函数、建立约束方程、求解方程、影子价格计算和灵敏度分析等，系统根据这一步骤设计相应的模型功能，并把规划结果选择的变量返回到土地利用现状图上，自动生成规划图。

（2）专家规划

专家决策模型以地块为单元，以土地类型、土地适宜性、生产管理可操作性等为主要依据，通过专家分析确定土地的利用方式。

①专家决策模型的构造　专家决策模型的核心是专家知识规则，通过专家对土地利用情况按地块逐个判别分析，确定土地未来的使用方案，最后合并同类图斑，统计规划后各类土地的面积。其中，专家知识以规则文件来存放。专家决策过程可用图 10-8 表示。

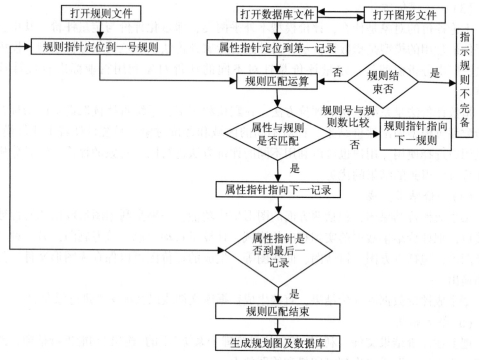

图 10-8　专家规划模型流程

②专家规则表达方式　专家规则是专家决策模型中知识的表达形式，知识表达方法借鉴了专家系统中产生式规则（production rule）的形式，即：if…then…的形式。

该模型利用关系运算符、逻辑运算符把参与运算的指标体系联结为规则。一条规则由规则号、前提、结论、规则结束符等组成，一个规则文件可由若干条规则组成。每条规则按优先级顺序存放，在规则与事实匹配时可以减少运算时间。为了增强系统的可操作性，适合我国文字特点，规则采用可读的汉字来描述。

③专家规则编辑　为使专家规则能够按一定格式存放，需要设置规则编辑器。专家规则编辑包括规则文件的建立、规则修改、规则存储、规则保密等功能。其中，为使系统适用于不同流域，用户可以针对特定流域修改系统规则。

④流域规划图生成与输出　由于规划是在最小图斑图上进行的，所以只要把规划结果按原图斑进行索引就生成了流域规划图；同时，把结果合并生成数据库。把上述规划结果文件，利用基础信息管理子系统中的输出功能进行整饰，然后以图形或表格的形式输出到打印机和绘图仪上。

10.3.3.4　工程设计子系统

工程设计是一组相互关联的措施体系。对于某一单一的措施来讲，它必须和区域的土地类型、岩性、地形、地貌、气候等条件相适宜，制定科学的工程标准、选择合理的工程位置、保证优良的工程质量。从整个措施体系来讲，水土保持工程措施设计要以流域为单元设计对象，各项措施有机地结合成一个综合防护体系，从坡面到沟道，从上游到下游，因地制宜，因害设防，同时还要注重发挥措施的综合经济效益。

（1）工程类型设计

工程设计系统按水土保持的生产实际初步确定如下类型：

①水土保持工程 小型水库、塘坝、谷坊、梯田、水平沟、水平阶、鱼鳞坑。

②荒漠化防治工程 草方格、挡风墙等。

③农田水利工程 灌溉渠系、排水渠系、喷灌系统、滴灌系统、机井、扬水站。

④防护林体系工程 水源涵养林、防护用材林、薪炭林、库坝防护林、经济林、梯田地埂防护林、分水岭防护林、牧草场防护林、农田防护林、固沙防沙林、河道护岸林、工矿区专项防护林、沟头防护林、沟坡防护林、护路林。

⑤牧草场工程 轮牧放牧场、天然草场改良、人工草地。

⑥生态农业工程 水土保持耕作、农林复合系统、水产农林系统、农牧复合系统、林牧复合系统、农林牧复合系统。

⑦道路工程 道路等级设计、道路桥梁、道路转弯、道路防冲排水。

（2）工程措施体系布局

采用专家规划模型，即根据不同的地貌类型、地貌部位、土壤类型、坡度、利用现状、侵蚀类型、侵蚀强度、侵蚀阶段等在流域内布设与之相适应的水土保持措施。工程措施体系布局模型与流域专家规划模型在形式上完全相同，即：if…then…的形式，只是在内容上有所区别。

（3）工程类型索引与工程布局图生成功能

要想使措施体系成为水土保持系统的有机组成部分，就必须把措施类型与空间位置连接起来，这种连接桥梁就是措施类型的工程编号。以措施类型的工程编号为传递参数，使措施与规划建立索引关系，这样系统就可以对具体措施进行查询、检索和统计分析。这种设计的结果可以直接生成流域水土流失防治措施布局图和对应的属性库。

（4）结果输出功能

结果输出包括工程布局图输出和统计结果报表输出。工程图输出通过 2 种途径实现：一是在工程规划模块中设计输出功能；二是把图形结构转换，利用基础信息管理子系统的图形输出功能来完成。

10.3.3.5 效益评价子系统

区域水土保持的效益一般分为经济效益、生态效益和社会效益三个方面，实际上这种治理效益具有综合性、持续性、阶段性、随机性和区域性等特点，各项效益之间相互影响、相互作用、相互渗透。效益评价子系统要根据效益的特点进行设计和开发，并考虑效益评价内容和指标的复杂性。

（1）数据流程

效益评价子系统利用基础信息管理子系统提供的数据，提取评价指标，经过效益评价模型运算得到评价的各项结果。

（2）结构与功能

效益评价包括两部分功能：一是利用评价模型计算单项效益指标值；二是根据单项

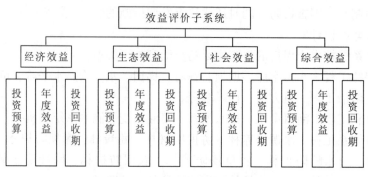

图 10-9 效益评价模块结构

指标对流域作综合效益评价，即综合效益指数计算。效益评价模块结构如图 10-9 所示。

（3）结果生成与输出

效益评价的结果：一是生成结果图，包括效益分布图、对比直方图，图形生成后以信息管理子系统默认的格式保存文件；二是生成数据库，评价结果直接生成数据库文件或以文本文件进行保存。最后把上述评价结果文件，利用基础管理子系统中的输出功能进行整饰，然后以图形或表格的形式输出。

10.3.3.6 动态监测子系统

（1）监测方法及其程序

监测系统是建立在一定的硬件设备和软件系统下的。系统建立包括以下几方面的技术指标：

①监测范围，指地域范围和空间范围；②规程和法律；③监测指标的更新周期，一般以 1 年为 1 个周期，不同年份的监测数据存入不同的文件中，多年监测数据形成动态序列；④监测点网的布设，选择有代表性、均匀分布的地点作为野外监测点，同时考虑建站的地质、气候等条件及投资的可行性；⑤网络系统的建立，为使观测自动化、数据传输自动化，应建立监测网络系统。

监测流域生态经济和社会系统的基本方法，包括田间实验、室内分析、野外观测、图片解译、调查访问和查阅资料。监测的任务是记录、收集资料，并根据监测结果对某些因子的变化规律作定量预报，以描述该因子反映的流域发展趋势和可能结果。流域系统的监测程序如图 10-10 所示。

（2）监测网络系统设计

监测网络系统包括硬件设备和处理软件，现代计算机网络为流域动态监测提供了自动化监测的可行方案。图 10-11 为流域监测系统的典型网络图。

（3）监测系统基本功能

监测是利用基础年份的数据与监测年份的数据进行对比，分析监测指标的变化情况。指标的获取可以通过基础信息管理子系统中的 RS、GPS 手段，变化规律明显的指标可以通过模型来计算。监测系统的结构如图 10-12 所示。

①监测指标库　根据监测的需要建立监测指标库，每项监测指标以关键字与基础信

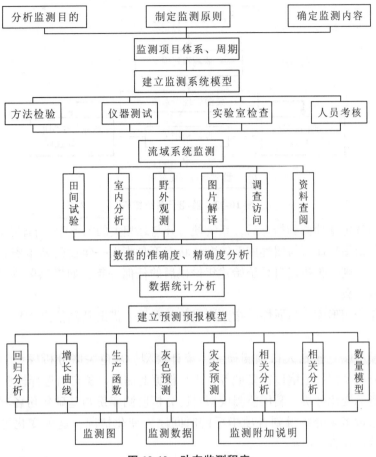

图 10-10 动态监测程序

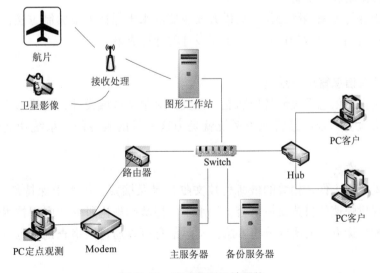

图 10-11 流域监测系统网络

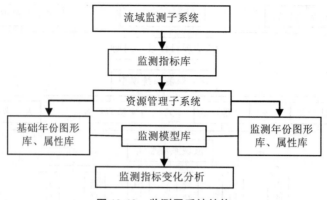

图 10-12 监测子系统结构

息库链接，当选定某项监测指标后，系统便打开与之相关的图形库与属性库。

②基础年份图形库 与属性库系统默认状态下是指上一年度的基本资料。如果需要每年进行对比，则人为指定自系统始建年份以后的任何一年，如果只监测当年情况，则直接指向监测年数据。

③监测年份图形库 与属性库指监测当年的数据，借助基础信息管理子系统进行数据处理与整编。

④监测模型库 包括人口预测模型、统计模型、灰色关联分析模型、层次分析模型、主成分分析模型、土壤侵蚀模型等，用户根据监测的对象自由选择模型。

⑤监测指标变化分析 利用监测模型对比分析监测年份与基础年份各项监测指标的变化情况，通过多年分析得到各项指标的时间序列变化情况，这种变化可以通过曲线图、直方图等形式表示出来。

10.3.3.7 方案编制子系统

规范水土保持方案编制工作，提供方便快捷的水土保持方案编制方法，集成水土流失分析、治理规划、效益分析和典型工程设计的计算成果。

10.3.3.8 综合信息管理子系统

上述水土保持信息系统的各项功能，主要针对单个区域设计，现代水土保持需要开放性的信息交流，综合信息管理子系统就是为这一目的服务的。系统功能包括以下几方面：

(1)文献检索功能

系统提供与水土保持相关的最新科技文献目录及摘要，供水土保持部门检索使用，为水土保持提供快速的科技交流机会，为水土保持基础理论研究和应用技术研究提供各类信息数据和快捷方便的研究分析方法。文献信息可以通过网络查询，也可以通过随机光盘查询。

(2)统计报表功能

通过统一的信息系统建设，统一行业标准，各流域可以利用网络向上级政府主管部门或水土保持机构上报土壤侵蚀、流域治理情况等统计表，实现流域信息的有序管理、定量管理、标准化管理，实现办公自动化。

（3）网上发文功能

系统建立后，主管部门可以通过网络向下级发布法律、法规、技术标准、文件、通知等，也可以通过网上对上报材料进行批示，从而提高管理效率。

（4）网上推广典型水土保持模式

利用网络把水土保持的典型模式通过多媒体方式向全国发布，用户可以在当地"参观"与本流域类型相关的典型水土保持模式，同时可以通过网络与典型区交流。

（5）为流域监督执法提供依据

利用水土保持信息系统提供的数据，对水土资源的变化、水土流失的变化进行动态分析，得到定量结果，从而使水土保持监督执法有据可依，执法公平，工作有序进行。

思 考 题

1. 在水土保持研究中如何应用 GIS 技术？举例说明。
2. 如何进行水土保持信息系统功能设计？

推荐阅读书目

1. 土地管理信息系统．朱德海．中国农业大学出版社，2000.
2. 地理信息系统基础．龚建雅．科学出版社，2001.
3. 地理信息系统．汤国安等．科学出版社，2019.
4. 地理信息系统导论．Kang-tsung Chang 著，陈建飞等译．科学出版社，2019.
5. ArcGIS10 地理信息系统教程．牟乃夏等．测绘出版社，2012.

《长江流域水土保持技术手册》编辑委员会，1999. 长江流域水土保持技术手册[M]. 北京：中国水利水电出版社.

蔡孟裔，2008. 新编地图学教程[M]. 北京：高等教育出版社.

蔡孟裔，等，2008. 新编地图学实习教程[M]. 北京：高等教育出版社.

蔡强国，等，1998. 冀西北黄土丘陵区复合农林业与水土保持综合技术研究[M]. 北京：中国环境科学出版社.

蔡士强，1994. 水土保持效益评价[J]. 河北水利水电技术(4)：19-21.

曹敏建，2002. 耕作学[M]. 北京：中国农业出版社.

陈百明，1996. 土地资源学概论[M]. 北京：中国环境科学出版社.

陈宝书，2001. 牧草饲料作物栽培学[M]. 北京：中国农业出版社.

陈发扬，1989. 水土保持规划[M]. 北京：水利电力出版社.

陈炯新，1991. 小流域水利规划手册[M]. 北京：水利电力出版社.

陈世正，王宏富，屈明，2002. 水土保持农学[M]. 北京：中国水利水电出版社.

陈述彭，鲁学军，周成虎，2000. 地理信息系统导论[M]. 北京：科学出版社.

陈信雄，1992. 防砂工程学[M]. 台北：明文书局.

陈永宗，景可，蔡强国，1988. 黄土高原现代侵蚀与治理[M]. 北京：科学出版社.

程序，1999. 农牧交错带研究中的现代生态学前沿问题[J]. 资源科学(5)：3-10.

崔云鹏，蒋定生，1998. 水土保持工程学[M]. 西安：陕西人民出版社.

董德显，1990. 土地利用规划[M]. 北京：中国展望出版社.

董洪，刘文礼，等，2004. 山丘区森林群落水土保持效益的研究[J]. 水土保持科技情报(5)：29-31.

凤蔚，师伟，2006. 庄浪县梯田水土保持效益分析[J]. 地下水，28(6)：126-131.

高志义，王斌瑞，1996. 水土保持林学[M]. 北京：中国林业出版社.

关君蔚，1996. 水土保持原理[M]. 北京：中国林业出版社.

国家技术监督局，1996. 水土保持综合治理 规划通则：GB/T 15772—2008[S]. 北京：中国标准出版社.

国家质量监督检验检疫总局，2005. 农田灌溉水质标准：GB 5084—2005[S]. 北京：中国标准出版社.

洪绂曾，等，1990. 中国多年生草种栽培技术[M]. 北京：中国林业出版社.

胡良军，李锐，杨勤科，2000. 基于 RS 和 GIS 的区域水土流失快速定量评价方法[J]. 水土保持通报，20(6)：42-44.

黄仁涛，庞小平，等，2003. 专题地图编制[M]. 武汉：武汉大学出版社.

黄文丁，章熙谷，唐荣南，1993. 中国复合农业[M]. 南京：江苏科学技术出版社.

姜秉权，1981. 耕作学[M]. 北京：中国农业出版社.

蒋定生，1997. 黄土高原水土流失与治理模式[M]. 北京：中国水利电力出版社.

焦居仁，2001. 水土保持生态建设法规与标准汇编(1~3卷)[G]. 北京：中国标准出版社.

景贵和，周人龙，徐樵利，1990. 综合自然地理学[M]. 北京：高等教育出版社.

李成杰，陆洪斌，等，2000. 浅谈水土保持效益计算中存在问题及解决途径[J]. 水土保持通报，20（3）：29-30.

李怀甫，1989. 小流域治理理论与方法[M]. 北京：水利电力出版社.

李锐，杨勤科，2000. 区域水土流失快速调查与管理信息系统研究[M]. 郑州：黄河水利出版社.

李锐，杨勤科，赵永安，等，1998. 中国水土保持管理信息系统总体设计方案[J]. 水土保持通报，18（5）：40-43.

李文银，李志坚，等，2004. 水土保持概论[M]. 太原：山西经济出版社.

李醒民，译，1974. 水土保持工程学[M]. 台北：徐氏基金会.

李智广，2005. 水土流失测验与调查[M]. 北京：中国水利水电出版社.

李中原，孟婵媛，2006. 水土保持系列专题制图研究[J]. 测绘科学技术学报，23(4)：293-295.

联合国粮食及农业组织，1976. 土地评价纲要（土壤丛书32号)[M]. 罗马：联合国粮食及农业组织.

廖克，2003. 现代地图学[M]. 北京：科学出版社.

林培，1996. 土地资源学[M]. 2版. 北京：中国农业大学出版社.

刘秉正，吴发启，1997. 土壤侵蚀[M]. 西安：陕西人民出版社.

刘立伟，何宗宜，等，2004. 利用GIS技术进行水土流失治理经济效益分析——以王家沟为例[J]. 武汉大学学报(工学版)，37(6)：40-43.

刘卫东，彭俊，2005. 土地资源管理学[M]. 上海：复旦大学出版社.

鲁向平，1993. 陕北黄土高原丘陵区农业技术体系研究[M]. 西安：西安地图出版社.

陆权，1998. 地图制图参考手册[M]. 北京：测绘出版社.

罗国富，1994. 立英溪小流域水土保持经济效益的灰色预测[J]. 福建水土保持（4）：50-52.

罗毓玺，王礼先，1988. 小流域综合治理规划方法述评[J]. 水土保持科技情报(1)：39-43.

孟庆枚，1996. 黄土高原水土保持[M]. 郑州：黄河水利出版社.

倪绍祥，1999. 土地类型与土地评价概论[M]. 北京：高等教育出版社.

《陕西省地图集》编辑委员会，2009. 陕西省地图集[M]. 北京：星球地图出版社.

史明昌，田玉柱，2004. 县级水土保持监测系统[M]. 北京：中国科学技术出版社.

水利部国际合作与科技司，2002. 水利技术标准汇编·水土保持卷[G]. 北京：中国水利电力出版社.

水利部农村水利水土保持司，1988. 水土保持技术规范[M]. 北京：水利电力出版社.

水利部水土保持检测中心，2006. 水土保持监测技术指标体系[M]. 北京：中国水利电力出版社.

孙保平，2000. 荒漠化防治工程学[M]. 北京：中国林业出版社.

孙建轩，1991. 水土保持技术问答[M]. 北京：水利电力出版社.

孙立达，等，1992. 小流域综合治理理论与实践[M]. 北京：中国科学技术出版社.

唐克丽，2004. 中国水土保持[M]. 北京：科学出版社.

王冬梅，2002. 农地水土保持[M]. 北京：中国林业出版社.

王家耀，孙群，2006. 地图学原理与方法[M]. 北京：科学出版社.

王礼先，1999. 流域管理学[M]. 北京：中国林业出版社.

王礼先，2000. 水土保持工程学[M]. 北京：中国林业出版社.

王礼先，孙保平，余新晓，2004. 中国水利百科全书·水土保持分册[M]. 北京：中国水利电力出版社.

王礼先，朱金兆，2003. 水土保持学[M]. 2版. 北京：中国林业出版社.

王秋兵，2003. 土地资源学[M]. 北京：中国农业出版社.

王瑞芬，史明昌，陈胜利，等，2005. 多尺度水土保持空间数据集成[J]. 水土保持研究，12(5)：206-209.

王万茂，韩桐魁，2002．土地利用规划学[M]．北京：中国农业出版社．

王佑民，刘秉正，1994．黄土高原防护林生态特征[M]．北京：中国林业出版社．

王玉德，1992．水土保持工程[M]．北京：水利电力出版社．

王治国，等，2000．林业生态工程学——林草植被建设的理论与实践[M]．北京：中国林业出版社．

王治国，王春红，2007．对我国水土保持区划与规划中若干问题的认识[J]．中国水土保持科学，5(1)：105-109．

温志广，2000．乡镇级土地利用总体规划图的编制与应用[J]．河北师范大学学报(自然科学版)，24(2)：273-277．

吴发启，2002．水土保持规划[M]．西安：西安地图出版社．

吴发启，2003．水土保持学概论[M]．北京：中国农业出版社．

吴发启，赵晓光，刘秉正，2001．缓坡耕地侵蚀环境及动力机制分析[M]．西安：陕西科学技术出版社．

吴钦孝，杨文治，1998．黄土高原植被建设与持续发展[M]．北京：科学出版社．

吴正，1999．地貌学导论[M]．广州：广东高等教育出版社．

席有，1992．水土保持原理与规划[M]．呼和浩特：内蒙古大学出版社．

辛树帜，蒋德麒，1982．中国水土保持概论[M]．北京：农业出版社．

徐盛荣，1997．土地资源评价[M]．北京：中国农业出版社．

杨吉华，1993．水土保持原理与综合治理[M]．济南：山东科学技术出版社．

杨文治，余存祖，1992．黄土高原区域治理与评价[M]．北京：科学出版社．

叶延琼，张信宝，等，2003．水土保持效益分析与社会进步[J]．水土保持学报，17(3)：71-73．

于怀良，杜天彪，1995．小流域水土流失综合防治[M]．太原：山西科学技术出版社．

于增彦，1988．小流域综合治理[M]．北京：中国林业出版社．

张汉雄，1996．系统动力学在水土保持规划中的应用[J]．水土保持通报，16(1)：124-129．

张洪江，2000．土壤侵蚀原理[M]．北京：中国林业出版社．

张金池，1996．水土保持及防护林学[M]．北京：中国林业出版社．

张青峰，邢丽芳，等，2004．"3S"技术在水土保持与荒漠化防治中的应用[J]．山西水土保持科技(4)：12-15．

赵荣慧，1995．半干旱地区造林学[M]．北京：北京农业大学出版社．

赵树久，1985．对水土保持区划问题的探讨[J]．水土保持科技情报(12)：35-37．

赵松乔，黄荣金，孙惠楠，等，1988．现代自然地理[M]．北京：科学出版社．

郑宝明，2006．韭园沟示范区建设理论与实践[M]．郑州：黄河水利出版社．

郑宝明，田永宏，王煜，等，2004．小流域坝系建设理论与实践[M]．郑州：黄河水利出版社．

中华人民共和国国家技术监督局，1997．水土保持综合治理 效益计算方法：GB/T 15774—2008[S]．北京：中国标准出版社．

中华人民共和国国家质量技术监督局，2001．CAD工程制图规则：GB/T 18229—2000[S]．北京：中国标准出版社．

中华人民共和国林业部林业区划办公室，1987．中国林业区划[M]．北京：中国林业出版社．

中华人民共和国水利部，2001．水利水电工程制图标准 水土保持图：SL 73.6—2015[S]．北京：中国水利水电出版社．

中华人民共和国水利部，2006．水土保持规划编制规范：SL 335—2014[S]．北京：中国水利水电出版社．

中华人民共和国卫生部国家标准化管理委员会，2006，生活饮用水卫生标准：GB 5749—2006[S]．北京：中国标准出版社.

中山大学，兰州大学，南京大学，等，1979. 自然地理学[M]. 上海：上海人民教育出版社.

周宝书，胡贝贝，乔仕荣，2006. 基于 GIS 信息技术在水土保持规划系统中的应用[J]. 水土保持研究，13(1)：175-176.

周昌涵，1998. 我国南方典型水土流失的防治对策[M]. 武汉：华中理工大学出版社.

周年生，李东彦，2000. 流域环境管理规划方法与实践[M]. 北京：中国水利电力出版社.

朱德举，2002. 土地评价[M]. 北京：中国大地出版社.

祝国瑞，2004. 地图学[M]. 2 版. 武汉：武汉大学出版社.

祝国瑞，2010. 地图设计与编绘[M]. 武汉：武汉大学出版社.

邹年根，罗伟祥，1997. 黄土高原造林学[M]. 北京：中国林业出版社.

左建，2001. 地质地貌学[M]. 北京：中国水利水电出版社.

BORDEN D D, JEFFREY S T, THOMAS W H, 2008. Cartography: Thematic Map Design[M]. 6th Edition. New York: McGraw-Hill.

BREWER C, 2005. Designing Better Maps: A Guide for GIS Users[M]. Redlands, CA: ESRI Press.

HARVEY F, 2008. A Primer of GIS: Fundamental Geographic and Cartographic Concepts[M]. New York: Guilford Press.

JAN DE GRAAFF, 1993. Soil Conservation and Sustainable Land Use[C]. Royal Tropical Institute Amsterdam.

LONGLEY P A, GOODCHILD M F, MAGUIRE D J, et al., 2005. Geographic Information Systems and Science[J]. Chichester: John Wiley & Sons.

MENNO-JAN KRAAK and FERJAN ORMELING, 2010. Cartography: Visualization of Spatial Data[M]. 3rd Edition. London: Pearson Education.

SLOCUM T, MCMASTER R, KESSLER F, et al., 2005. Thematic Cartography and Geographic Visualization [M]. Upper Saddle River, NJ: Prentice Hall.

TAYLOR D, 2003. The Concept of Cybercartography[M]//PETERSON M. In Maps and the Internet. Oxford: Elsevier Science.

附 录

_____县_____流域，调查时间（年）_____调查人_____

附表 1 野外水土保持综合调查小班登记表

小班号	权属	地貌				土壤（岩石）		土地利用现状		植被		土壤侵蚀		复合小班面积组成	规划措施		小班面积	
		海拔（m）	地貌部位	坡向	坡度	土壤类型	有效土层厚度	地类	土地适宜性	植物群落	覆盖度（%）	主要侵蚀类型	侵蚀强度分级		初步规划	最后确定	图斑面积（cm²）	实地面积（cm²）

附表2　野外水土保持调查林地小班详查登记卡片

（包括有林地、疏林地、灌木林地和未成林造林地）

_____县_____乡_____村　　小地名_____

小班号_____　　地类_____　　　　权属_____

小班面积组成

树种或地类		合计				特用地
面积	%					
	hm²					
	补植					

地貌_____　坡向_____　坡度(级)_____　海拔_____m

土壤名称_____　有效土层厚度(级)_____　下木及地被物_____

林分调查　　林木组成

树种	起源	林木	造林时间	龄组	平均树高(m)	平均胸(地)径(cm)	生长情况评价	株数/hm² 原造	株数/hm² 现有	保存率(郁闭度)(疏密度)	产果量 单产(×10⁴kg/hm²)	产果量 小班(×10⁴kg)

病、虫、人、畜危害情况_____　　整地方式_____

造林方式方法_____　　　　造林后经营措施_____

今后经营意见_____　　　　经营类型名称_____

附表3　野外水土保持综合调查经济林小班详查登记卡片

_____县_____乡_____村　　小地名_____

小班号_____　　地类_____　　权属_____

小班面积组成、产量

树　种		合　计							特用地
面积	%								
	hm²								
产量 （kg）	单产								
	总产								

地貌_____　　坡向_____　　坡度(级)_____

土壤名称_____　　土层厚度(级)_____　　海拔高_____

结果情况_____

病虫害情况_____

_____

造林年度_____　　造林株数/hm²_____　　保存率_____%

今后经营意见_____

_____

_____

调查者：　　　　　　　调查日期：　　年　月　日

附表4　野外水土保持综合调查苗圃小班详查登记表

_____县_____乡_____村

小班号	小班面积	苗木类型	育苗面积	年产量(万株)	权属	备注

调查者：　　　　　　　调查日期　　　年　月　日

注：临时苗圃不填

附表 5 各地类小班面积统计表

_____ 县 _____ 乡 _____ 村　　　　　　　　权属 _____

地类	小班号	面积	育苗面积	备注

调查者：　　　　　　　　　　　　　　　　调查日期　　年　　月　　日

附表 6　　____县　____小流域土地利用现状统计表

hm²

项目 乡名	土地总面积	耕地面积						有林地	灌木林地	疏林地	经济林	草地	荒山荒坡	村庄	道路	水域	裸岩	其他用地	备注
		小计	水地	水平梯田	坝地	坡耕地													
						小计	其中：>25°												
合计																			

注：小数点后保留1位；沟台地作梯田统计，坡耕地含同地及川旱地滩地。

附表 7 水土保持林草措施现状调查表（根据林地小班详查登记卡片内容室内填写）

小流域名称：

地点名称	地块		防护林						林地					用材林					
	编号	面积	面积（hm²）	主要树种	平均高（m）	平均胸径（cm）	郁闭度	地被物覆盖度（%）	面积（hm²）	树种	树龄（a）	平均高（m）	直径 胸径（cm）	径 地径（cm）	郁闭度	覆盖度（%）

（续）

地点名称	地块		林地										草地						备注
	编号	面积	经济林						薪炭林				面积(hm²)	主要草种	叶层高(cm)	覆盖度(%)	利用形式	轮牧周期	
			面积(hm²)	树种	树龄(a)	直径		郁闭度	面积(hm²)	树种	平均高(m)	覆盖度(%)							
						胸径(cm)	地径(cm)												

调查人：　　　　　　　　调查时间：

小流域名称：

附表 8　水土保持工程措施现状调查表

地点名称	地块编号	淤地坝		拦砂坝		谷坊			蓄水塘坝		涝池		水窖		沟头防护	
		座数	总库容（×10⁴ m³）	总淤地面积（hm²）	座数	总库容（×10⁴ m³）	土谷坊（座）	石谷坊（座）	生物谷坊（座）	座数	总库容（×10⁴ m³）	座数	总库容（×10⁴ m³）	座数	总容积（m³）	数量（处）	沟头工（m）

（续）

地点名称	地块编号	截流沟（m）	原变埂（m）	梯 田				引洪漫地		水平沟（m）	水平阶（hm²）	鱼鳞坑（hm²）	其他
				水平（hm²）	坡式（hm²）	隔式（hm²）	反坡（hm²）	数量（处）	洪漫面积（hm²）				

调查人：　　　　　　　　　　　　　　　　　　　调查时间：

附表 9 _____ 县 _____ 小流域水土流失现状统计表

项目	土地	无明显流失面积		水土流失面积																
				合计		轻度		中度		强度		极强		剧烈						
乡名	总面积 (km²)	面积 (km²)	占总面积 (%)	面积 (km²)	占总面积 (%)	面积 (km²)	占流失面积 (%)	面积 (km²)	占流失面积 (%)	面积 (km²)	占流失面积 (%)	面积 (km²)	占流失面积 (%)	面积 (km²)	占流失面积 (%)					
合 计																				

注：面积小数点保留二位；按大类型区典型小流域填此表。